住房和城乡建设部"十四五"规划教材
职业教育工程造价专业实训系列教材

工程造价毕业综合实训

韩　雪　王艳丽　主　编
李　瑞　张果瑞　副主编
　　　王　辉　主　审

中国建筑工业出版社

图书在版编目（CIP）数据

工程造价毕业综合实训／韩雪，王艳丽主编；李瑞，张果瑞副主编. -- 北京：中国建筑工业出版社，2024.
8. --（住房和城乡建设部"十四五"规划教材）（职业教育工程造价专业实训系列教材）. -- ISBN 978-7-112
-29968-3

Ⅰ. TU723.3

中国国家版本馆 CIP 数据核字第 2024V6P290 号

工程造价毕业综合实训课程是学生完成学业走向企业（工作岗位）的衔接性课程，对于学生整合所学知识、提升岗位技能起着重要作用。《工程造价毕业综合实训》以培养高技能应用型人才为目标，遴选有代表性、难易程度适中的真实工程项目，锻炼学生综合运用所学知识。本教材采用双案例设计，一套案例用于讲解手工算量和软件算量两种方式编制工程量清单；另一套作为实训案例，提供图纸分析、操作微课讲解等内容，辅助学生完成综合实训内容，提升岗位技能。

本教材可作为高等职业教育工程造价专业及相关专业课程（实训）教材，也可作为企业培训、行业从业人员的参考用书。

为更好地支持相应课程的教学，我们向采用本书作为教材的教师提供教学课件，有需要者可与出版社联系，邮箱：jckj@cabp.com.cn，电话：(010)58337285，建工书院 http://edu.cabplink.com（PC端）。

责任编辑：吴越恺
责任校对：张　颖

住房和城乡建设部"十四五"规划教材
职业教育工程造价专业实训系列教材
工程造价毕业综合实训

韩　雪　王艳丽　主　编
李　瑞　张果瑞　副主编
王　辉　主　审

*

中国建筑工业出版社出版、发行（北京海淀三里河路9号）
各地新华书店、建筑书店经销
北京红光制版公司制版
北京云浩印刷有限责任公司印刷

*

开本：787 毫米×1092 毫米　1/16　印张：20¾　字数：516 千字
2024 年 12 月第一版　2024 年 12 月第一次印刷
定价：**58.00** 元（赠教师课件）
ISBN 978-7-112-29968-3
（43093）

出　版　说　明

党和国家高度重视教材建设。2016 年，中办国办印发了《关于加强和改进新形势下大中小学教材建设的意见》，提出要健全国家教材制度。2019 年 12 月，教育部牵头制定了《普通高等学校教材管理办法》和《职业院校教材管理办法》，旨在全面加强党的领导，切实提高教材建设的科学化水平，打造精品教材。住房和城乡建设部历来重视土建类学科专业教材建设，从"九五"开始组织部级规划教材立项工作，经过近 30 年的不断建设，规划教材提升了住房和城乡建设行业教材质量和认可度，出版了一系列精品教材，有效促进了行业部门引导专业教育，推动了行业高质量发展。

为进一步加强高等教育、职业教育住房和城乡建设领域学科专业教材建设工作，提高住房和城乡建设行业人才培养质量，2020 年 12 月，住房和城乡建设部办公厅印发《关于申报高等教育职业教育住房和城乡建设领域学科专业"十四五"规划教材的通知》（建办人函〔2020〕656 号），开展了住房和城乡建设部"十四五"规划教材选题的申报工作。经过专家评审和部人事司审核，512 项选题列入住房和城乡建设领域学科专业"十四五"规划教材（简称规划教材）。2021 年 9 月，住房和城乡建设部印发了《高等教育职业教育住房和城乡建设领域学科专业"十四五"规划教材选题的通知》（建人函〔2021〕36 号）。为做好"十四五"规划教材的编写、审核、出版等工作，《通知》要求：（1）规划教材的编著者应依据《住房和城乡建设领域学科专业"十四五"规划教材申请书》（简称《申请书》）中的立项目标、申报依据、工作安排及进度，按时编写出高质量的教材；（2）规划教材编著者所在单位应履行《申请书》中的学校保证计划实施的主要条件，支持编著者按计划完成书稿编写工作；（3）高等学校土建类专业课程教材与教学资源专家委员会、全国住房和城乡建设职业教育教学指导委员会、住房和城乡建设部中等职业教育专业指导委员会应做好规划教材的指导、协调和审稿等工作，保证编写质量；（4）规划教材出版单位应积极配合，做好编辑、出版、发行等工作；（5）规划教材封面和书脊应标注"住房和城乡建设部'十四五'规划教材"字样和统一标识；（6）规划教材应在"十四五"期间完成出版，逾期不能完成的，不再作为《住房和城乡建设领域学科专业"十四五"规划教材》。

住房和城乡建设领域学科专业"十四五"规划教材的特点：一是重点以修订教育部、住房和城乡建设部"十二五""十三五"规划教材为主；二是严格按照专业标准规范要求编写，体现新发展理念；三是系列教材具有明显特点，满足不同层次和类型的学校专业教学要求；四是配备了数字资源，适应现代化教学的要求。规划教材的出版凝聚了作者、主审及编辑的心血，得到了有关院校、出版单位的大力支持，教材建设管理过程有严格保障。希望广大院校及各专业师生在选用、使用过程中，对规划教材的编写、出版质量进行反馈，以促进规划教材建设质量不断提高。

住房和城乡建设部"十四五"规划教材办公室

2021 年 11 月

前　　言

工程造价毕业综合实训课程是学生在校的最后一门课程，也是学生从学校学习到企业实践的衔接性课程，在工程造价专业人才培养过程中起着重要作用。本书围绕《高等职业学校工程造价专业教学标准》以及主干课程教学大纲的基本要求，确定编写思路。

本书对接国家职业教育培养高技能应用型人才的目标，依托实际工程项目、综合运用所学知识，进行项目化教学。本书采用一讲一练双案例设计，一套图纸讲解手工算量和软件算量两种方式编制工程量清单，以及运用计价软件编制招标控制价的方法，巩固理论知识；另一套图纸为项目实训案例，教材提供图纸分析、难点实操等视频，辅助学生完成实训内容的编制，培养实践技能，为今后从事工程造价工作奠定理论和实践基础。

本书对接当前行业全过程发展趋势，涵盖工程交易阶段工程量清单、招标控制价的编制，以及施工过程中进度款支付及工程结算等内容；在数字资源方面，涵盖工程项目配套的工程建设阶段图片、教学视频、图纸分析、全套招投标至竣工结算资料，资源丰富；内容全面，涉及建筑与装饰工程、安装工程，符合工程实际，知识体系完整。

本书可作为高职院校建设工程管理、工程造价等相关专业学生的教学用书和参考书，也可作为企业培训和工程技术人员学习用书。

本书由河南建筑职业技术学院韩雪、王艳丽担任主编，河南建筑职业技术学院李瑞、张果瑞担任副主编，河南建筑职业技术学院王辉教授担任主审。具体编写人员分工如下：项目1任务说明由河南建筑职业技术学院韩雪总体设计；任务1由河南建筑职业技术学院韩雪、张果瑞、王赟潇、宋哲共同编写；任务2由河南建筑职业技术学院王艳丽、郭凯歌、尚昱共同编写；任务3由河南建筑职业技术学院林琳、李蓓共同编写；任务4、任务5由河南建筑职业技术学院李瑞编写。项目2及图纸、配套数字资源等由河南建筑职业技术学院全体编写人员与河南兴博工程管理咨询有限公司高级工程师闫丽共同整理编写。

由于编者水平有限，书中难免有不足之处，恳请广大读者和建筑行业同仁批评指正。

目　　录

项目1　某高校2号食堂工程造价实训

思维导图

某高校2号食堂工程造价实训
- 某高校2号食堂工程造价毕业综合实训任务书
  - 工程量清单的编制
  - 招标控制价的编制
  - 工程结算的编制
- 某高校2号食堂建筑与装饰工程工程量清单编制
  - 工程量清单的编制
  - 手工计算建筑与装饰工程清单工程量
  - 软件计算房屋建筑与装饰工程清单工程量
- 某高校2号食堂通用安装工程工程量清单的编制
  - 手工计算通用安装工程清单工程量
  - 软件计算通用安装工程清单工程量
- 某高校2号食堂招标控制价的编制
  - 综合单价分析
  - 招标控制价的编制
- 某高校2号食堂工程结算的编制
  - 预付款的申请与支付
  - 进度款的申请与支付
  - 竣工结算的申请与支付
  - 最终结清的支付

任务1　某高校2号食堂工程造价毕业
综合实训任务书

 能力目标

通过了解工程量清单、招标控制价以及工程结算的编制内容、编制依据以及方法和步骤，能够对实训任务有基本的了解，为后期进行工程量清单、招标控制价以及工程结算的编制打下基础。

 思政元素

影片《厉害了，我的国》中港珠澳大桥最终接头的成功安装，依赖的是大国工匠们严谨的工作作风和强烈的责任心，工程量清单、招标控制价以及工程结算的编制也同样需要精益求精、勤奋钻研的工作作风和爱岗敬业的工作态度，否则一点疏漏都有可能造成工程造价的巨大偏差。通过影片中大国工匠的事例，教育学生践行职业精神，牢记技能强国的初心使命，培育学生的大国工匠精神，保证建设工程造价的合理性及合法性。

 思维导图

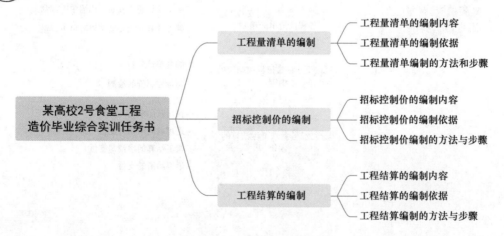

在完成建筑工程预算、安装工程预算、工程量清单计价、工程结算等课程理论教学任务，以及各课程实训教学任务的基础上，工程造价专业学生已基本掌握工程量清单、招标控制价以及工程结算的编制思路及方法，但工程造价行业是一个综合性与实践性都很强的行业，要将所掌握的理论知识运用到工程造价实际业务中，需要全面透彻理解知识体系，做到融会贯通、知行合一。

工程造价毕业综合实训通过编制一套实际工程的建筑与装饰工程及安装工程的工程量

清单、招标控制价以及工程结算，使大家熟悉建筑与装饰工程及安装工程的工程量清单、招标控制价以及工程结算编制的全部流程，巩固和深化所学知识，提高实际动手能力和职业素养，为毕业后尽快地适应工作奠定基础。

1.1　工程量清单的编制

工程量清单是载明建设工程分部分项工程项目、措施项目和其他项目的名称和相应数量以及规费和税金项目等内容的明细清单。

工程量清单又分为招标工程量清单和已标价工程量清单。招标工程量清单由招标人根据国家标准、招标文件、设计文件，以及施工现场常规施工方法来编制，在招投标过程中，招标人根据工程量清单编制招标工程的招标控制价。而投标人按照工程量清单所表述的内容，依据企业定额计算投标价格，自主填报工程量清单所列项目的单价与合价，作为投标文件组成部分的已标明价格并经承包人确认的称为已标价工程量清单。

工程量清单
编制任务书

1.1.1　工程量清单的编制内容

1. 分部分项工程量清单的编制
2. 措施项目清单的编制
3. 其他项目清单的编制
4. 规费、税金项目清单的编制

1.1.2　工程量清单的编制依据

1. 《建设工程工程量清单计价规范》GB 50500—2013、《房屋建筑与装饰工程工程量计算规范》GB 50854—2013、《通用安装工程工程量计算规范》GB 50856—2013；
2. 国家或省级、行业建设主管部门颁发的计价定额和计价办法；
3. 某高校 2 号食堂施工图及相关资料；
4. 某高校 2 号食堂建设项目招标文件；
5. 与建设项目相关的标准、规范、技术资料；
6. 施工现场情况、工程特点及常规施工方案；
7. 其他的相关资料。

1.1.3　工程量清单编制的方法和步骤

1. 熟悉施工图设计文件

（1）熟悉图纸、设计说明，了解工程性质，对工程情况进行初步了解；
（2）熟悉平面图、立面图和剖面图，核对尺寸；
（3）查看详图和做法说明，了解细部做法。

2. 熟悉施工组织设计资料

熟悉施工方法、施工机械的选择、工具设备的选择、运输距离的远近。

3. 熟悉建筑及安装工程工程量清单计量及计价办法

熟悉清单各项目的划分、工程量计算规则，掌握各清单项目的项目编码、项目名称、项目特征、计量单位及工作内容。

4. 列项计算清单工程量

工程量计算必须根据设计图纸和说明提供的工程构造、设计尺寸和做法要求，结合施工组织设计和现场情况，按照清单项目划分、工程量计算规则和计量单位的规定，对每个分项工程的工程量进行具体计算。它是工程量清单编制工作中的一个细致而重要的环节。

5. 编制分部分项工程与单价类措施项目工程量清单

根据《建设工程工程量清单计价规范》GB 50500—2013 及《房屋建筑与装饰工程工程量计算规范》GB 50854—2013 确定各分项的项目编码、项目名称、项目特征、计量单位，编制分部分项工程量清单。

单价类措施项目包括脚手架工程、垂直运输、建筑物超高增加费、大型机械设备进出场及安拆、施工排水、降水等，结合工程实际编制单价类措施项目工程量清单。

6. 编制总价类措施项目工程量清单

总价类措施项目包括现场安全文明施工措施费、材料二次搬运费、夜间施工增加费、冬雨季施工增加费等，结合工程实际编制总价类措施项目工程量清单。

7. 编制其他项目清单

其他项目清单包括暂列金额、暂估价、计日工、总承包服务费等，材料暂估单价列入清单项目综合单价，此处不汇总。

8. 编制规费、税金项目清单

根据《河南省房屋建筑与装饰工程预算定额》HA 01-31-2016 及相关文件编制规费、税金项目清单。

9. 编制总说明

总说明一般包括如下内容：

（1）工程概况：建设规模、工程特征、计划工期、施工现场实际情况、交通运输情况、自然地理条件、环境保护要求等；

（2）工程招标范围；

（3）工程量清单编制依据；

（4）其他须说明的问题。

10. 封面的填写

封面应按规定内容如实填写并签字盖章。

11. 整理装订成册

工程量清单文件包含以下内容，并应按照如下顺序进行装订：

（1）封面；

（2）工程量清单编制说明；

（3）分部分项工程与单价类措施项目工程量清单；

（4）总价类措施项目工程量清单；

（5）其他项目清单与计价汇总表；

（6）暂列金额明细表；

（7）材料暂估单价表；

（8）专业工程暂估价表；

（9）计日工表；

（10）总承包服务费计价表；

（11）规费及税金项目清单。

1.2　招标控制价的编制

招标控制价是招标人根据国家或省级、行业建设主管部门颁发的有关计价依据和办法，以及拟定的招标文件和招标工程量清单，结合工程具体情况编制的招标工程的最高投标限价。国有资金投资的工程建设项目应实行工程量清单招标，并应编制招标控制价。

1.2.1　招标控制价的编制内容

1. 分部分项工程费的编制；

2. 措施项目费的编制；

3. 其他项目费的编制；

4. 规费、税金的编制。

1.2.2　招标控制价的编制依据

1.《建设工程工程量清单计价规范》GB 50500—2013、《房屋建筑与装饰工程工程量计算规范》GB 50854—2013、《通用安装工程工程量计算规范》GB 50856—2013；

2. 国家或省级、行业建设主管部门颁发的计价定额和计价办法；

3. 建设工程设计文件及相关资料；

4. 拟定的招标文件及招标工程量清单；

5. 与建设项目相关的标准、规范、技术资料；

6. 施工现场情况、工程特点及常规施工方案；

7. 工程造价管理机构发布的工程造价信息，当工程造价信息没有发布时，参照市场价；

8. 其他的相关资料。

1.2.3　招标控制价编制的方法与步骤

编制招标控制价应遵循下列程序：

1. 熟悉设计文件

（1）了解编制要求与范围；

（2）熟悉工程图纸及有关设计文件；

（3）熟悉与建设工程项目有关的标准、规范、技术资料。

2. 熟悉招标文件

熟悉拟定的招标文件及其补充通知、答疑纪要等，了解施工现场情况、工程特点。

3. 熟悉工程量清单

了解清单各项目的划分、工程量计算规则，掌握各清单项目的项目编码、项目名称、项目特征、计量单位及工作内容。

4. 确定计价要素价格

掌握工程量清单涉及计价要素的信息价格和市场价格，依据招标文件确定其价格。

5. 分部分项工程量清单计价

根据拟定的招标文件中的分部分项工程量清单项目的特征描述及有关要求进行分部分项工程量清单计价，按要求编制综合单价分析表。

6. 进行措施项目工程量清单计价

（1）措施项目中的单价项目，应根据拟定的招标文件和招标工程量清单项目中的特征描述及有关要求确定综合单价计算。

（2）措施项目中的总价项目应根据拟定的招标文件和常规施工方案按照国家或省级、行业建设主管部门的规定计算。

7. 进行其他项目计价

（1）暂列金额可根据工程的复杂程度、设计深度、工程环境条件（包括地质、水文、气候等）进行估算，一般可按分部分项工程费的 10％～15％为参考；

（2）暂估价中的材料、工程设备单价应按招标工程量清单中列出的单价计入综合单价；

（3）暂估价中的专业工程金额应按招标工程量清单中列出的金额填写；

（4）计日工应按招标工程量清单中列出的项目根据工程特点和有关计价依据确定综合单价计算；

（5）总承包服务费应根据招标工程量清单列出的内容和要求估算。

8. 规费项目、税金项目清单计价

规费和税金应按国家或省级、行业建设主管部门的规定计算。

9. 工程造价汇总、分析、审核，成果文件签认、盖章

10. 整理装订成册

招标控制价文件包含以下内容，并应按照如下顺序进行装订：

（1）封面；

（2）招标控制价编制说明；

（3）单位工程招标控制价汇总表；

（4）分部分项工程与技术措施项目工程量清单与计价表；

（5）工程量清单综合单价分析表；

（6）组织措施项目清单与计价表；

（7）其他项目清单与计价表；

（8）暂列金额明细表；

（9）材料及设备暂估单价表；

（10）专业工程暂估价表；

（11）计日工表；

（12）总承包服务费计价表；

（13）规费及税金项目计价表；

（14）人工、材料、机械汇总表。

1.3　工程结算的编制

工程结算是指施工企业按照承包合同和已完工程量向建设单位（业主）办理工程价款

清算的经济文件。工程建设周期长，耗用资金量大，为使建筑安装企业在施工中耗用的资金及时得到补偿，需要对工程价款进行中间结算（进度款结算）、年终结算，全部工程竣工验收后应进行竣工结算。

1.3.1　工程结算的编制内容

1. 预付款的申请与支付；
2. 进度款的申请与支付；
3. 竣工结算的申请与支付；
4. 最终结清的申请与支付。

1.3.2　工程结算的编制依据

1.《建设工程工程量清单计价规范》GB 50500—2013、《房屋建筑与装饰工程工程量计算规范》GB 50854—2013、《通用安装工程工程量计算规范》GB 50856—2013；

2. 国家或省级、行业建设主管部门颁发的计价定额和计价办法；

3. 施工合同、补充约定和综合单价采用的材料价格、工料机市场价；

4. 中标工程量清单报价或施工图预算；

5. 工程竣工图及相关资料；

6. 工程设计变更通知单、施工技术核定单、隐蔽工程验收单、材料代用核定单、分包工程结算书、现场签证、施工方案；

7. 工程招标文件。

1.3.3　工程结算编制的方法与步骤

1. 核查工程结算资料，确定工程结算编制方法

编制完整的工程结算书，应该有完整的工程结算资料。要全面收集（建筑工程、装饰工程、安装工程）工程结算资料，检查结算资料的完整性和符合性。

工程结算的编制方法应根据施工合同、原中标报价的约定。可以按定额计价编制工程结算，也可以按清单计价编制工程结算，还可以按定额计价和清单计价共同编制工程结算。

2. 计算需要调整的分部分项、施工措施或其他项目工程量

工程量计算是工程结算编制的重要环节，要按要求计算调增或调减工程量。

调整工程量应严格按设计变更通知单、施工技术核定单、隐蔽工程验收单、分包工程结算书、现场签证、施工合同、施工方案、中标工程量清单报价或施工图预算、建设工程工程量清单计价规范、工程招标文件进行计算。

3. 计算工程索赔费用与现场签证费用

按照工程设计变更通知单、施工技术核定单、隐蔽工程验收单、材料代用核定单、现场签证、施工合同、施工方案等资料，计算工程索赔费用与现场签证费用。

4. 计算需要调整的分部分项、施工措施或其他项目费用

严格按照工程设计变更通知单、施工技术核定单、隐蔽工程验收单、材料代用核定单、分包工程结算书、现场签证、施工合同、施工方案、工程索赔费用与现场签证费用等资料，计算需要调整的分部分项、施工措施或其他项目费用。

5. 汇总工程结算费用，编写工程结算编制说明

编制说明一般从以下几个方面编写：

（1）采用的图纸与规范：采用的工程竣工图、标准图、规范等；

（2）采用的定额：××省（市）××年建筑工程预算定额、费用定额等；

（3）依据的有关合同：包括工程施工承包合同、购货合同、分包合同等；

（4）采用的单价：人工、材料、机械台班价格等；

（5）预算书或清单报价书：××工程预算书或工程量清单报价书；

（6）其他需要说明的问题。

任务 2 某高校 2 号食堂建筑与装饰 工程工程量清单编制

 能力目标

熟练运用工程量清单的编制方法，通过某高校 2 号食堂建筑与装饰工程清单工程量的计算、提取以及工程量清单的编制，掌握手工以及软件两种计算建筑与装饰工程清单工程量的方法。

 思政元素

影片《我和我的祖国》中第一个故事片段《前夜》讲述了 1949 年国庆开国大典前夜，负责电动升旗的工程师林治远等人争分夺秒克服种种困难，保证开国大典上新中国第一面五星红旗顺利升起的故事。为了确保首次使用的电动升旗装置万无一失，研究人员们无数个夜晚奋斗在一线工作岗位，这既源自于他们对祖国的热爱，也体现了他们对工匠精神的追求。完善的工程量清单需要编制者的细心与耐心，同样需要其具有敬业、精益、专注的工匠精神，这种精神的存在能够实现质量由 0 到 1 的突破，确保清单的准确无误。影片中研究人员的事例，使学生充分理解工匠精神的内涵，培育他们一丝不苟、精益求精的职业精神。

 思维导图

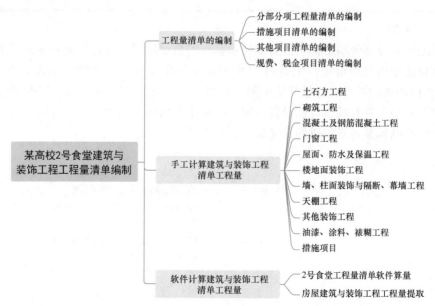

2.1　工程量清单的编制

工程量清单由分部分项工程量清单、措施项目清单、其他项目清单、规费项目清单和税金项目清单组成。

2.1.1　分部分项工程量清单的编制

分部分项工程项目清单是指构成拟建工程实体的全部分项实体项目名称和相应数量的明细清单。形成工程实体的分部分项工程项目清单的编制应根据施工图样和计价规范的规定编制，编制时应尽量避免漏项、重项、错项。

工程量
清单编制

分部分项工程和单价措施项目清单是由招标人按照计价规范中的五个要件，即项目编码、项目名称、项目特征、计量单位和工程量计算规则进行编制的，招标人必须按规范规定执行，不得因情况不同而变动，在设置清单项目时，以规范附录中项目名称为主体，考虑该项目的规格、型号、材质等特征要求，结合拟建工程的实际情况，在工程量清单中详细地描述出影响工程计价的有关因素。

1. 分部分项工程项目清单包括的内容

分部分项工程项目清单必须载明项目编码、项目名称、项目特征、计量单位和工程量计算规则，上述五个要件在分部分项工程项目清单的组成中缺一不可；且分部分项工程项目清单必须根据相关现行国家计量规范附录规定的项目编码、项目名称、项目特征、计量单位和工程量计算规则进行编制。分部分项工程项目清单的内容见表2-1。

分部分项工程项目清单表　　　　　　　　　表 2-1

序号	项目编码	项目名称	项目特征	计量单位	工程量计算规则

2. 项目编码

项目编码是分部分项工程项目清单项目名称的数字标识，对每一个分部分项工程和单价措施项目清单项目均给定一个编码，项目编码采用12位阿拉伯数字表示，共分五级。其中1～9位应按相关专业计量规范中附录的规定统一设置，10～12位应根据拟建工程的工程量清单项目名称和项目特征设置。同一招标工程的项目编码不得有重码。

项目编码结构及各级编码的含义如图2-1所示。

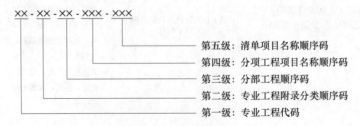

图 2-1　项目编码结构图

第一级为专业工程代码，包括 9 类，分别是：01 房屋建筑与装饰工程、02 仿古建筑工程、03 通用安装工程、04 市政工程、05 园林绿化工程、06 矿山工程、07 构筑物工程、08 城市轨道交通工程、09 爆破工程。

第二级为专业工程附录分类顺序码，例如，0105 表示房屋建筑与装饰工程中之附录 E 混凝土与钢筋混凝土工程，其中三、四位 05 即为专业工程附录分类顺序码。

第三级为分部工程顺序码，例如，010501 表示附录 E 混凝土与钢筋混凝土工程中之 E.1 现浇混凝土基础，其中五、六位 01 即为分部工程顺序码。

第四级为分项工程项目名称顺序码，例如，010501002 表示房屋建筑与装饰工程中之现浇混凝土带形基础，其中七、八、九位即为分项工程项目名称顺序码。

第五级为清单项目名称顺序码，由清单编制人编制，从 001 开始。

3. 项目名称

项目名称是工程量清单中表示各分部分项工程清单项目的名称。

《房屋建筑与装饰工程工程量计算规范》附录 A 至附录 R 中的"项目名称"为分项工程项目名称，是以"工程实体"命名的。在编制分部分项工程项目清单时，清单项目名称的确定有两种方式，一是完全按照规范的项目名称不变，二是以《房屋建筑与装饰工程工程量计算规范》附录中的项目名称为基础，考虑项目的规格、型号、材质等特征要求，结合拟建工程的实际情况，对附录中的项目名称进行适当的调整或细化，使其能够反映影响工程造价的主要因素。

4. 项目特征

项目特征是指构成分部分项工程项目、措施项目自身价值的本质特征，也是相对于工程量清单计价而言，对构成工程实体的分部分项工程量清单项目和非实体的措施清单项目，反映其自身价值的特征进行的描述。定义该术语，是为了更加准确地规范工程量清单计价中对分部分项工程项目、措施项目特征描述的要求，便于准确地组建综合单价。为了达到规范、简洁、准确、全面描述项目特征的要求，项目特征应按相关工程国家计量规范规定，结合拟建工程的实际予以描述。

清单项目特征不同的项目应分别列项。清单项目特征主要涉及项目的自身特征（材质、型号、规格、品牌），项目的工艺特征，以及对项目施工方法可能产生影响的特征。

5. 计量单位

清单项目的计量单位应按规范附录中规定的计量单位确定。当计量单位有两个或两个以上时，应结合拟建工程项目的实际情况，选择最适宜表述项目特征并方便计量的其中一个为计量单位。同一工程项目的计量单位应一致。

除各专业另有特殊规定外，工程计量时每一项目汇总的有效位数应遵守以下规定：

（1）以"t"为单位，应保留小数点后三位数字，第四位小数四舍五入；

（2）以"m""m^2""m^3""kg"为单位，应保留小数点后两位数字，第三位小数四舍五入；

（3）以"个""件""根""组""系统"为单位，应取整数。

6. 工程量计算规则

工程量计算规则是指对清单项目工程量的计算规定。工程项目清单中所列项目的工程量应按相应工程计算规范附录中规定的工程量计算规则计算。除另有说明外，所有清单项目的工程量以实体工程量为准，并以完成后的净值来计算。因此，在计算综合单价时应考虑施工中的各种损耗和需要增加的工程量，或在措施费清单中列入相应的措施费用。

2.1.2 措施项目清单的编制

1. 措施项目清单包括的内容

措施项目包括两类：一类是单价类措施项目，即能列出单价类措施项目清单包括项目编码、项目名称、项目特征、计量单位、工程量计算规则的项目；另一类是总价类措施项目，即仅能列出项目编码、项目名称，未列出项目特征、计量单位和工程量计算规则的项目。

各专业工程的措施项目可依据附录中规定的项目选择列项。房屋建筑与装饰工程专业措施项目见表 2-2，其中安全文明施工及其他措施项目见表 2-3，可依据批准的工程项目施工组织设计（或施工方案）选择列项。

房屋建筑与装饰工程专业措施项目 表 2-2

序号	项目编码	项目名称	序号	项目编码	项目名称
1	011701	脚手架工程	5	011705	大型机械设备进出场及安拆
2	011702	混凝土模板及支架（撑）	6	011706	施工排水、降水
3	011703	垂直运输	7	011707	安全文明施工及其他措施项目
4	011704	超高施工增加			

安全文明施工及其他措施项目 表 2-3

序号	项目编码	项目名称	序号	项目编码	项目名称
1	011707001	安全文明施工	5	011707005	冬雨季施工
2	011707002	夜间施工	6	011707006	地上、地下设施、建筑物的临时保护措施
3	011707003	非夜间施工照明	7	011707007	已完工程及设备保护
4	011707004	二次搬运			

2. 编制措施项目清单

（1）单价类措施项目的编制

对于能列出项目编码、项目名称、项目特征、计量单位、工程量计算规则的单价类措施项目，编制工程量清单时应执行相应专业工程量计算规范分部分项工程的规定，按照分部分项工程量清单的编制方式编制。如某项目的单价类措施项目清单见表 2-4。

某项目的单价类措施项目清单 表 2-4

序号	项目编码	项目名称	项目特征	计量单位	工程量	综合单价	合价
1	011701001001	综合脚手架	1. 建筑结构形式：框架 2. 檐口高度：设计室外地坪变化，最高 20.25m、最低 8.1m，具体详见建施-05	m²	4045.27		
2	011701002001	外脚手架	1. 搭设方式：投标人根据现场自行考虑 2. 搭设高度：3.6m 以外的墙	m²	9145.10		
…	…	…	…	…	…		

（2）总价类措施项目的编制

对于仅能列出项目编码、项目名称，不能列出项目特征、计量单位和工程量计算规则的总价类措施项目，编制工程量清单时，应按相应专业工程量计算规范相应附录规定的项目编码、项目名称确定。对于房屋建筑与装饰工程而言，应按照《房屋建筑与装饰工程工程量计算规范》附录 S 措施项目规定的项目编码、项目名称确定。如某项目的安全文明施工及其他措施项目清单见表 2-5。

某项目总价类措施项目清单　　　　　　　　　　　　　　表 2-5

序号	项目编码	项目名称	计算基数	费率（%）	金额（元）
1	011707001001	安全文明施工费	分部分项安全文明施工费＋单价措施安全文明施工费		333775.27
2	01	其他措施费（费率类）			153611.00
2.1	011707002001	夜间施工增加费	分部分项其他措施费＋单价措施其他措施费	25	38402.75
2.2	011707004001	二次搬运费	分部分项其他措施费＋单价措施其他措施费	50	76805.50
2.3	011707005001	冬雨季施工增加费	分部分项其他措施费＋单价措施其他措施费	25	38402.75

2.1.3　其他项目清单的编制

1. 其他项目清单的内容

其他项目清单应包括：暂列金额、暂估价、计日工、总承包服务费四项内容。如果工程项目存在未列的项目，应根据工程实际情况补充。

2. 其他项目清单的编制

（1）暂列金额

1）暂列金额的相关规定

暂列金额是在招投标阶段暂且列定的一项费用，它在项目实施过程中有可能发生、也有可能不发生。只有按照合同约定程序实际发生后，才能成为中标人应得金额，纳入合同结算价款中。扣除实际发生金额后的余额归招标人所有。

2）暂列金额的编制

暂列金额可根据工程的复杂程度、设计深度、工程环境条件（包括地质、水文、气候条件等）进行估算，一般可按分部分项工程费的 10%～15% 为参考。

暂列金额明细表应根据表 2-6 编制。暂列金额表应由招标人填写，不能详列时可只列暂定金额总额，投标人应将上述暂列金额计入投标总价中。

暂列金额明细表　　　　　　　　　　　　　　表 2-6

序号	项目名称	计量单位	暂定金额（元）	备注
	合计			—

（2）暂估价

1）暂估价的相关规定

暂估价是在招投标阶段直至签订合同协议时，招标人在招标文件中提供的用于支付必然要发生但暂时不能确定价格的材料，以及需另行发包的专业工程金额。

2）暂估价的编制

暂估价包括材料及工程设备暂估单价和专业工程暂估价；其中材料及工程设备暂估单价应根据工程造价信息或参照市场价格估算，列出明细表；专业工程暂估价应分不同专业，按有关计价规定估算列出明细表。两类暂估价分别依据表2-7、表2-8编制。

材料（工程设备）暂估单价及调整表　　　　　　　　表2-7

序号	材料（工程设备）名称、规格、型号	计量单位	数量		暂估/元		确认/元		差额±/元		备注
			暂估	确认	单价	合计	单价	合计	单价	合计	说明材料拟用于的清单项目
	合计										

专业工程暂估价表　　　　　　　　表2-8

序号	工程名称	工程内容	暂估金额/元	结算金额/元	差额±/元	备注
	合计					

材料（工程设备）暂估单价表由招标人填写"暂估单价"，并在备注栏说明暂估价的材料、工程设备拟用在哪些清单项目上，投标人应将上述材料、工程设备暂估单价计入工程量清单综合单价报价中，其他项目清单中不汇总。

专业工程暂估价表由招标人填写"暂估金额"，投标人应将上述专业工程暂估金额计入投标总价中，结算时按合同约定结算金额填写。

（3）计日工

1）计日工的相关规定

计日工是为了解决现场发生的零星工作的计价而设立的。计日工适用的零星工作一般是指合同约定之外的或者因变更而产生的、工程量清单中没有相应项目的额外工作，尤其是那些时间不允许事先商定价格的额外工作。

计日工以完成零星工作所消耗的人工工时、材料数量、机械台班进行计量，并按照计日工表中填报的适用项目的单价进行计价支付。

编制工程量清单时，计日工表中的人工应按工种，材料和机械应按规格、型号详细列项。其中人工、材料、机械数量，应由招标人根据工程的复杂程度、工程设计质量的优劣及设计深度等因素，按照经验来估算一个比较贴近实际的数量，并作为暂定量写到计日工表中，纳入有效投标竞争，以期获得合理的计日工单价。

2）计日工的编制

计日工应列出项目名称、计量单位和暂估数量。计日工应依据表2-9编制。

计日工表 表 2-9

编号	项目名称	单位	暂定数量	实际数量	综合单价/元	合计	
						暂定	实际
一	人工						
1							
2							
人工小计							
二	材料						
1							
2							
材料小计							
三	施工机械						
1							
2							
施工机械小计							
四、企业管理费和利润							
总计							

计日工表中项目名称、暂定数量由招标人填写，编制招标控制价时，单价由招标人按有关计价规定确定；投标时，单价由投标人自主报价，按暂定数量计算合价计入投标总价中。结算时，按发承包双方确认的实际数量计算合价。

（4）总承包服务费

1）总承包服务费的相关规定

只有当工程采用总承包模式时，才会发生总承包服务费。招标人应当预计该项费用并按投标人的投标报价向投标人支付该项费用。

2）总承包服务费的编制

总承包服务费应列出服务项目及其内容等，依据表 2-10 编制。

总承包服务费计价表 表 2-10

序号	项目名称	项目价格/元	服务内容	计算基数	费率/%	金额/元
1	发包人发包专业工程					
2	发包人提供材料					
合计		—	—		—	

总承包服务费计价表中，项目名称、服务内容由招标人填写，编制招标控制价时，费率及金额由招标人按有关计价规定确定；投标时，费率及金额由投标人自主报价，计入投标总价中。

2.1.4　规费、税金项目清单的编制

1. 规费、税金的概念

规费是指根据国家法律、法规规定，由省级政府或省级有关行政主管部门规定施工企

业必须缴纳的，应计入建筑安装工程造价的费用。

税金是指增值税。

2. 规费项目清单的列项

规费项目清单应按照《建设工程工程量清单计价规范》GB 50500—2013 提供的内容列项，如图 2-2 所示。如果工程项目存在 GB 50500 未列的项目，应根据省级政府或省级有关部门的规定列项。

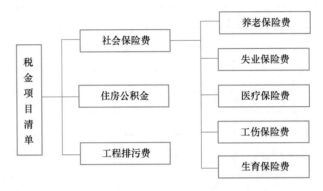

图 2-2　规费项目清单组成

3. 税金项目清单的列项

税金项目清单依据《建设工程工程量清单计价规范》GB 50500—2013 提供的内容列项，目前的税金包括增值税。

如果工程项目存在 GB 50500 未列的项目，应根据税务部门的规定列项。当国家税法发生变化或地方政府及税务部门依据职权对税种进行调整时，应对税金项目清单进行相应调整。

2.2　手工计算建筑与装饰工程清单工程量

2.2.1　土石方工程（0101）

土石方工程包括土方工程、石方工程和回填，适用于房屋建筑与装饰工程的土石方开挖及回填工程。土石方工程除平整场地、房心填土外，其他土石方工程不构成工程实体。与本工程有关的土石方工程主要有土方工程、回填。

1. 土方工程（010101）

（1）土方工程工程量清单项目设置及工程量计算规则

与本项目有关的土方工程工程量清单项目有平整场地、挖一般土方、挖基坑土方，其清单项目设置、项目特征描述的内容、计量单位及工程量计算规则应按表 2-11 的规定执行。

土方工程工程量清单项目设置及工程量计算规则（部分）　　　　　　　　　　表 2-11

项目编码	项目名称	项目特征	计量单位	工程量计算规则	工作内容
010101001	平整场地	1. 土壤类别 2. 弃土运距 3. 取土运距	m²	按设计图示尺寸以建筑物首层建筑面积计算	1. 土方挖填 2. 场地找平 3. 运输

续表

项目编码	项目名称	项目特征	计量单位	工程量计算规则	工作内容
010101002	挖一般土方	1. 土壤类别 2. 挖土深度 3. 弃土运距	m³	按设计图示尺寸以体积计算	1. 排地表水 2. 土方开挖 3. 围护（挡土板）及拆除 4. 基底钎探 5. 运输
010101004	挖基坑土方			按设计图示尺寸以基础垫层底面积乘以挖土深度计算	

注：1. 挖土方平均厚度应按自然地面测量标高至设计地坪标高间的平均厚度确定。基础土方开挖深度应按基础垫层底表面标高至交付施工场地标高确定，无交付施工场地标高时，应按自然地面标高确定。

2. 建筑物场地厚度≤±30mm的挖、填、运、找平，应按上表中平整场地项目编码列项。厚度＞±30mm的竖向布置挖土或山坡切土应按上表中挖一般土方项目编码列项。

3. 沟槽、基坑、一般土方的划分为：底宽≤7m且底长＞3倍底宽为沟槽；底长≤3倍底宽且底面积≤150m²为基坑；超出上述范围则为一般土方。

4. 挖沟槽、基坑、一般土方因工作面和放坡增加的工程量（管沟工作面增加的工程量）是否并入各土方工程量中，应按各省、自治区、直辖市或行业建设主管部门的规定实施，如并入各土方工程量中，办理工程结算时，按经发包人认可的施工组织设计规定计算，编制工程量清单时，可按表 2-12、表 2-13 规定计算。

放坡系数表　　　　　　　　　　　　　　　　　　　　　表 2-12

土壤分类	放坡起点（m）	人工挖土（1∶k）	机械挖土（1∶k）		
			在坑内作业	在坑上作业	顺沟槽在坑上作业
一、二类土	1.20	1∶0.5	1∶0.33	1∶0.75	1∶0.5
三类土	1.50	1∶0.33	1∶0.25	1∶0.67	1∶0.33
四类土	2.00	1∶0.25	1∶0.10	1∶0.33	1∶0.25

注：1. 沟槽、基坑中土壤类别不同时，分别按其放坡起点、放坡系数、依不同土壤类别厚度加权平均计算。

2. 计算放坡时，交接处的重复工程量不予扣除，原槽、坑做基础垫层时，放坡自垫层上表面开始计算。

放坡起点与放坡系数

基础施工所需工作面宽度计算表　　　　　　　表 2-13

基础材料	每边各增加工作面宽度（mm）
砖基础	200
浆砌毛石、条石基础	150
混凝土基础垫层支模板	300
混凝土基础支模板	300
基础垂直面做防水层	1000（防水层面）

（2）2 号食堂土方工程工程量清单编制

2 号食堂土方工程涉及平整场地、挖一般土方、挖基坑土方等内容，根据施工图纸及相关规范要求，工程量清单列项见表 2-14。

2号食堂土方工程工程量清单编制（示例） 表2-14

序号	项目编码	项目名称	项目特征描述	计量单位	工程量	工程量计算式
1	010101001001	平整场地	1. 土壤类别：综合（由投标人根据地勘报告、现场情况决定报价） 2. 其他说明：详见相关设计图纸、要求及规范	m²	2775.11	仅以首层食堂位置平整场地工程量为例（不考虑人防）： ① 位于 ⑤-1 轴至 ⑤-11 轴及 ⑤-A 轴至 ⑤-E 轴之间，详见某高校2号食堂建筑图—食堂一层平面图。 ② 平整场地工程量＝85.5×33.35－15.3×0.35－0.25×(85.45－4.8)＋0.05×8.75－0.15×24.4－12.2×3.9＝2775.11m²
2	010101002001	挖一般土方	1. 土壤类别：综合（由投标人根据地勘报告、现场情况决定报价） 2. 挖土深度：6m内 3. 其他说明：清单土方工程量已按设计要求增加放坡和工作面，详见相关设计图纸、要求及规范	m³	18548.84	仅以食堂地下室人防范围内大开挖土方为例： ① 位于 ⑰ 轴至 ㉖ 轴及 Ⓐ 轴至 Ⓖ 轴之间，详见某高校2号食堂结构图-基础平面布置图、某高校2号食堂建筑图-食堂立面图。 ② 人防范围内土方＝[(2429.13)＜底面积＞＋(2832.928)＜顶面积＞＋(2628.1407)＜中截面积＞×4)×(5.1＋0.4＋0.1－0.45)＜挖土深度＞/6]－1991.467＜扣非人防土方、坡道土方、房心回填＞＝11547.87m³
3	010101004001	挖基坑土方	1. 土壤类别：综合（由投标人根据地勘报告、现场情况决定报价） 2. 挖土深度：2m内 3. 其他说明：详见相关设计图纸、要求及规范	m³	326.67	以 XZD02 处挖基坑土方为例： ① 位于 ⑤-2 轴与 ⑤-D 轴线处，详见某高校2号食堂结构图—食堂基础平面布置图。 ② XZD02 处挖基坑土方＝[4×4＋2.8×2.8＋(4×4×2.8×2.8)^0.5]×0.6/3＝7.01m³

2. 回填（010103）

（1）回填工程量清单项目设置及工程量计算规则

回填分为回填方（适用于场地回填、室内回填和基础回填）和余方弃置两个项目，本项目回填工程均有涉及，其清单项目设置及工程量计算规则见表2-15。

回填工程量清单项目设置及工程量计算规则　　　　表 2-15

项目编码	项目名称	项目特征	计量单位	工程量计算规则	工程内容
010103001	回填方	1. 密实度要求 2. 填方材料品种 3. 填方粒径要求 4. 填方来源、运距	m³	按设计图示尺寸以体积计算。 　1. 场地回填：回填面积乘以平均回填厚度 　2. 室内回填：主墙间面积乘以回填厚度，不扣除间隔墙 　3. 基础回填：挖方清单项目工程量减去自然地坪以下埋设的基础体积（包括基础垫层及其他构筑物）	1. 运输 2. 回填 3. 压实
010103002	余方弃置	1. 废弃料品种 2. 运距		按挖方清单项目工程量减利用回填方体积（正数）计算	余方点装料运输至弃置点

注：1. 填方密实度要求，在无特殊要求情况下，项目特征可描述为满足设计和规范的要求。

　　2. 填方材料品种可以不描述，但应注明由投标人根据设计要求验方后方可填入，并符合相关工程的质量规范要求。

　　3. 填方粒径要求，在无特殊要求情况下，项目特征可以不描述。

（2）2 号食堂回填工程量清单编制

2 号食堂土石方工程涉及回填方、余方弃置等内容，其中回填方包括大开挖回填、房心回填等工作内容，根据施工图纸及相关规范要求，工程量清单列项见表 2-16。

2 号食堂回填工程量清单编制（示例）　　　　表 2-16

序号	项目编码	项目名称	项目特征描述	计量单位	工程量	工程量计算式
1	010103001001	回填方（大开挖回填）	1. 密实度要求：满足设计和规范的要求 2. 填方材料品种：2：8 灰土回填，并符合相关工程的质量规范要求 3. 填方粒径要求：优先利用开挖出的优质土。回填土内不得含有有机杂质，含水量应符合压实要求 4. 其他说明：详见相关设计图纸、要求及规范	m³	3769.64	仅以食堂地下室人防范围内大开挖土方回填为例： ① 位于⑰轴至㉖轴及Ⓐ轴至Ⓖ轴之间，详见某高校 2 号食堂人防结构图-墙柱平面图。 ② 人防范围内大开挖土方回填工程量＝11548.42＜大开挖土方体积＞－（53.023＜扣砌体墙＞＋327.4＜扣剪力墙＞＋305.4577＜扣梁＞＋1.1201＜扣连梁＞＋3.1035＜扣圈梁＞＋396.2312＜扣现浇板＞＋50.1109＜扣柱＞＋34.8093＜扣柱墩＞＋1.4565＜扣独立柱装修＞＋873.0538＜扣筏板基础＞＋179.8884＜扣垫层＞＋0.4896＜扣集水坑＞＋0.7063＜扣台阶＞）－6779.878＜扣房间＞＝2541.69m³

序号	项目编码	项目名称	项目特征描述	计量单位	工程量	工程量计算式
2	010103001002	回填方（房心回填）	1. 密实度要求：满足设计和规范的要求 2. 填方材料品种：素土回填，并符合相关工程的质量规范要求 3. 填方粒径要求：优先利用开挖出的优质土。回填土内不得含有有机杂质，含水量应符合压实要求 4. 其他说明：详见相关设计图纸、要求及规范	m³	1880.39	仅以食堂一层超市内房心回填为例：① 位于 ⑤-⑩ / ⑤-⑪ 及 ⑤-Ⓔ / ⑤-Ⓓ 之间，详见某高校 2 号食堂建筑图-食堂一层平面图。② 食堂一层超市内房心回填工程量=62.05×(1.1-0.01-0.02-0.04)=63.91m³
3	010103002001	余方弃置	1. 废弃料品种：素土 2. 运距：10km 3. 其他说明：详见相关设计图纸、要求及规范	m³	13135.5	余方弃置工程量=挖方清单项目工程量-回填方体积=13135.50m³

2.2.2 砌筑工程（0104）

砌筑工程包括砖砌体、砌块砌体、石砌体和垫层，适用于房屋建筑与装饰工程的砌筑工程。与本工程有关的砌筑工程为砌块砌体。

1. 砌块砌体（010402）

（1）砌块砌体工程量清单项目设置及工程量计算规则

与本项目有关的砌块砌体工程量清单项目为砌块墙，砌块墙项目适用于各种规格的砌块砌筑的墙体，砌块墙清单项目设置及工程量计算规则见表 2-17。

砌块墙清单项目设置及工程量计算规则（部分） 表 2-17

项目编码	项目名称	项目特征	计量单位	工程量计算规则	工程内容
010402001	砌块墙	1. 砌块品种、规格、强度等级 2. 墙体类型 3. 砂浆强度等级	m³	按设计图示尺寸以体积计算。扣除门窗、洞口、嵌入墙内的钢筋混凝土柱、梁、圈梁、挑梁、过梁及凹进墙内的壁龛、管槽、暖气槽、消火栓箱所占体积，不扣除梁头、板头、檩头、垫木、木楞头、沿缘木、木砖、门窗走头、砌块墙内加固钢筋、木筋、铁件、铜管及单个面积≤0.3m²的孔洞所占的体积。凸出墙面的腰线、挑檐、压顶、窗台线、虎头砖、门窗套的体积亦不增加。凸出墙面的砖垛并入墙体体积内计算	1. 砂浆制作、运输 2. 砌砖、砌块 3. 勾缝 4. 材料运输

项目编码	项目名称	项目特征	计量单位	工程量计算规则	工程内容
010402001	砌块墙	1. 砌块品种、规格、强度等级 2. 墙体类型 3. 砂浆强度等级	m³	1. 墙长度：外墙按中心线、内墙按净长计算； 2. 墙高度： （1）外墙：斜（坡）屋面无檐口天棚者算至屋面板底；有屋架且室内外均有天棚者算至屋架下弦底另加200mm；无天棚者算至屋架下弦底另加300mm，出檐宽度超过600mm时按实砌高度计算；与钢筋混凝土楼板隔层者算至板顶；平屋面算至钢筋混凝土板底 （2）内墙：位于屋架下弦者，算至屋架下弦底；无屋架者算至天棚底另加100mm；有钢筋混凝土楼板隔层者算至楼板顶；有框架梁时算至梁底 （3）女儿墙：从屋面板上表面算至女儿墙顶面（如有混凝土压顶时算至压顶下表面） （4）内、外山墙：按其平均高度计算	1. 砂浆制作、运输 2. 砌砖、砌块 3. 勾缝 4. 材料运输

（2）2号食堂砌块墙工程量清单编制

2号食堂砌块墙区分不同厚度与材质，根据施工图纸及相关规范要求，部分内墙工程量清单列项见表2-18。

砌块砌体
工程量计算

砌块墙工程量清单编制（示例）　　　　　　　　　　　　　　　表 2-18

序号	项目编码	项目名称	项目特征描述	计量单位	工程量	工程量计算式
1	010402001013	砌块墙	1. 砖品种、规格、强度等级：A3.5加气混凝土砌块 2. 墙体厚度：≤200mm，地上 3. 砂浆强度等级、配合比：M7.5预拌砂浆 4. 高度：3.6m以上 5. 其他说明：详见相关设计图纸、要求及规范	m³	204.32	以首层200mm厚加气混凝土砌块内墙为例： ① 位于 S-3 / S-C 轴线（下部）处，详见某高校2号食堂建筑图-食堂一层平面图。 ② 墙体积=3.6×4.8×0.2−0.6×0.2×4.8＜扣除柱体积＞−0.2×0.75×（1.7+1.5）＜扣除KL17体积＞−0.1×0.2×（1.7+1.5）＜扣圈梁体积＞=2.34m³

2.2.3　混凝土及钢筋混凝土工程（0105）

混凝土及钢筋混凝土工程包括现浇混凝土基础、现浇混凝土柱、现浇混凝土梁、现浇混凝土墙、现浇混凝土板、现浇混凝土楼梯、现浇混凝土其他构件、后浇带、预制混凝土柱、预制混凝土梁、预制混凝土屋架、预制混凝土板、预制混凝土楼梯、其他预制构件、钢筋工程和螺栓、铁件等。与本工程有关的混凝土及钢筋混凝土工程主要有现浇混凝土基础、现浇混凝土柱、现浇混凝土梁、现浇混凝土墙、现浇混凝土板、现浇混凝土楼梯、后浇带、钢筋工程和螺栓、铁件。

1. 现浇混凝土基础（010501）

（1）现浇混凝土基础工程量清单项目设置及工程量计算规则

与本项目有关的现浇混凝土基础工程量清单项目为垫层、满堂基础，其清单项目设置及工程量计算规则见表2-19。

现浇混凝土基础工程量清单项目设置及工程量计算规则（部分）　　表2-19

项目编码	项目名称	项目特征	计量单位	工程量计算规则	工程内容
010501001	垫层	1. 混凝土种类 2. 混凝土强度等级	m³	按设计图示尺寸以体积计算。不扣除伸入承台基础的桩头所占体积	1. 模板及支撑制作、安装、拆除、堆放、运输及清理模内杂物、刷隔离剂等 2. 混凝土制作、运输、浇筑、振捣、养护
010501004	满堂基础				

（2）2号食堂现浇混凝土基础工程量清单编制

2号食堂现浇混凝土基础包含垫层、满堂基础等内容，根据施工图纸及相关规范要求，部分工程量清单列项见表2-20。

现浇混凝土基础工程量清单编制（示例）　　表2-20

序号	项目编码	项目名称	项目特征描述	计量单位	工程量	工程量计算式
1	010501001001	垫层	1. 混凝土种类：预拌商品混凝土 2. 混凝土强度等级：C15 3. 泵送方式：自行考虑 4. 模板及支撑制作、安装、拆除 5. 其他说明：详见相关设计图纸、要求及规范	m³	339.92	以柱墩下部垫层为例： ① 柱墩位于 S-9 与 S-B 轴线相交处，详见某高校2号食堂结构图-基础平面布置图。 ② 柱墩下部垫层体积＝3＜长度＞×3＜宽度＞×0.1＜厚度＞＝0.90m³
2	010501004001	满堂基础	1. 混凝土种类：预拌商品混凝土 2. 混凝土强度等级：C35 P6 3. 泵送方式：自行考虑 4. 模板及支撑制作、安装、拆除 5. 其他说明：详见相关设计图纸、要求及规范	m³	1592.13	以人防区与非人防区交界处600mm厚筏板为例： ① 筏板位于 S-4 与 S-C / S-D 轴线之间，详见某高校2号食堂结构图-基础平面布置图。 ② 满堂基础体积＝(1.5×0.6＋0.2×0.2×0.5＋0.4×0.4×0.5)＜截面积＞×8＜长度＞＝8.00m³

2. 现浇混凝土柱（010502）

（1）现浇混凝土柱工程量清单项目设置及工程量计算规则

现浇混凝土柱，包括矩形柱、构造柱和异形柱，与本项目有关的现浇混凝土柱工程量清单项目为矩形柱、构造柱及素混凝土墙垛，其清单项目设置及工程量计算规则见表2-21。

现浇混凝土柱工程量清单项目设置及工程量计算规则（部分）　　　　表 2-21

项目编码	项目名称	项目特征	计量单位	工程量计算规则	工程内容
010502001	矩形柱	1. 混凝土种类 2. 混凝土强度等级	m³	按设计图示尺寸以体积计算。 柱高： 　1. 有梁板的柱高，应自柱基上表面（或楼板上表面）至上一层楼板上表面之间的高度计算 　2. 无梁板的柱高，应自柱基上表面（或楼板上表面）至柱帽下表面之间的高度计算 　3. 框架柱的柱高，应自柱基上表面至柱顶高度计算 　4. 构造柱按全高计算，嵌接墙体部分（马牙槎）并入柱身体积 　5. 依附柱上的牛腿和升板的柱帽，并入柱身体积计算	1. 模板及支架（撑）制作、安装、拆除、堆放、运输及清理模内杂物、刷隔离剂等 2. 混凝土制作、运输、浇筑、振捣、养护
010502002	构造柱				

（2）2号食堂现浇混凝土柱工程量清单编制

2号食堂现浇混凝土柱包含矩形柱、构造柱等，根据施工图纸及相关规范要求，部分现浇混凝土柱工程量清单列项见表 2-22。

现浇混凝土柱工程量清单编制（示例）　　　　表 2-22

序号	项目编码	项目名称	项目特征描述	计量单位	工程量	工程量计算式
1	010502001001	矩形柱	1. 柱高度：4.85m 2. 混凝土种类：预拌商品混凝土 3. 混凝土强度等级：C30 4. 泵送方式：自行考虑 5. 模板及支撑制作、安装、拆除 6. 其他说明：详见相关设计图纸、要求及规范	m³	43.86	以 KZ10 在−1 层部分为例： ① 位于 (S-1) 与 (S-C) 轴线交汇处，详见墙柱平面布置图及柱表。 ② −1 层层高为 4.85m，KZ10 尺寸 600×900，工程量＝4.85×0.6×0.9＝2.62m³
2	010502002002	构造柱	1. 混凝土种类：预拌商品混凝土 2. 混凝土强度等级：C25 3. 泵送方式：自行考虑 4. 高度：3.6m 以上 5. 模板及支撑制作、安装、拆除 6. 其他说明：详见相关设计图纸、要求及规范	m³	141.89	以首层 200×200 构造柱为例： ① 位于 (S-2) 轴线右侧、(S-A) 轴线上侧风井横竖墙相交处，详见某高校2号食堂建筑图-食堂一层平面图。 ② 构造柱体积＝4.8×0.2×0.2＋0.06×0.2×4.8×0.5×2−(0.2×0.4×0.2＋0.06×0.2×0.15×2)−(0.1×0.2×0.2＋0.06×0.1×0.2×2)−(0.06×0.2×0.2×2)＝0.22m³

3. 现浇混凝土梁（010503）

（1）现浇混凝土梁工程量清单项目设置及工程量计算规则

现浇混凝土梁，包括基础梁、矩形梁，异形梁，圈梁，过梁，弧形、拱形梁，与本项目有关的现浇混凝土梁工程量清单项目为矩形梁、圈梁、过梁，其清单项目设置及工程量计算规则见表 2-23。

现浇混凝土梁工程量清单项目设置及工程量计算规则（部分）　　　表 2-23

项目编码	项目名称	项目特征	计量单位	工程量计算规则	工程内容
010503002	矩形梁	1. 混凝土种类 2. 混凝土强度等级	m³	按设计图示尺寸以体积计算。伸入墙内的梁头、梁垫并入梁体积内 梁长： 1. 梁与柱连接时，梁长算至柱侧面 2. 主梁与次梁连接时，次梁长算至主梁侧面	1. 模板及支架（撑）制作、安装、拆除、堆放、运输及清理模内杂物、刷隔离剂等 2. 混凝土制作、运输、浇筑、振捣、养护
010503004	圈梁				
010503005	过梁				

（2）2号食堂现浇混凝土梁工程量清单编制

2号食堂现浇混凝土梁包含矩形梁、圈梁、过梁、素混凝土反坎、隔墙基础、素混凝土门槛、素混凝土顶层楼梯栏杆下反坎，其中素混凝土反坎、隔墙基础、素混凝土门槛、素混凝土顶层楼梯栏杆下反坎套用圈梁清单项目，与圈梁工程量计算规则相同，根据施工图纸及相关规范要求，部分现浇混凝土梁工程量清单列项见表 2-24。

现浇混凝土梁工程量清单编制（示例）　　　表 2-24

序号	项目编码	项目名称	项目特征描述	计量单位	工程量	工程量计算式
1	010503002002	矩形梁	1. 梁高度：4.85m 2. 混凝土种类：预拌商品混凝土 3. 混凝土强度等级：C30 4. 泵送方式：自行考虑 5. 模板及支撑制作、安装、拆除 6. 其他说明：详见相关设计图纸、要求及规范	m³	175.92	以－1层 KL1 为例： ① 位于某高校2号食堂人防结构图-梁平法施工图的⑰～㉔/Ⓑ轴线 ② KL1 共 7 跨，宽高为 500×1000，每跨净长为 7.75、7.7（4跨）、7.65、7.7，KL1 工程量（体积）为：0.5×1×(7.75+7.7×4+7.65+7.7)－0.8×0.5×1＜扣后浇带体积＞＝26.55m³
2	010503004001	圈梁	1. 混凝土种类：预拌商品混凝土 2. 混凝土强度等级：C25 3. 泵送方式：自行考虑 4. 模板及支撑制作、安装、拆除 5. 其他说明：详见相关设计图纸、要求及规范	m³	39.92	以某处首层圈梁为例： ① 位于首层Ⓢ-3与Ⓢ-Ⓒ轴线交汇外围外墙上，设置尺寸详见某高校2号食堂结构图-结构设计总说明二（非结构构件的构造要求4） ② 圈梁工程量（体积）为：0.2×0.1×(1.9+1.7+1+0.2)×2－0.6×0.1×0.2＜扣框架柱＞＝0.18m³

序号	项目编码	项目名称	项目特征描述	计量单位	工程量	工程量计算式
3	010503004002	素混凝土反坎	1. 混凝土种类：预拌商品混凝土 2. 混凝土强度等级：C20 细石 3. 泵送方式：自行考虑 4. 模板及支撑制作、安装、拆除 5. 其他说明：详见相关设计图纸、要求及规范	m³	35.10	以首层女卫生间素混凝土反坎为例： ① 位于首层 (S-E) / (S-D) 与 (S-1) / (S-2) 轴线内，盥洗室与女卫之间上部的隔墙下，设置尺寸详见某高校 2 号食堂结构图-结构设计总说明二（非结构构件的构造要求 6） ② 素混凝土反坎工程量为：0.1×0.2×2.35−0.1×0.1×0.2＜扣 M0921 抱框＞＝0.045m³
4	010503004003	隔墙基础	1. 混凝土种类：预拌商品混凝土 2. 混凝土强度等级：C20 细石 3. 泵送方式：自行考虑 4. 模板及支撑制作、安装、拆除 5. 其他说明：详见相关设计图纸、要求及规范	m³	23.1	以首层非承重隔墙下基础为例： ① 位于首层 (S-B) 轴线（上侧）与 (S-4) / (S-5) 轴线范围内，设置尺寸详见某高校 2 号食堂结构图-结构设计总说明一［混凝土结构的构造要求（三）］ ② 隔墙基础工程量为：（0.3＋0.6）×0.15×0.5×7.8＝0.53m³
5	010503005001	过梁	1. 混凝土种类：预拌商品混凝土 2. 混凝土强度等级：C25 3. 泵送方式：自行考虑 4. 模板及支撑制作、安装、拆除 5. 其他说明：详见相关设计图纸、要求及规范	m³	28.58	以首层 C18275 上部过梁为例： ① 位于首层 (S-A) 与 (S-1) / (S-2) 轴线处，设置尺寸详见某高校 2 号食堂结构图-结构设计总说明二（非结构构件的构造要求 6） ② 过梁工程量（体积）为：0.2×0.25×（1.8＋0.25×2）−0.25×0.1×0.2×2＜扣抱框＞＝0.105m³

4. 现浇混凝土墙（010504）

（1）现浇混凝土墙工程量清单项目设置及工程量计算规则

现浇混凝土墙，包括直形墙和弧形墙、短肢剪力墙和挡土墙，与本项目有关的现浇混凝土墙工程量清单项目为直形墙、挡土墙，其清单项目设置及工程量计算规则见表 2-25。

现浇混凝土墙工程量清单项目设置及工程量计算规则（部分）　　表 2-25

项目编码	项目名称	项目特征	计量单位	工程量计算规则	工程内容
010504001	直形墙	1. 混凝土种类 2. 混凝土强度等级	m³	按设计图示尺寸以体积计算。 扣除门窗洞口及单个面积＞0.3m² 的孔洞所占体积，墙垛及突出墙面部分并入墙体体积内计算	1. 模板及支架（撑）制作、安装、拆除、堆放、运输及清理模内杂物、刷隔离剂等 2. 混凝土制作、运输、浇筑、振捣、养护
010504004	挡土墙				

（2）2 号食堂现浇混凝土墙工程量清单编制

2 号食堂现浇混凝土墙包含直行墙、挡土墙等内容，根据施工图纸及相关规范要求，部分现浇混凝土墙工程量清单列项见表2-26。

现浇混凝土墙工程量清单编制（示例） 表2-26

序号	项目编码	项目名称	项目特征描述	计量单位	工程量	工程量计算式
1	010504001001	直形墙	1. 墙高度：3.6~4.2m 2. 混凝土种类：预拌商品混凝土 3. 混凝土强度等级：C30 4. 泵送方式：自行考虑 5. 模板及支撑制作、安装、拆除 6. 其他说明：详见相关设计图纸、要求及规范	m³	132.29	以LKQ1为例： ① 位于某高校2号食堂人防结构图-墙柱平面图㉓与㉔轴线之间（Ⓔ轴线上侧） ② 直形墙长度8.15m，厚度0.35m，高度4m，直形墙工程量（体积）为：8.15×0.35×4=11.41m³
2	010504004001	挡土墙	1. 墙高度：4.85m 2. 混凝土种类：预拌商品混凝土 3. 混凝土强度等级：C30 P6 4. 泵送方式：自行考虑 5. 模板及支撑制作、安装、拆除 6. 其他说明：详见相关设计图纸、要求及规范	m³	322.72	以WQ1为例： ① 位于某高校2号食堂结构图-柱平面布置图Ⓢ⁻⁹/Ⓢ⁻¹⁰与Ⓢ⁻Ⓔ轴线之间 ② 挡土墙长度7.7m，厚度0.3m，高度4.85m（一1层高度），挡土墙工程量（体积）为：7.7×0.3×4.85=11.20m³

5. 现浇混凝土板（010505）

（1）现浇混凝土板工程量清单项目设置及工程量计算规则

现浇混凝土板，包括有梁板、无梁板、平板、拱板、薄壳板、栏板、天沟（檐沟）、挑檐板、雨篷、悬挑板、阳台板、空心板及其他板等，与本项目有关的现浇混凝土板工程量清单项目为平板、有梁板、栏板、天沟（檐沟）、挑檐板，其清单项目设置及工程量计算规则见表2-27。

有梁板、无梁板与平板的区别

现浇混凝土板工程量清单项目设置及工程量计算规则（部分） 表2-27

项目编码	项目名称	项目特征	计量单位	工程量计算规则	工程内容
010505001	有梁板	1. 混凝土种类 2. 混凝土强度等级	m³	按设计图示尺寸以体积计算，不扣除单个面积≤0.3m²的柱、垛以及孔洞所占体积。 压型钢板混凝土楼板扣除构件内压型钢板所占体积。 有梁板（包括主、次梁与板）按梁、板体积之和计算，无梁板按板和柱帽体积之和计算，各类板伸入墙内的板头并入板体积内计算，薄壳板的肋、基梁并入薄壳体积内计算	1. 模板及支架（撑）制作、安装、拆除、堆放、运输及清理模内杂物、刷隔离剂等 2. 混凝土制作、运输、浇筑、振捣、养护
010505003	平板				
010505006	栏板				

续表

项目编码	项目名称	项目特征	计量单位	工程量计算规则	工程内容
010505007	天沟（檐沟）、挑檐板	1. 混凝土种类 2. 混凝土强度等级	m³	按设计图示尺寸以体积计算	1. 模板及支架（撑）制作、安装、拆除、堆放、运输及清理模内杂物、刷隔离剂等 2. 混凝土制作、运输、浇筑、振捣、养护
010505008	雨篷、悬挑板、阳台板			按设计图示尺寸以墙外部分体积计算。包括伸出墙外的牛腿和雨篷反挑檐的体积	

注：现浇挑檐、天沟板、雨篷、阳台与板（包括屋面板、楼板）连接时，以外墙外边线为分界线；与圈梁（包括其他梁）连接时，以梁外边线为分界线。外边线以外为挑檐、天沟板、雨篷或阳台。

（2）2 号食堂现浇混凝土板工程量清单编制

有梁板工程量计算

2 号食堂现浇混凝土板包含平板、有梁板、栏板、天沟（檐沟）、挑檐板等内容，根据施工图纸及相关规范要求，部分现浇混凝土板工程量清单列项见表 2-28。

现浇混凝土板工程量清单编制（示例）　　　　　表 2-28

序号	项目编码	项目名称	项目特征描述	计量单位	工程量	工程量计算式
1	010505001004	有梁板	1. 板高度：4.85m 以内 2. 混凝土种类：预拌商品混凝土 3. 混凝土强度等级：C30 4. 泵送方式：自行考虑 5. 模板及支撑制作、安装、拆除 6. 其他说明：详见相关设计图纸、要求及规范	m³	1118.76	以首层顶部 100mm 厚有梁板为例： ① 位于首层 S-D/S-C 与 S-1/S-2 轴线围合范围内（由 KL3、L45、KL17、L1 围合），详见某高校 2 号食堂结构图-二层板配筋图 ② 有梁板工程量（体积）为：3.6×3.65×0.1−0.45×0.3×0.1＋0.125×0.65×3.75＋0.125×0.7×3.775＝1.94m³
2	010505003004	平板	1. 板高度：4.2m 以内 2. 混凝土种类：预拌商品混凝土 3. 混凝土强度等级：C30 4. 泵送方式：自行考虑 5. 模板及支撑制作、安装、拆除 6. 其他说明：详见相关设计图纸、要求及规范	m³	3.75	以屋面层平板为例： ① 位于屋面 S-C/S-B 与 S-10 轴线范围内（由 WKL27、WKL12、WKL29、WKL16 围合），详见某高校 2 号食堂结构图-屋面 2 板配筋图 ② 平板工程量（体积）为：4.6×2.65×0.1＝1.22m³
3	010505006001	栏板	1. 部位：种植屋面四周 2. 混凝土种类：预拌商品混凝土 3. 混凝土强度等级：C15 4. 泵送方式：自行考虑 5. 模板及支撑制作、安装、拆除 6. 其他说明：详见相关设计图纸、要求及规范	m³	13.17	以屋面层挡墙为例： ① 位于食堂顶层 S-B（上部）与 S-1/S-2 轴线范围内，详见某高校 2 号食堂建筑图-食堂层顶层平面图 ② 栏板工程量（体积）为：8.8×0.1×0.3＝0.26m³

序号	项目编码	项目名称	项目特征描述	计量单位	工程量	工程量计算式
4	010505007001	天沟（檐沟）、挑檐板	1. 混凝土种类：预拌商品混凝土 2. 混凝土强度等级：C25 3. 泵送方式：自行考虑 4. 模板及支撑制作、安装、拆除 5. 其他说明：详见相关设计图纸、要求及规范	m³	23.12	以屋面层梁挑板为例： ① 位于食堂顶层 ⑤-A / ⑤-B 与 ⑤-1 / ⑤-2 轴线范围内，详见某高校2号食堂结构图-屋面2板配筋图（2梁挑板大样） ② 梁挑板工程量（体积）为：0.6×0.12×7.6=0.55m³

6. 现浇混凝土楼梯（010506）

（1）现浇混凝土楼梯工程量清单项目设置及工程量计算规则

现浇混凝土楼梯分为直形楼梯和弧形楼梯两项，与本项目有关的现浇混凝土楼梯工程量清单项目为直形楼梯，其清单项目设置及工程量计算规则见表2-29。

现浇混凝土楼梯工程量清单项目设置及工程量计算规则（部分）　　　　表2-29

项目编码	项目名称	项目特征	计量单位	工程量计算规则	工程内容
010506001	直形楼梯	1. 混凝土种类 2. 混凝土强度等级	1. m² 2. m³	1. 以平方米计量，按设计图示尺寸以水平投影面积计算。不扣除宽度≤500mm的楼梯井，伸入墙内部分不计算 2. 以立方米计量，按设计图示尺寸以体积计算	1. 模板及支架（撑）制作、安装、拆除、堆放、运输及清理模内杂物、刷隔离剂等 2. 混凝土制作、运输、浇筑、振捣、养护

注：整体楼梯（包括直形楼梯、弧形楼梯）水平投影面积包括休息平台、平台梁、斜梁和楼梯的连接梁。当整体楼梯与现浇楼板无梯梁连接时，以楼梯的最后一个踏步边缘加300mm为界。

（2）2号食堂现浇混凝土楼梯工程量清单编制

2号食堂现浇混凝土楼梯为直形楼梯，根据施工图纸及相关规范要求，现浇混凝土楼梯工程量清单列项见表2-30。

现浇混凝土楼梯工程量清单编制（示例）　　　　表2-30

序号	项目编码	项目名称	项目特征描述	计量单位	工程量	工程量计算式
1	010506001001	直形楼梯	1. 混凝土种类：预拌商品混凝土 2. 混凝土强度等级：C30 3. 楼梯形式：直行楼梯 4. 泵送方式：自行考虑 5. 模板及支架（撑）制作、安装、拆除 6. 其他说明：详见相关设计图纸、要求及规范	m²	319.00	以3号楼梯为例： ① 位于 ⑤-A / ⑤-B 与 ⑤-1 / ⑤-2 轴线围合范围内，详见某高校2号食堂结构图-楼梯详图三、某高校2号食堂建筑图-食堂一层平面图及3号楼梯详图 ② 地上部分3号楼梯工程量为：6.37×4.3×3=82.17m²

7. 现浇混凝土其他构件（010507）

（1）现浇混凝土其他构件工程量清单项目设置及工程量计算规则

现浇混凝土其他构件包括散水、坡道、室外地坪、电缆沟、地沟、台阶、扶手、压顶、化粪池、检查井及其他构件，与本项目有关的现浇混凝土其他构件工程量清单项目为扶手、压顶，其清单项目设置及工程量计算规则见表2-31。

现浇混凝土其他构件工程量清单项目设置及工程量计算规则（部分）　　　表 2.31

项目编码	项目名称	项目特征	计量单位	工程量计算规则	工程内容
010507001	散水、坡道	1. 垫层材料种类、厚度 2. 面层厚度 3. 混凝土种类 4. 混凝土强度等级 5. 变形缝填塞材料种类	m^2	按设计图示尺寸以水平投影面积计算。不扣除单个 $\leqslant 0.3m^2$ 的孔洞所占面积	1. 地基夯实 2. 铺设垫层 3. 模板及支撑制作、安装、拆除、堆放、运输及清理模内杂物、刷隔离剂等 4. 混凝土制作、运输、浇筑、振捣、养护 5. 变形缝填塞
010507004	台阶	1. 踏步高、宽 2. 混凝土种类 3. 混凝土强度等级	1. m^2 2. m^3	1. 以平方米计量，按设计图示尺寸水平投影面积计算 2. 以立方米计量，按设计图示尺寸以体积计算	1. 模板及支撑制作、安装、拆除、堆放、运输及清理模内杂物、刷隔离剂等 2. 混凝土制作、运输、浇筑、振捣、养护
010507005	扶手、压顶	1. 断面尺寸 2. 混凝土种类 3. 混凝土强度等级	1. m 2. m^3	1. 以米计量，按设计图示的中心线延长米计算 2. 以立方米计量，按设计图示尺寸以体积计算	1. 模板及支架（撑）制作、安装、拆除、堆放、运输及清理模内杂物、刷隔离剂等 2. 混凝土制作、运输、浇筑、振捣、养护

（2）2号食堂现浇混凝土其他构件工程量清单编制

2号食堂现浇混凝土其他构件为扶手、压顶等，根据施工图纸及相关规范要求，其工程量清单列项见表2-32。

混凝土其他
构件工程量计算

现浇混凝土其他构件工程量清单编制（示例）　　　表 2-32

序号	项目编码	项目名称	项目特征描述	计量单位	工程量	工程量计算式
1	010507001002	无障碍坡道	1. 名称：无障碍坡道 2. 做法： （1）30mm厚 300×600 花岗石板面层 （2）撒素水泥面（洒适量清水） （3）25mm厚1:3干硬性水泥砂浆结合层 （4）素水泥浆一道 （5）100mm厚C15混凝土 （6）300mm厚3:7灰土分两步夯实 3. 面层做法要求：参见12YJ12-1节点3 4. 其他说明：详见相关设计图纸、要求及规范	m^2	12.4	以入口门厅处无障碍坡道为例： ① 位于首层 S-9 与 S-10 轴线范围内（S-A 轴线下侧），详见某高校2号食堂建筑图-食堂一层平面图 ② 入口门厅处无障碍坡道工程量为：2.4 ×3.5＝8.40m²

续表

序号	项目编码	项目名称	项目特征描述	计量单位	工程量	工程量计算式
2	010507004001	台阶	1. 部位：屋面出入口 2. 做法：12YJ5(B14/1) 3. 其他说明：详见图纸设计图纸、相关规范要求	m²	16.60	以 3 号楼梯屋面出口处台阶为例： ① 位于首层 Ⓢ-A / Ⓢ-B 与 Ⓢ-1 / Ⓢ-2 轴线范围内，详见某高校 2 号食堂建筑图-食堂层顶层平面图及 3 号楼梯详图 ② 3 号楼梯屋面出口处台阶工程量为： $0.26 \times 6 \times 2.1 = 3.28 m^2$
3	010507005001	扶手、压顶	1. 混凝土种类：预拌商品混凝土 2. 混凝土强度等级：C25 3. 泵送方式：自行考虑 4. 模板及支撑制作、安装、拆除 5. 其他说明：详见相关设计图纸、要求及规范	m³	17.81	以屋顶层女儿墙压顶为例： ① 位于首层 Ⓢ-D / Ⓢ-B 与 Ⓢ-1（左侧）轴线范围内，详见某高校 2 号食堂建筑图-食堂层顶层平面图 ② 女儿墙压顶工程量为：$15.35 \times 0.15 \times 0.45 - 0.3 \times 0.3 \times 0.15 \times 5 <$ 扣构造柱 $> = 0.97 m^3$

8. 后浇带（010508）

（1）后浇带工程量清单项目设置及工程量计算规则

后浇带项目适用于梁、墙、板的后浇带，与本项目有关的后浇带工程量清单项目为后浇带基础、后浇带梁、后浇带板、后浇带墙，其清单项目设置及工程量计算规则见表2-33。

后浇带工程量清单项目设置及工程量计算规则 表 2-33

项目编码	项目名称	项目特征	计量单位	工程量计算规则	工程内容
010508001	后浇带	1. 混凝土种类 2. 混凝土强度等级	m³	按设计图示尺寸以体积计算	1. 模板及支架（撑）制作、安装、拆除、堆放、运输及清理模内杂物、刷隔离剂等 2. 混凝土制作、运输、浇筑、振捣、养护及混凝土交接面、钢筋等的清理

（2）2 号食堂后浇带工程量清单编制

2 号食堂后浇带包括后浇带基础、后浇带梁、后浇带板、后浇带墙，根据施工图纸及相关规范要求，此处以后浇带墙为例，其工程量清单列项见表2-34。

后浇带工程量清单编制（示例）　　　　　　　　　　表2-34

序号	项目编码	项目名称	项目特征描述	计量单位	工程量	工程量计算式
1	010508001004	后浇带墙	1. 混凝土种类：预拌商品混凝土 2. 混凝土强度等级：C35 P6微膨胀混凝土 3. 泵送方式：自行考虑 4. 模板及支撑制作、安装、拆除 5. 其他说明：详见相关设计图纸、要求及规范	m³	2.45	以－1层人防外墙后浇带墙为例： ① 位于食堂人防地库ⓒ轴（下侧）与⑪轴（右侧）轴线地下室人防外墙处，详见某高校2号食堂结构图-地库基础平面布置图 ② 后浇带墙工程量（体积）为：（－1.1＋5.1）×0.8×0.3=0.96m³

9. 钢筋工程（010515）

（1）钢筋工程工程量清单项目设置及工程量计算规则

钢筋工程包括现浇构件钢筋、预制构件钢筋、钢筋网片、钢筋笼、预应力钢筋、预应力钢丝、预应力钢绞线、支撑钢筋、声测管，与本项目有关的钢筋工程工程量清单项目仅有现浇构件钢筋，其清单项目设置及工程量计算规则见表2-35。

钢筋工程量计算

钢筋工程工程量清单项目设置及工程量计算规则（部分）　　　表2-35

项目编码	项目名称	项目特征	计量单位	工程量计算规则	工程内容
010515001	现浇构件钢筋	钢筋种类、规格	t	按设计图示钢筋（网）长度（面积）乘以单位理论质量计算	1. 钢筋制作、运输 2. 钢筋安装 3. 焊接（绑扎）

注：现浇构件中伸出构件的锚固钢筋应并入钢筋工程量内。除设计（包括规范规定）标明的搭接外，其他施工搭接不计算工程量，在综合单价中综合考虑。

（2）2号食堂钢筋工程工程量清单编制

现以某高校2号食堂首层Ⓢ-Ⓓ轴线与Ⓢ-4轴线交汇处的现浇混凝土框架柱KZ18钢筋工程为例，混凝土框架柱KZ18信息见表2-36。

混凝土框架柱KZ18信息表　　　　　　　　　　表2-36

名称	标高(m)	$b×h$(mm)	角筋	b边一侧中部筋	h边一侧中部筋	箍筋类型号	箍筋
KZ18	－0.05～4.75	600×600	4Φ22	2Φ22	2Φ18	(4×4)	Φ8@100/200

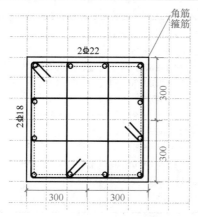

该现浇混凝土框架柱 KZ18 钢筋工程量计算见表 2-37。

现浇框架柱钢筋工程量计算表　　　　　　表 2-37

钢筋编号	单根长度计算式 (mm)	根数计算式	级别/直径/间距	合计长度 (m)	单位重量 (kg/m)	清单工程量 (kg)
角筋 1	$4800-675+\max(4050/6,600,500)=4800$ 层高－本层的露出长度＋上层露出长度	2	$\phi 22$	9.60	2.98	28.61
角筋 2	$4800-1550+\max(4050/6,600,500)+1\times\max(35d,500)=4695$ 层高－本层的露出长度＋上层露出长度＋错开距离	2	$\phi 22$	9.39	2.98	27.98
b 边纵筋 1	$4800-1550+\max(4050/6,600,500)+1\times\max(35d,500)=4695$ 层高－本层的露出长度＋上层露出长度＋错开距离	2	$\phi 22$	9.39	2.98	27.98
b 边纵筋 2	$4800-675+\max(4050/6,600,500)=4800$ 层高－本层的露出长度＋上层露出长度	2	$\phi 22$	9.60	2.98	28.61
h 边纵筋 1	$4800-675+\max(4050/6,600,500)=4800$ 层高－本层的露出长度＋上层露出长度	2	$\phi 18$	9.60	2.00	19.20
h 边纵筋 2	$4800-1550+\max(4050/6,600,500)+1\times\max(35d,500)=4555$ 层高－本层的露出长度＋上层露出长度＋错开距离	2	$\phi 18$	9.11	2.00	18.22
箍筋 1	$2\times(560+560)+2\times(11.9d)=2430$ $2\times[($构件宽$-2\times$保护层厚度$)+($构件高$-2\times$保护层厚度$)]+$弯钩长$\times2$	加密区 $\max(600,4050/6,500)=675$ $675/100+1+675/100+1750/100+2700/200-1$ $=45$	$\phi 8@100/200$	89.91	0.395	35.51
箍筋 2	$2\times(560+212)+2\times(11.9d)=1734$ $2\times[($构件宽$-2\times$保护层厚度$)+($构件高$-2\times$保护层厚度$)]+$弯钩长$\times2$	加密区 $\max(600,4050/6,500)=675$ $2\times(675/100+1+675/100+1750/100+2700/200-1)$ $=74$	$\phi 8@100/200$	128.32	0.395	50.69

现以某高校 2 号食堂图纸二层梁配筋图中，(S-E)轴线处的 KL21 钢筋工程为例，将框架梁钢筋工程量计算过程示例如下：

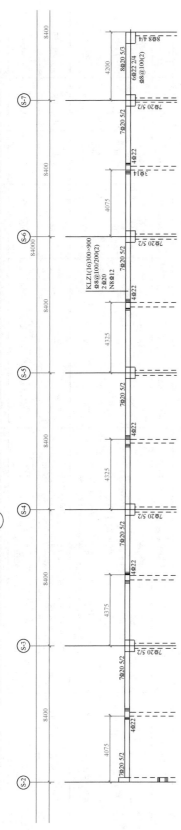

根据以上条件，该现浇框架梁钢筋工程量计算见表 2-38。

现浇框架梁钢筋工程量计算表

表 2-38

钢筋编号	单根长度计算式	根数计算式	合计长度（m）	级别/直径间距	单位重量（kg/m）	清单工程量（kg）
上部通长筋	600−20+15×d+45200+700−20+15×d=47060mm 支座宽−保护层+弯折+净长+支座宽−保护层+弯折	2	94.12	Φ 20	2.47	232.48
1 跨左支座第一排钢筋	600−20+15×d+(8400−300−350)/3=3463mm 支座宽−保护层+弯折+伸出长度	3	10.39	Φ 20	2.47	25.66
1 跨左支座第二排钢筋	600−20+15×d+(8400−300−350)/4=2817mm 支座宽−保护层+弯折+伸出长度	2	5.63	Φ 20	2.47	13.90
1 跨右支座第一排钢筋	(8400−300−350)/3+700+(8400−300−350)/3=5866mm 搭接+支座宽+搭接	3	17.60	Φ 20	2.47	43.47
1 跨右支座第二排钢筋	(8400−300−350)/4+700+(8400−300−350)/4=4575mm 搭接+支座宽+搭接	2	9.15	Φ 20	2.47	22.60

续表

钢筋编号	单根长度计算式	根数计算式	级别/直径/间距	合计长度 (m)	单位重量 (kg/m)	清单工程量 (kg)
1 跨侧面受扭通长筋	$37 \times d + 45200 + 37 \times d = 46088$mm 直锚+净长+直锚	8	Φ12	368.70	0.888	327.41
1 跨下部钢筋	$600 - 20 + 15 \times d + 7750 + 37 \times d = 9474$mm 支座宽-保护层厚度+弯长+净长+直锚	4	Φ22	37.90	2.98	112.94
1 跨箍筋	$2 \times [(300 - 2 \times 20) + (900 - 2 \times 20)] + 2 \times 11.9 \times d = 2430$mm	加密区=$1.5 \times 900 = 1350$ $2 \times [(1350 - 50)/100 + 1] + 5050/200 - 1 + 6 = 59$	Φ8@100/200	143.37	0.395	56.63
1 跨拉筋	$(300 - 2 \times 20) + 2 \times (75 + 1.9 \times d) = 433$	$4 \times [(7750 - 50 - 50)/400 + 1] = 81$	Φ6@400	36.37	0.222	8.07
2 跨右支座第一排钢筋	$7700/3 + 700 + 7700/3 = 5833$mm 搭接+支座宽+搭接	3	Φ20	17.53	2.47	43.30
2 跨右支座第二排钢筋	$7700/4 + 700 + 7700/4 = 4550$mm 搭接+支座宽+搭接	2	Φ20	91.00	2.47	224.77
2 跨下部钢筋	$37 \times d + 7700 + 37 \times d = 9328$mm 直锚+净长+直锚	4	Φ22	37.31	2.98	111.18
2 跨箍筋	$2 \times [(300 - 2 \times 20) + (900 - 2 \times 20)] + 2 \times 11.9 \times d = 2430$mm	加密区=$1.5 \times 900 = 1350$ $2 \times [(1350 - 50)/100 + 1] + 5000/200 - 1 + 6 = 58$	Φ8@100/200	140.94	0.395	55.67
2 跨拉筋	$(300 - 2 \times 20) + 2 \times (75 + 1.9 \times d) = 433$mm	$4 \times [(7700 - 50 - 50)/400 + 1] = 80$	Φ6@400	34.64	0.222	7.69
3～5 跨钢筋	略	略	略	略	略	略
6 跨右支座第二排钢筋	$3150/4 + 700 - 20 + 15 \times d = 1768$mm 搭接+支座宽-保护层+弯折	3	Φ20	5.30	2.47	13.10
6 跨下部第一排钢筋	$37 \times d + 3150 + 700 - 20 + 15 \times d = 4974$mm 直锚+净长+支座宽-保护层厚度+弯折	4	Φ22	19.90	2.98	59.30
6 跨下部第二排钢筋	$37 \times d + 3150 + 700 - 20 + 15 \times d = 4974$mm 直锚+净长+支座宽-保护层厚度+弯折	2	Φ22	9.95	2.98	29.65
6 跨箍筋	$2 \times [(300 - 2 \times 20) + (900 - 2 \times 20)] + 2 \times 11.9 \times d = 2430$mm	$(3150 - 50 - 50)/100 + 1 = 32$	Φ8@100	77.76	0.395	30.72
6 跨拉筋	$(300 - 2 \times 20) + 2 \times (75 + 1.9 \times d) = 433$mm	$4 \times [(3150 - 50 - 50)/200 + 1] = 65$	Φ6@200	29.44	0.222	6.54

现以某高校2号食堂图纸二层板配筋图中，⑤-1轴线与⑤-C轴线交汇处上方的现浇板钢筋工程为例，将现浇板钢筋工程量计算过程示例如下：

梁柱节点
箍筋设置

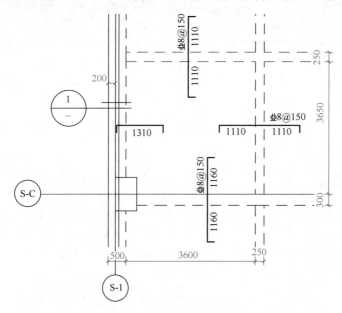

根据某高校2号食堂图纸二层板配筋图中附注可知：未标注板厚为100mm，未标注板底配筋为Φ8@200双向通长布置，未注明板顶负筋为Φ8@200；结构设计说明二（七）第7条可知100mm厚的板分布钢筋为Φ6@180，结构设计说明二（七）第2条可知中间支座负筋标注长度不包括支座宽，单边支座负筋标注长度位置为支座内边线。⑤-1轴线处KL3上部纵筋为2Φ22，箍筋为Φ8@100/200（2）。根据以上条件，该现浇板钢筋工程量计算见表2-39。

现浇板钢筋工程量计算表　　　　　　　　　　　　　　　　表2-39

钢筋编号	单根长度计算式（mm）	根数计算式	级别/直径/间距	合计长度（m）	单位重量（kg/m）	清单工程量（kg）
水平向受力底筋	$3600+\max(250/2, d)+\max(300/2, d)=3875$ 净长＋设定锚固＋设定锚固	$(3925-125-150-200)/200+1=19$	Φ8@200	73.625	0.395	29.08
垂直向受力底筋	$3650+\max(250/2, d)+\max(300/2, d)=3925$ 净长＋设定锚固＋设定锚固	$(3875-125-150-200)/200+1=18$	Φ8@200	70.65	0.395	27.91
左支座处负筋	$1310-22-8+35\times d=1560$ 左净长＋弯折＋设定锚固	$(3925-125-150-200)/200+1=19$	Φ8@200	29.64	0.395	11.71
左支座处分布筋	$3925-125-150-1110-1160+150\times2=1680$ 净长＋搭接＋搭接	$1310/180=8$	Φ6@180	11.76	0.222	2.61

续表

钢筋编号	单根长度计算式（mm）	根数计算式	级别/直径/间距	合计长度（m）	单位重量（kg/m）	清单工程量（kg）
上支座处负筋	1110×2＋250＝2470 左净长＋右净长＋弯折＋弯折	(3875－125－150－150)/150＋1＝24	⏚ 8@150	59.28	0.395	23.42
上支座处分布筋	3875－125－150－1310－1110＋150×2＝1480 净长＋搭接＋搭接	1110/180＝7	⏚ 6@180	8.88	0.222	1.97
右支座处负筋	1110×2＋250＝2470 左净长＋弯折＋设定锚固	(3925－125－150－150)/150＋1＝25	⏚ 8@150	59.28	0.395	23.42
右支座处分布筋	3925－125－150－1110－1160＋150×2＝1680 净长＋搭接＋搭接	1110/180＝7	⏚ 6@180	10.08	0.222	2.24
下支座处负筋	1160×2＋300＝2620 左净长＋右净长＋弯折＋弯折	(3875－125－150－150)/150＋1＝24	⏚ 8@150	62.88	0.395	24.84

10. 螺栓、铁件（010516）

（1）螺栓、铁件工程量清单项目设置及工程量计算规则

螺栓、铁件包括螺栓、预埋铁件、机械连接，与本项目有关的螺栓、铁件工程量清单项目仅有机械连接，其清单项目设置及工程量计算规则见表 2-40。

螺栓、铁件工程量清单项目设置及工程量计算规则（部分）　　　　表 2-40

项目编码	项目名称	项目特征	计量单位	工程量计算规则	工程内容
010516003	机械连接	1. 连接方式 2. 螺纹套筒种类 3. 规格	个	按数量计算	1. 钢筋套丝 2. 套筒连接

注：编制工程量清单时，如设计未明确，其工程数量可为暂估量，实际工程量按现场签证数量计算。

（2）2 号食堂螺栓、铁件工程量清单编制

2 号食堂螺栓、铁件清单项目机械连接方式分为电渣压力焊、直螺纹、套管冷压三种，又按照三种连接方式的不同钢筋规格分别列项，现以 $\phi \leqslant 18$mm 的电渣压力焊，以及

$\phi \leqslant 16$mm 直螺纹接头为例，明确钢筋接头清单编制以及工程量的计算方法，详见表 2-41。

螺栓、铁件工程量清单编制（示例）　　　　　　　　　表 2-41

序号	项目编码	项目名称	项目特征描述	计量单位	工程量	工程量计算式
1	010516003001	机械连接	1. 连接方式：电渣压力焊 2. 钢筋规格：$\phi \leqslant 18$mm 3. 承包人实际施工不一致，结算不作调整 4. 其他说明：详见设计图纸、相关规范要求	个	2923	1. 竖向构件钢筋接头按照一层一个进行计算； 2. 水平的纵向钢筋参照河南省 2016 预算定额中的规定计算：钢筋的搭接（接头）数量应按设计图示及规范要求计算；设计图示及规范要求未标明的，按以下规定计算： ① $\phi 10$mm 以内的长钢筋每 12m 计算一个钢筋搭接（接头），$\phi 10$mm 以上的长钢筋按每 9m 计算一个搭接（接头）。 ② 柱子主筋、剪力墙竖向钢筋按建筑物层数计算搭接（接头）数量。$\phi 10$mm 以内的长钢筋按每 12m 计算一个搭接接头；$\phi 10$mm 以上的长钢筋按每 9m 计算一个搭接接头
2	010516003003	机械连接	1. 连接方式：直螺纹 2. 钢筋规格：$\phi \leqslant 16$mm 3. 承包人实际施工不一致，结算不作调整 4. 其他说明：详见设计图纸、相关规范要求	个	3391	1. 竖向构件钢筋接头按照一层一个进行计算； 2. 水平的纵向钢筋参照河南省 2016 预算定额中的规定计算：钢筋的搭接（接头）数量应按设计图示及规范要求计算；设计图示及规范要求未标明的，按以下规定计算： ① $\phi 10$mm 以内的长钢筋每 12m 计算一个钢筋搭接（接头），$\phi 10$mm 以上的长钢筋按每 9m 计算一个搭接（接头）。 ② 柱子主筋、剪力墙竖向钢筋按建筑物层数计算搭接（接头）数量。$\phi 10$mm 以内的长钢筋按每 12m 计算一个搭接接头；$\phi 10$mm 以上的长钢筋按每 12m 计算一个搭接接头

2.2.4　门窗工程（0108）

门和窗是房屋建筑中两个不可缺少的部件，门窗工程包含木门、金属门、金属卷帘（闸）门、厂库房大门、特种门、其他门、木窗、金属窗、门窗套、窗台板、窗帘、窗帘盒、轨等。与本工程有关的门窗工程主要有木门、金属门、金属卷帘（闸）门、金属窗。

1. 木门（010801）

（1）木门工程量清单项目设置及工程量计算规则

木门包括木质门、木质门带套、木质连窗门、木质防火门、木门框、门锁安装，与本项目有关的木门工程量清单项目仅有木质门，其清单项目设置及工程量计算规则见表 2-42。

木门工程量清单项目设置及工程量计算规则（部分）　　　　表 2-42

项目编码	项目名称	项目特征	计量单位	工程量计算规则	工作内容
010801001	木质门	1. 门代号及洞口尺寸 2. 镶嵌玻璃品种、厚度	1. 樘 2. m²	1. 以樘计量，按设计图示数量计算 2. 以平方米计量，按设计图示洞口尺寸以面积计算	1. 门安装 2. 玻璃安装 3. 五金安装

注：1. 木质门带套计量按洞口尺寸以面积计算，不包括门套的面积，但门套应计算在综合单价中。

　　2. 以樘计量，项目特征必须描述洞口尺寸；以平方米计量，项目特征可不描述洞口尺寸。

（2）2号食堂木门工程量清单编制

2号食堂木门为木质门（成品木夹板门），根据施工图纸及相关规范要求，其工程量清单列项见表 2-43。

木门工程量清单编制（示例）　　　　表 2-43

序号	项目编码	项目名称	项目特征描述	计量单位	工程量	工程量计算式
1	010801001001	木质门	1. 名称：成品木夹板门 2. 含执手锁、门吸 3. 其他说明：详见相关设计图纸、要求及规范	m²	32.80	以首层 M0821 为例： ① 位于首层 Ⓢ-9 轴线卫生间内，详见某高校2号食堂建筑图-食堂一层平面图 ② M0821 工程量为：$0.8 \times 2.1 = 1.68\text{m}^2$

2. 金属门（010802）

（1）金属门工程量清单项目设置及工程量计算规则

金属门包括金属（塑钢）门、彩板门、钢质防火门、防盗门，与本项目有关的金属门工程量清单项目为金属（塑钢）门、钢质防火门，其清单项目设置及工程量计算规则见表 2-44。

金属门工程量清单项目设置及工程量计算规则（部分）　　　　表 2-44

项目编码	项目名称	项目特征	计量单位	工程量计算规则	工作内容
010802001	金属（塑钢）门	1. 门代号及洞口尺寸 2. 门框或扇外围尺寸 3. 门框、扇材质 4. 玻璃品种、厚度	1. 樘 2. m²	1. 以樘计量，按设计图示数量计算 2. 以平方米计量，按设计图示洞口尺寸以面积计算	1. 门安装 2. 五金安装 3. 玻璃安装
010802003	钢质防火门	1. 门代号及洞口尺寸 2. 门框或扇外围尺寸 3. 门框、扇材质			

注：1. 以樘计量，项目特征必须描述洞口尺寸，没有洞口尺寸必须描述门框或扇外围尺寸；以平方米计量，项目特征可不描述洞口尺寸及门框、扇的外围尺寸。

　　2. 以平方米计量，无设计图示洞口尺寸，按门框、扇外围以面积计算。

（2）2号食堂金属门工程量清单编制

2号食堂金属门为金属（塑钢）门及钢制防火门（区分甲、乙、丙级），根据施工图纸及相关规范要求，其工程量清单列项见表2-45。

金属门工程量清单编制（示例）　　　　表2-45

序号	项目编码	项目名称	项目特征描述	计量单位	工程量	工程量计算式
1	010802001001	金属（塑钢）门	1. 名称：平开全玻门 2. 含合页、锁等相应五金配件 3. 其他说明：详见相关设计图纸、要求及规范	m²	8.64	以首层 M1524 为例： ① 位于首层 S-11 轴线右侧进出口处，详见某高校2号食堂建筑图-食堂一层平面图 ② M1524 工程量为：1.5×2.4＝3.60m²
2	010802003001	甲级钢制防火门	1. 名称：甲级钢制防火门 2. 含闭门器、顺序器等相应五金配件 3. 其他说明：详见相关设计图纸、要求及规范	m²	168.10	以首层 FM甲1521 为例： ① 位于首层 S-10 轴线主食库大门，详见某高校2号食堂建筑图-食堂一层平面图 ② FM甲1521 工程量为：1.5×2.1＝3.15m²

3. 金属卷帘（闸）门（010803）

（1）金属卷帘（闸）门工程量清单项目设置及工程量计算规则

金属卷帘（闸）门包括金属卷帘（闸）门、防火卷帘（门），与本项目有关的金属卷帘（闸）门工程量清单项目为防火卷帘（闸）门，其清单项目设置及工程量计算规则见表2-46。

金属卷帘（闸）门工程量清单项目设置及工程量计算规则（部分）　　表2-46

项目编码	项目名称	项目特征	计量单位	工程量计算规则	工作内容
010803002	防火卷帘（闸）门	1. 门代号及洞口尺寸 2. 门材质 3. 启动装置品种、规格	1. 樘 2. m²	1. 以樘计量，按设计图示数量计算 2. 以平方米计量，按设计图示洞口尺寸以面积计算	1. 门运输、安装 2. 启动装置、活动小门、五金安装

注：以樘计量，项目特征必须描述洞口尺寸，没有洞口尺寸必须描述门框或扇外围尺寸。

（2）2号食堂金属卷帘（闸）门工程量清单编制

2号食堂金属卷帘（闸）门根据施工图纸及相关规范要求，工程量清单列项见表2-47。

金属卷帘（闸）门工程量清单编制（示例）　　　　　表2-47

序号	项目编码	项目名称	项目特征描述	计量单位	工程量	工程量计算式
1	010803002001	防火卷帘（闸）门	1. 名称：防火卷帘门 2. 电动装置等相应五金配件 3. 其他说明：详见相关设计图纸、要求及规范	m²	174.00	以二层FJL3730为例： ① 位于首层 S-6 轴线右侧扶梯处，详见某高校2号食堂建筑图-食堂二层平面图 ② FJL3730工程量为：3.7×3.0＝11.10m²

4. 金属窗（010807）

（1）金属窗工程量清单项目设置及工程量计算规则

金属窗包括金属（塑钢、断桥）窗、金属防火窗、金属百叶窗、金属纱窗、金属格栅窗、金属（塑钢、断桥）橱窗、金属（塑钢、断桥）飘（凸）窗、彩板窗、复合材料窗，与本项目有关的金属窗工程量清单项目为金属窗、金属百叶窗，其清单项目设置及工程量计算规则见表2-48。

金属窗工程量清单项目设置及工程量计算规则（部分）　　　　　表2-48

序号	项目编码	项目名称	项目特征描述	计量单位	工程量
	010807001	金属（塑钢、断桥）窗	1. 窗代号及洞口尺寸 2. 框、扇材质 3. 玻璃品种、厚度	1. 樘 2. m²	1. 以樘计量，按设计图示数量计算 2. 以平方米计量，按设计图示洞口尺寸以面积计算	1. 窗安装 2. 五金、玻璃安装
	010807003	金属百叶窗	1. 窗代号及洞口尺寸 2. 框、扇材质 3. 玻璃品种、厚度		1. 以樘计量，按设计图示数量计算 2. 以平方米计量，按设计图示洞口尺寸以面积计算	1. 窗安装 2. 五金安装

（2）2号食堂金属窗工程量清单编制

2号食堂金属窗为断热铝合金中空门联窗、断热铝合金中空固定窗、售票窗口安全玻璃及铝合金防雨百叶，根据施工图纸及相关规范要求，其工程量清单列项见表2-49。

金属窗工程量清单编制（示例）　　　　　表2-49

序号	项目编码	项目名称	项目特征描述	计量单位	工程量	工程量计算式
1	010807001002	金属窗	1. 名称：断热铝合金低辐射中空固定窗（6＋12A＋6）遮阳型 2. 含相应五金配件 3. 其他说明：详见相关设计图纸、要求及规范	m²	1048.91	以首层C0610为例： ① 位于首层 S-9 轴线右侧强弱电井大门，详见某高校2号食堂建筑图-食堂一层平面图 ② C0610工程量为：0.6×1.0＝0.60m²

续表

序号	项目编码	项目名称	项目特征描述	计量单位	工程量	工程量计算式
2	010807001004	铝合金防雨百叶	1. 名称：铝合金防雨百叶 2. 其他说明：详见相关设计图纸、要求及规范	m²	75.06	以三层铝合金防雨百叶为例： ① 位于三层 ⓈⒸ／ⓈⒹ 轴线之间，详见某高校2号食堂建筑图-食堂东立面图及墙身大样(二)中墙身10 ② 铝合金防雨百叶工程量为：1.5×2.95＝4.43m²

2.2.5　屋面、防水及保温工程（0109）／（0110）

屋面及防水工程包括瓦、型材及其他屋面工程、屋面防水及其他工程、墙面防水、防潮工程和楼（地）面防水、防潮工程四项，本节主要计算屋面防水相关内容。

保温、隔热、防腐工程包括保温、隔热、防腐面层、其他防腐三项，本节主要计算屋面保温相关内容。

1. 屋面防水及其他（010902）

（1）屋面防水及其他工程量清单项目设置及工程量计算规则

屋面防水及其他包括屋面卷材防水、屋面涂膜防水、屋面刚性防水、屋面排水管、屋面排（透）气管、屋面（廊、阳台）泄（吐）水管、屋面天沟、檐沟、屋面变形缝等九项内容。与本项目有关的屋面防水及其他工程量清单项目为屋面卷材防水、屋面涂膜防水、屋面排水管、屋面（廊、阳台）泄（吐）水管，其清单项目设置及工程量计算规则见表2-50。

屋面防水及其他工程量清单项目设置及工程量计算规则（部分）　　　　表2-50

项目编码	项目名称	项目特征	计量单位	工程量计算规则	工作内容
010902001	屋面卷材防水	1. 卷材品种、规格、厚度 2. 防水层数 3. 防水层做法	m²	按设计图示尺寸以面积计算。 1. 斜屋顶（不包括平屋顶找坡）按斜面积计算，平屋顶按水平投影面积计算 2. 不扣除房上烟囱、风帽底座、风道、屋面小气窗和斜沟所占面积 3. 屋面的女儿墙、伸缩缝和天窗等处的弯起部分，并入屋面工程量内	1. 基层处理 2. 刷底油 3. 铺油毡卷材、接缝
010902002	屋面涂膜防水	1. 防水膜品种 2. 涂膜厚度、遍数 3. 增强材料种类			1. 基层处理 2. 刷基层处理剂 3. 铺布、喷涂防水层

项目编码	项目名称	项目特征	计量单位	工程量计算规则	工作内容
010902004	屋面排水管	1. 排水管品种、规格 2. 雨水斗、山墙出水口品种、规格 3. 接缝、嵌缝材料种类 4. 油漆品种、刷漆遍数	m	按设计图示尺寸以长度计算。如设计未注明尺寸，以檐口至设计室外散水上表面垂直距离计算	1. 排水管及配件安装、固定 2. 雨水斗、山墙出水口、雨水算子安装 3. 接缝、嵌缝 4. 刷漆
010902006	屋面（廊、阳台）泄（吐）水管	1. 吐水管品种、规格 2. 接缝、嵌缝材料种类 3. 吐水管长度 4. 油漆品种、刷漆遍数	根（个）	按设计图示数量计算	1. 水管及配件安装、固定 2. 接缝、嵌缝 3. 刷漆

（2）2号食堂屋面防水及其他工程量清单编制

2号食堂屋面防水及其他包括屋面卷材防水、屋面涂膜防水、屋面排水管等内容，根据施工图纸及相关规范要求，其工程量清单列项见表2-51。

屋面防水及其他工程量清单编制（示例）　　　　　　　　　　　　表2-51

序号	项目编码	项目名称	项目特征描述	计量单位	工程量	工程量计算式
1	010902001005	聚酯无纺布过滤层	1. 做法：土工布过滤层（200g/m） 2. 其他说明：详见相关设计图纸、要求及规范	m²	2161.65	以种植屋面（屋面1）聚酯无纺布过滤层为例： ① 位于首层⑤-1/⑤-3轴线范围内（架空板凳步道左侧范围内），详见某高校2号食堂建筑图-食堂层顶层平面图 ② 种植屋面（屋面1）聚酯无纺布过滤层工程量为：8.9×8.5+13.1×12.65+4.3×8.45＝277.70m²
2	010902001006	排（蓄）水板	1. 做法：凹凸型塑料排（蓄）水板 2. 其他说明：详见相关设计图纸、要求及规范	m²	2161.65	以种植屋面（屋面1）排（蓄）水板为例： ① 位于首层⑤-1/⑤-3轴线范围内（架空板凳步道左侧范围内），详见某高校2号食堂建筑图-食堂层顶层平面图 ② 种植屋面（屋面1）排（蓄）水板工程量为：8.9×8.5+13.1×12.65+4.3×8.45＝277.70m²

续表

序号	项目编码	项目名称	项目特征描述	计量单位	工程量	工程量计算式
3	010902001007	屋面卷材防水（平面）	1. 做法：4mm厚SBS改性沥青耐根穿刺防水卷材＋4mm厚SBS改性沥青防水卷材（Ⅰ级防水）（最上层为耐根穿刺防水层） 2. 其他说明：详见相关设计图纸、要求及规范	m²	2538.38	以种植屋面（屋面1）卷材防水为例： ① 位于首层 S-1 / S-3 轴线范围内（架空板凳步道左侧范围内），详见某高校2号食堂建筑图-食堂层顶层平面图 ② 种植屋面（屋面1）卷材防水工程量为：$8.9×8.5＋13.1×12.65＋4.3×8.45＝277.70m^2$
4	010902002001	屋面涂膜防水	1. 做法：2mm厚聚氨酯防水涂料 2. 其他说明：详见相关设计图纸、要求及规范	m²	57.85	以小屋面（屋面3）涂膜防水为例： ① 位于首层 S-1 / S-2 轴线范围内（楼梯间右侧），详见某高校2号食堂建筑图-食堂层顶层平面图 ② 小屋面（屋面3）涂膜防水工程量为：$1×7＝7.00m^2$
5	010902004001	屋面排水管	1. 部位：屋面排水处 2. 做法：水管采用ϕ110UPVC 3. 其他说明：详见相关设计图纸、要求及规范	m	220.85	以楼梯间女儿墙处屋面排水管为例： ① 位于食堂屋顶层 S-B 轴线女儿墙处，详见某高校2号食堂建筑图-食堂层顶层平面图 ② 楼梯间女儿墙处屋面排水管（一根）工程量为：$19.6－14.4＝5.20m$
6	010902004002	屋面雨水口	1. 部位：屋面排水处 2. 做法：水口采用UPVC落水口 3. 其他说明：详见相关设计图纸、要求及规范	个	26	详见某高校2号食堂建筑图-食堂层顶层平面图
7	010902004003	屋面雨水斗	1. 部位：屋面排水处 2. 做法：水斗采用UPVC落水管 3. 其他说明：详见相关设计图纸、要求及规范	个	26	详见某高校2号食堂建筑图-食堂层顶层平面图
8	010902004004	屋面落水管弯头	1. 部位：屋面排水处 2. 做法：弯头采用UPVC弯头 3. 其他说明：详见相关设计图纸、要求及规范	个	26	详见某高校2号食堂建筑图-食堂层顶层平面图

2. 墙面防水、防潮（010903）

（1）墙面防水、防潮工程量清单项目设置及工程量计算规则

墙面防水、防潮包括墙面卷材防水、墙面涂膜防水、墙面砂浆防水（防潮）、墙面变形缝四项内容。与本项目有关的墙面防水、防潮工程量清单项目为墙面卷材防水，其清单项目设置及工程量计算规则见表 2-52。

墙面防水、防潮工程量清单项目设置及工程量计算规则（部分）　　　　表 2-52

项目编码	项目名称	项目特征	计量单位	工程量计算规则	工作内容
010903001	墙面卷材防水	1. 卷材品种、规格、厚度 2. 防水层数 3. 防水层做法	m²	按设计图示尺寸以面积计算	1. 基层处理 2. 刷胶粘剂 3. 铺防水卷材 4. 接缝、嵌缝

（2）2 号食堂墙面防水、防潮工程量编制

2 号食堂墙面防水、防潮为墙面卷材防水，根据施工图纸及相关规范要求，其工程量清单列项见表 2-53。

墙面防水、防潮工程量清单编制（示例）　　　　表 2-53

序号	项目编码	项目名称	项目特征描述	计量单位	工程量	工程量计算式
1	010903001002	墙面卷材防水	1. 部位：地下室墙身防水（用于局部Ⅰ级防水部位变配电等房间） 2. 做法：1.5mm 厚高分子自粘橡胶复合防水卷材（Ⅰ级防水） 3. 其他说明：详见相关设计图纸、要求及规范	m²	82.26	以配电间墙面卷材防水为例： ① 位于地下车库一层 ㉑ 轴线右侧（紧邻外墙），详见某高校 2 号食堂人防建筑图-地下车库平时平面图、建筑设计总说明（一）7.2 ② 配电间墙面卷材防水工程量为： $(3.5+3.4) \times 2 \times (4.8-0.25)$ $=62.79\text{m}^2$

3. 楼（地）面防水、防潮（010904）

（1）楼（地）面防水、防潮工程量清单项目设置及工程量计算规则

楼（地）面防水、防潮包括楼（地）面卷材防水、楼（地）面涂膜防水、楼（地）面砂浆防水（防潮）、楼（地）面变形缝四项内容。与本项目有关的楼（地）面防水、防潮工程量清单项目为楼（地）面卷材防水，其清单项目设置及工程量计算规则见表 2-54。

楼（地）面防水、防潮工程量清单项目设置及工程量计算规则（部分）　　　　表 2-54

项目编码	项目名称	项目特征	计量单位	工程量计算规则	工作内容
010904001	楼（地）面卷材防水	1. 卷材品种、规格、厚度 2. 防水层数 3. 防水层做法 4. 反边高度	m²	按设计图示尺寸以面积计算。 1. 楼（地）面防水：按主墙间净空面积计算，扣除凸出地面的构筑物、设备基础等所占面积，不扣除间壁墙及单个面积≤0.3m² 柱、垛、烟囱和孔洞所占面积 2. 楼（地）面防水反边高度≤300mm 算作地面防水，反边高度>300mm 按墙面防水计算	1. 基层处理 2. 刷胶粘剂 3. 铺防水卷材 4. 接缝、嵌缝

（2）2 号食堂楼（地）面防水、防潮工程量编制

2 号食堂楼（地）面防水、防潮为楼（地）面卷材防水，根据施工图纸及相关规范要求，其工程量清单列项见表 2-55。

楼（地）面防水、防潮工程量清单编制（示例）　　　　　　表 2-55

序号	项目编码	项目名称	项目特征描述	计量单位	工程量	工程量计算式
1	010904001001	楼(地)面卷材防水	1. 部位：地下室底板防水 2. 做法：防水卷材做法 4.0mm＋3.0mm 厚 SBS 改性沥青防水卷材 2 型 3. 其他说明：详见相关设计图纸、要求及规范	m²	3993.40	以配电间底板卷材防水为例： ① 位于地下车库一层 21 轴线右侧（紧邻外墙），详见某高校 2 号食堂人防建筑图-地下车库平时平面图、建筑设计总说明（一）7.2 ② 配电间底板卷材防水工程量为：3.5×3.4＋(3.5＋3.4)×2×0.25＝15.35m²

4. 保温、隔热（011001）

（1）保温、隔热工程量清单项目设置及工程量计算规则

保温、隔热包括保温隔热屋面、保温隔热天棚、保温隔热墙面、保温柱、梁、保温隔热楼地面及其他保温隔热六个项目，与本项目有关的保温、隔热工程量清单项目为保温隔热屋面，其清单项目设置及工程量计算规则见表 2-56。

保温、隔热工程量清单项目设置及工程量计算规则（部分）　　　　表 2-56

项目编码	项目名称	项目特征	计量单位	工程量计算规则	工作内容
011001001	保温隔热屋面	1. 保温隔热材料品种、规格、厚度 2. 隔汽层材料品种、厚度 3. 粘结材料种类、做法 4. 防护材料种类、做法	按设计图示尺寸以面积计算。 1. 柱按设计图示柱断面保温层中心线展开长度乘保温层高度以面积计算，扣除面积＞0.3m² 梁所占面积 2. 梁按设计图示梁断面保温层中心线展开长度乘保温层长度以面积计算	按设计图示尺寸以面积计算。扣除面积＞0.3m² 孔洞及占位面积	1. 基层清理 2. 刷粘结材料 3. 铺贴保温层 4. 铺、刷（喷）防护材料

（2）2 号食堂保温、隔热工程量清单编制

2 号食堂保温、隔热工程为保温隔热屋面，根据施工图纸及相关规范要求，其工程量清单列项见表 2-57。

保温隔热工程量清单编制（示例） 表 2-57

序号	项目编码	项目名称	项目特征描述	计量单位	工程量	工程量计算式
1	011001001001	保温隔热屋面	1. 做法：80mm厚挤塑聚苯板 2. 其他说明：详见相关设计图纸、要求及规范	m²	2161.65	以种植屋面(屋面1)保温隔热层(80mm厚挤塑聚苯板)为例： ① 位于屋面层 (S-1)/(S-3) 轴线范围内(架空板凳步道左侧范围内)，详见某高校2号食堂建筑图-食堂层顶层平面图 ② 种植屋面(屋面1)保温隔热层(80mm厚挤塑聚苯板)工程量为： $8.9 \times 8.5 + 13.1 \times 12.65 + 4.3 \times 8.45$ $= 277.70\text{m}^2$

5. 其他防腐（011003）

（1）其他防腐工程量清单项目设置及工程量计算规则

其他防腐包括隔离层、砌筑沥青浸渍砖、防腐涂料三个项目，与本项目有关的其他防腐工程量清单项目为隔离层，其清单项目设置及工程量计算规则见表 2-58。

其他防腐工程量清单项目设置及工程量计算规则（部分） 表 2-58

项目编码	项目名称	项目特征	计量单位	工程量计算规则	工作内容
011003001	隔离层	1. 隔离层部位 2. 隔离层材料品种 3. 隔离层做法 4. 粘贴材料种类	m²	按设计图示尺寸以面积计算。 1. 平面防腐：扣除凸出地面的构筑物、设备基础等以及面积＞0.3m²孔洞、柱、垛所占面积，门洞、空圈、暖气包槽、壁龛的开口部分不增加面积 2. 立面防腐：扣除门、窗、洞口以及面积＞0.3m²孔洞、梁所占面积，门、窗、洞口侧壁、垛突出部分按展开面积并入墙面积内	1. 基层清理、刷油 2. 煮沥青 3. 胶泥调制 4. 隔离层铺设

（2）2号食堂其他防腐工程量清单编制

2号食堂其他防腐为屋面隔离层，根据施工图纸及相关规范要求，其工程量清单列项见表 2-59。

其他防腐工程量清单编制（示例） 表 2-59

序号	项目编码	项目名称	项目特征描述	计量单位	工程量	工程量计算式
1	011003001001	隔离层	1. 做法：隔离层：10mm厚1:4石灰砂浆 2. 其他说明：详见相关设计图纸、要求及规范	m²	350.07	以细石混凝土保护层屋面(屋面2)隔离层(10mm厚1:4石灰砂浆)为例： ① 位于屋面层 (S-3) 轴线处出屋面楼梯间顶部，详见某高校2号食堂建筑图-食堂层顶层平面图 ② 细石混凝土保护层屋面(屋面2)隔离层(10mm厚1:4石灰砂浆)工程量为：4.8×5.6 $= 26.88\text{m}^2$

2.2.6　楼地面装饰工程（0111）

楼地面装饰工程主要包括：整体面层及找平层、块料面层、橡塑面层、其他材料面层、踢脚线、楼梯面层、台阶装饰、零星装饰等项目。与本工程有关的楼地面装饰工程主要有整体面层及找平层、块料面层、其他材料面层、踢脚线、楼梯面层、台阶装饰项目。

1. 整体面层及找平层（011101）

（1）整体面层及找平层工程量清单项目设置及工程量计算规则

与本项目有关的整体面层及找平层工程量清单项目有水泥砂浆楼地面、细石混凝土楼地面、自流平楼地面及平面砂浆找平层。以水泥砂浆楼地面为例，其清单项目设置、项目特征描述的内容、计量单位及工程量计算规则，应按表 2-60 的规定执行。

整体面层及找平层工程量清单项目设置及工程量计算规则（部分）　　表 2-60

项目编码	项目名称	项目特征	计量单位	工程量计算规则	工作内容
011101001	水泥砂浆楼地面	1. 找平层厚度、砂浆配合比 2. 素水泥浆遍数 3. 面层厚度、砂浆配合比 4. 面层做法要求	m²	按设计图示尺寸以面积计算。扣除凸出地面构筑物、设备基础、室内铁道、地沟等所占面积，不扣除间壁墙及≤0.3m² 柱、垛、附墙烟囱及孔洞所占面积。门洞、空圈、暖气包槽、壁龛的开口部分不增加面积	1. 基层清理 2. 抹找平层 3. 抹面层 4. 材料运输

（2）2 号食堂整体面层及找平层工程量清单编制

根据上述清单列项要求及工程量计算规则，结合 2 号食堂工程做法表（参见建施图 2），地 1、楼 4、楼 2（人防）和楼 3（人防）的面层做法均为水泥砂浆楼地面，故应按照水泥砂浆楼地面项目分别列项计算工程量。根据施工图纸及相关规范要求，2 号食堂水泥砂浆楼地面部分工程量清单列项见表 2-61。

2 号食堂整体面层及找平层工程量清单　　表 2-61

序号	项目编码	项目名称	项目特征描述	计量单位	工程量	工程量计算式
1	011101001004	水泥砂浆楼地面（楼 4）	1. 部位：设备管井、电梯机房、风机房、排烟机房 2. 做法： （1）20mm 厚 1：2 水泥砂浆抹平压光 （2）刷水泥砂浆一道（内掺建筑胶） （3）LC7.5 轻骨料混凝土垫层 3. 面层做法要求：参见 12YJ1 楼/地 101 4. 其他说明：详见相关设计图纸、要求及规范	m²	336.58	以首层风机房水泥砂浆楼地面（楼 4）为例： ① 位于 Ⓢ-10～Ⓢ-11 / Ⓢ-C～Ⓢ-D 轴线风机房处，详见某高校 2 号食堂建筑图-食堂一层平面图 ② 水泥砂浆楼地面面积=（8.8 ＜长度＞×3.3＜宽度＞）-0.33 ＜扣凸出墙面柱截面积＞ =28.71m²

2. 块料面层（011102）

（1）块料面层工程量清单项目设置及工程量计算规则

与本项目有关的块料面层工程量清单项目为块料楼地面，其清单项目设置、项目特征描述的内容、计量单位及工程量计算规则，应按表2-62的规定执行。

块料面层工程量清单项目设置及工程量计算规则（部分）　　　　表2-62

项目编码	项目名称	项目特征	计量单位	工程量计算规则	工作内容
011102003	块料楼地面	1. 找平层厚度、砂浆配合比 2. 结合层厚度、砂浆配合比 3. 面层材料品种、规格、颜色 4. 嵌缝材料种类 5. 防护层材料种类 6. 酸洗、打蜡要求	m²	按设计图示尺寸以面积计算。门洞、空圈、暖气包槽、壁龛的开口部分并入相应的工程量内	1. 基层清理 2. 抹找平层 3. 面层铺设、磨边 4. 嵌缝 5. 刷防护材料 6. 酸洗、打蜡 7. 材料运输

注：1. 块料与粘结材料的结合面刷防渗材料的种类在防护层材料种类中描述。
　　2. 工作内容中的磨边指施工现场磨边。

（2）2号食堂块料面层工程量清单编制

根据上述清单列项要求及工程量计算规则，结合2号食堂工程做法表（参见建施图2），楼1、楼2、楼3的楼面做法均采用了铺贴块料地板，由于部位及材质不同，故应按照块料楼地面项目分别列项计算工程量。根据施工图纸及相关规范要求，2号食堂块料面层部分工程量清单列项见表2-63。

楼地面装饰
工程量计算

2号食堂块料面层工程量清单　　　　表2-63

序号	项目编码	项目名称	项目特征描述	计量单位	工程量	工程量计算式
1	011102003003	块料楼地面（楼3）	1. 部位：操作间、洗消间 2. 做法： （1）8～10mm厚防滑地板铺实拍平，稀水泥浆擦缝 （2）30mm厚1:3干硬性水泥砂浆 （3）1.5mm厚合成高分子防水涂料，四周沿墙上翻300mm （4）20mm厚1:3水泥砂浆抹平 （5）410mm厚（840mm厚）LC7.5轻骨料混凝土填充层找坡，坡向地漏 （6）0.7mm厚聚乙烯丙纶防水卷材用1.3mm厚专用粘结料满粘 3. 面层做法要求：参见12YJ1楼/地201XF 4. 其他说明：详见相关设计图纸、要求及规范	m²	1525.81	以首层部分操作间楼地面楼3为例： ① 位于Ⓢ₋₂～Ⓢ₋₈/Ⓢ₋ₐ～Ⓢ₋ᵦ轴线操作间，详见某高校2号食堂建筑图-食堂一层平面图。 ② 块料楼地面面积＝[9.2×49.1－0.7×0.4－2.35×1－(1.95×1＋0.4×0.25)×5]<室内净面积地面积>＋(0.2×1.5×2)<加门侧壁开口面积>－(0.36×6)<扣独立柱截面积>＝437.28m²

3. 其他材料面层（011104）

（1）其他材料面层工程量清单项目设置及工程量计算规则

与本项目有关的其他材料面层工程量清单项目为防静电活动地板，其清单项目设置、项目特征描述的内容、计量单位及工程量计算规则，应按表 2-64 的规定执行。

其他材料面层工程量清单项目设置及工程量计算规则（部分）　　表 2-64

项目编码	项目名称	项目特征	计量单位	工程量计算规则	工作内容
011104004	防静电活动地板	1. 支架高度、材料种类 2. 面层材料品种、规格、颜色 3. 防护层材料种类	m²	按设计图示尺寸以面积计算。门洞、空圈、暖气包槽、壁龛的开口部分并入相应的工程量内	1. 基层清理 2. 固定支架安装 3. 活动面层安装 4. 刷防护材料 5. 材料运输

（2）2 号食堂其他材料面层工程量清单编制

根据上述清单列项要求及工程量计算规则，结合 2 号食堂工程做法表（参见建施图 2），地下工程中地 4 的做法采用防静电活动地板，应按照防静电活动地板项目列项计算工程量。根据施工图纸及相关规范要求，2 号食堂其他材料面层部分工程量清单列项见表 2-65。

2 号食堂其他材料面层工程量清单　　表 2-65

序号	项目编码	项目名称	项目特征描述	计量单位	工程量	工程量计算式
1	011104004001	防静电活动地板（地 4）	1. 部位：消防控制室、弱电机房 2. 做法： （1）150～250mm 高架空防静电活动地板 （2）20mm 厚 1：2.5 水泥砂浆，压实赶光 （3）水泥浆一道（内掺建筑胶） 3. 面层做法要求：参见 05J909 地 57A 4. 其他说明：详见相关设计图纸、要求及规范	m²	30.21	以地下车库一层弱电机房防静电活动地板地 4 为例： ① 位于 ⑤-3 ～ ⑤-4 / ⑤-D ～ ⑤-E 轴线弱电机房，详见某高校 2 号食堂建筑图-地下车库一层平面图 ② 块料地面积＝（8.35＜长度＞×3.6＜宽度＞）＋0.15＜加门侧壁开口面积＞＝30.21m²

4. 踢脚线（011105）

（1）踢脚线工程量清单项目设置及工程量计算规则

与本项目有关的踢脚线工程量清单项目为水泥砂浆踢脚线和块料踢脚线。以水泥砂浆踢脚线为例，其清单项目设置、项目特征描述的内容、计量单位及工程量计算规则，应按表 2-66 的规定执行。

踢脚线工程量清单项目设置及工程量计算规则（部分）　　表 2-66

项目编码	项目名称	项目特征	计量单位	工程量计算规则	工作内容
011105001	水泥砂浆踢脚线	1. 踢脚线高度 2. 底层厚度、砂浆配合比 3. 面层厚度、砂浆配合比	1. m² 2. m	1. 以平方米计量，按设计图示长度乘以高度以面积计算 2. 以米计量，按延长米计算	1. 基层清理 2. 底层抹灰 3. 面层铺贴、磨边 4. 擦缝 5. 磨光、酸洗、打蜡 6. 刷防护材料 7. 材料运输

（2）2号食堂踢脚线工程量清单编制

根据上述清单列项要求及工程量计算规则，结合2号食堂工程做法表（参见建施图2），踢脚1为水泥砂浆踢脚线，根据施工图纸及相关规范要求，2号食堂水泥砂浆踢脚线部分工程量清单列项见表2-67。

2号食堂踢脚线工程量清单　　表 2-67

序号	项目编码	项目名称	项目特征描述	计量单位	工程量	工程量计算式
1	011105001003	水泥砂浆踢脚线（踢脚1）	1. 部位：设备管井、电梯机房，热表间、风机房、强弱电间 2. 做法： （1）6mm厚1:2水泥砂浆抹面压光缝 （2）10mm厚混合砂浆（水泥：石灰膏：砂=1:1:6） （3）2mm厚配套专用界面砂浆批刮 3. 其他说明：详见相关设计图纸、要求及规范	m²	55.15	以首层部分风机房水泥砂浆踢脚线（踢脚1）为例： ① 位于 S-8 ～ S-9 / S-A ～ S-B 轴线风机房，详见某高校2号食堂建筑图—一层平面图 ② 水泥砂浆踢脚线面积=（2.5×2＋4.4×2）<室内净周长>×0.15<踢脚高度>＋0.1×0.15×2<加门侧壁>－1.2×0.15<扣门>=1.92m²

5. 楼梯面层（011106）

（1）楼梯面层工程量清单项目设置及工程量计算规则

与本项目有关的楼梯面层工程量清单项目为块料楼梯面层和水泥砂浆楼梯面层。以块料楼梯面层为例，其清单项目设置、项目特征描述的内容、计量单位及工程量计算规则，应按表2-68的规定执行。

楼梯面层工程量清单项目设置及工程量计算规则（部分）　　　表 2-68

项目编码	项目名称	项目特征	计量单位	工程量计算规则	工作内容
011106002	块料楼梯面层	1. 找平层厚度、砂浆配合比 2. 粘结层厚度、材料种类 3. 面层材料品种、规格、颜色 4. 防滑条材料种类、规格 5. 勾缝材料种类 6. 防护材料种类 7. 酸洗、打蜡要求	m²	按设计图示尺寸以楼梯（包括踏步、休息平台及≤500mm 的楼梯井）水平投影面积计算。楼梯与楼地面相连时，算至梯口梁内侧边沿；无梯口梁者，算至最上一层踏步边沿加 300mm	1. 基层清理 2. 抹找平层 3. 面层铺贴、磨边 4. 贴嵌防滑条 5. 勾缝 6. 刷防护材料 7. 酸洗、打蜡 8. 材料运输

注：块料与粘结材料的结合面刷防渗材料的种类在防护材料种类中描述。

（2）2 号食堂楼梯面层工程量清单编制

根据上述清单列项要求及工程量计算规则，结合 2 号食堂工程做法表（参见建施图 2），地上部分楼梯面层采用铺贴块料的做法，根据施工图纸及相关规范要求，2 号食堂块料楼梯面层部分工程量清单列项见表 2-69。

2 号食堂楼梯面层工程量清单　　　表 2-69

序号	项目编码	项目名称	项目特征描述	计量单位	工程量	工程量计算式
1	011106002001	块料楼梯面层	1. 部位：楼梯间（楼 1） 2. 做法： （1）8～10mm 厚 800mm×800mm 地板铺实拍平，稀水泥浆擦缝 （2）20mm 厚 1∶3 干硬性水泥砂浆 （3）素水泥浆一道 （4）20mm 厚（40mm 厚）LC7.5 轻骨料混凝土垫层 3. 面层做法要求：参见 12YJ1 楼/地 201 4. 其他说明：详见相关设计图纸、要求及规范	m²	468.56	以首层部分楼梯间块料楼梯面层为例： ① 位于 ⑤-1～⑤-2/⑤-D～⑤-E 轴线楼梯间，详见某高校 2 号食堂建筑图——层平面图、1 号楼梯详图 ② 块料楼梯面层面积＝(0.5＋1.7＋3.92＋0.3)＜长度＞×(1.95＋0.2＋1.95＋0.2)＜宽度＞－0.402＜扣孤墙＞＝27.20m²

6. 台阶装饰（011107）

（1）台阶装饰工程量清单项目设置及工程量计算规则

与本项目有关的台阶装饰工程量清单项目为石材台阶面，其清单项目设置、项目特征描述的内容、计量单位及工程量计算规则，应按表 2-70 的规定执行。

台阶装饰工程量清单项目设置及工程量计算规则（部分）　　　表 2-70

项目编码	项目名称	项目特征	计量单位	工程量计算规则	工作内容
011107001	石材台阶面	1. 找平层厚度、砂浆配合比 2. 粘结层材料种类 3. 面层材料品种、规格、颜色 4. 勾缝材料种类 5. 防滑条材料种类、规格 6. 防护材料种类	m²	按设计图示尺寸以台阶（包括最上层踏步边沿加 300mm）水平投影面积计算	1. 基层清理 2. 抹找平层 3. 面层铺贴 4. 贴嵌防滑条 5. 勾缝 6. 刷防护材料 7. 材料运输

注：石材与粘结材料的结合面刷防渗材料的种类在防护材料种类中描述。

（2）2 号食堂台阶装饰工程量清单编制

根据上述清单列项要求及工程量计算规则，结合 2 号食堂工程建筑设计总说明中关于室外工程的说明，主入口台阶采用花岗岩台阶做法，其余台阶采用花岗石铺面台阶做法，故应按照石材台阶面项目分别列项计算工程量。根据施工图纸及相关规范要求，2 号食堂台阶装饰部分工程量清单列项见表 2-71。

2 号食堂台阶装饰工程量清单　　　表 2-71

序号	项目编码	项目名称	项目特征描述	计量单位	工程量	工程量计算式
1	011107001001	石材台阶面	1. 名称：主入口台阶 2. 做法： （1）400mm 宽、140mm 高花岗岩石 （2）30mm 厚 1∶3 干硬性水泥砂浆结合层 （3）素水泥浆一道 （4）100mm 厚 C20 现浇混凝土 （5）300mm 厚中砂防冻胀层 3. 面层做法要求：参见 12YJ9 4. 其他说明：详见相关设计图纸、要求及规范	m²	26.46	以北面主入口台阶面层为例： ① 位于 ⑤-7 ～ ⑤-9 / ⑤-D ～ ⑤-E 轴线主入口台阶，详见某高校 2 号食堂建筑图——层平面图 ② 石材台阶面面积＝12.2＜长度＞×（0.3+0.3+0.3）＜宽度＞＝10.98m²

2.2.7　墙、柱面装饰与隔断、幕墙工程（0112）

墙、柱面装饰与隔断、幕墙工程主要包括：墙面抹灰、柱（梁）面抹灰、零星抹灰、墙面块料面层、柱（梁）面镶贴块料、镶贴零星块料、墙饰面、柱（梁）饰面、幕墙工程、隔断等项目。与本工程有关的墙、柱面装饰与隔断、幕墙工程主要有墙面抹灰、墙面块料面层。

1. 墙面抹灰（011201）

（1）墙面抹灰工程量清单项目设置及工程量计算规则

与本项目有关的墙面抹灰工程量清单项目为墙面一般抹灰，其清单项目设置、项目特征描述的内容、计量单位及工程量计算规则，应按表 2-72 的规定执行。

项目编码	项目名称	项目特征	计量单位	工程量计算规则	工作内容
011201001	墙面一般抹灰	1. 墙体类型 2. 底层厚度、砂浆配合比 3. 面层厚度、砂浆配合比 4. 装饰面材料种类 5. 分隔缝宽度、材料种类	m²	按设计图示尺寸以面积计算。扣除墙裙、门窗洞口及单个＞0.3m² 的孔洞面积，不扣除踢脚线、挂镜线和墙与构件交接处的面积，门窗洞口和孔洞的侧壁及顶面不增加面积。附墙柱、梁、垛、烟囱侧壁并入相应的墙面面积内。 1. 外墙抹灰面积按外墙垂直投影面积计算 2. 外墙裙抹灰面积按其长度乘以高度计算 3. 内墙抹灰面积按主墙间的净长乘以高度计算 (1) 无墙裙的，高按室内楼地面至天棚底面计算 (2) 有墙裙的，高按墙裙顶至天棚底面计算 (3) 有吊顶天棚抹灰，高度算至天棚 4. 内墙裙抹灰面按内墙净长乘以高度计算	1. 基层清理 2. 砂浆制作、运输 3. 底层抹灰 4. 抹面层 5. 抹装饰面 6. 勾分隔缝

注：1. 墙面抹石灰砂浆、水泥砂浆、混合砂浆、聚合物水泥砂浆、麻刀石灰浆、石膏灰浆等按墙面一般抹灰列项。

2. 飘窗凸出外墙面增加的抹灰并入外墙工程量内。

3. 有吊顶天棚的内墙面抹灰，抹至吊顶以上部分在综合单价中考虑。

（2）2 号食堂墙面抹灰工程量清单编制

根据上述清单列项要求及工程量计算规则，结合 2 号食堂工程建筑立面图和工程做法表，外墙 1 和外墙 2 的做法中均包含抹混合砂浆，故应按照墙面一般抹灰项目列项计算工程量。根据施工图纸及相关规范要求，2 号食堂墙面抹灰部分工程量清单列项见表 2-73。

序号	项目编码	项目名称	项目特征描述	计量单位	工程量	工程量计算式
1	011201001001	墙面一般抹灰	1. 名称：外墙 1（外墙外保温，涂料饰面-真石漆） 2. 做法： (1) 2～3mm 厚 AAC 专用界面剂 (2) 6mm 厚混合砂浆（水泥：石灰膏：砂＝1：1：6） 3. 其他说明：详见相关设计图纸、要求及规范	m²	4380.15	以首层东立面外墙一般抹灰为例： ① 位于 S-11 轴线右侧/ S-A ～ S-E 轴线东立面外墙，详见某高校 2 号食堂建筑图——层平面图、食堂东立面图 ② 外墙一般抹灰面积＝(4.75×4.8)＜原始墙面抹灰面积＞－7.08＜扣窗＞+(0.15×4.8)＜原始墙面抹灰面积＞+(20×4.8)＜原始墙面抹灰面积＞－3.6＜扣门＞－21.24＜扣窗＞+(0.2×4.8)＜原始墙面抹灰面积＞+(4.4×4.8)＜原始墙面抹灰面积＞－11.9475＜扣窗＞+(0.4×4.8)＜原始墙面抹灰面积＞+(4×4.8)＜原始墙面抹灰面积＞－4.425＜扣窗＞＝114.43m²

2. 墙面块料面层（011204）

（1）墙面块料面层工程量清单项目设置及工程量计算规则

与本项目有关的墙面块料面层工程量清单项目为块料墙面，其清单项目设置、项目特征描述的内容、计量单位及工程量计算规则，应按表 2-74 的规定执行。

墙面块料面层工程量清单项目设置及工程量计算规则（部分）　　　表 2-74

项目编码	项目名称	项目特征	计量单位	工程量计算规则	工作内容
011204003	块料墙面	1. 墙体类型 2. 安装方式 3. 面层材料品种、规格、颜色 4. 缝宽、嵌缝材料种类 5. 防护材料种类 6. 磨光、酸洗、打蜡要求	m²	按镶贴表面积计算	1. 基层清理 2. 砂浆制作、运输 3. 粘结层铺贴 4. 面层安装 5. 嵌缝 6. 刷防护材料 7. 磨光、酸洗、打蜡

注：1. 块料与粘结材料的结合面刷防渗材料的种类在防护层材料种类中描述。

　　2. 安装方式可描述为砂浆或粘结剂粘贴、挂贴、干挂等，不论哪种安装方式，都要详细描述与组价相关的内容。

（2）2 号食堂墙面块料面层工程量清单编制

根据上述清单列项要求及工程量计算规则，结合 2 号食堂工程做法表（参见建施图 2），内墙 1 采用了铺贴釉面砖的做法，应按照块料墙面项目列项计算工程量。根据施工图纸及相关规范要求，2 号食堂墙面块料面层部分工程量清单列项见表 2-75。

墙柱面装饰
工程量计算

2 号食堂墙面块料面层工程量清单　　　表 2-75

序号	项目编码	项目名称	项目特征描述	计量单位	工程量	工程量计算式
1	011204003001	块料墙面（内墙 1）	1. 部位：更衣室、卫生间及盥洗室、售饭窗口、主副食库、操作间、冷藏间、洗碗消毒间 2. 做法： （1）4～5mm 厚釉面砖，白水泥浆擦缝 （2）3～4mm 厚 1:1 水泥砂浆加水重 20% 建筑胶 （3）素水泥一道 （4）6mm 厚 1:0.5:2.5 水泥石灰砂浆 （5）7mm 厚 1:1:6 水泥石灰砂浆 （6）2mm 厚配套专用见面砂浆批刮 3. 面层做法要求：参见 12YJ1 内墙 6C 4. 其他说明：面砖贴至吊顶净高上 100mm；详见相关设计图纸、要求及规范	m²	3739.63	以首层副食库块料内墙为例： ① 位于 S-10～S-11 / S-C～S-D 轴线处副食库，详见某高校 2 号食堂建筑图—一层平面图 ② 块料内墙面积=（8.8＋4.7）×2×4.7＜内墙面积，包含与墙相连的柱凸出部分的侧面＞－3.15＜扣门＞＋0.57＜加门侧壁＞－5.31＜扣窗＞＋1.925＜加窗侧壁＞－3.855＜扣踢脚＞=117.08m²

2.2.8 天棚工程（0113）

天棚工程主要包括：天棚抹灰、天棚吊顶、采光天棚、天棚其他装饰等项目。与本工程有关的天棚工程主要有天棚抹灰和天棚吊顶。

1. 天棚抹灰（011301）

（1）天棚抹灰工程量清单项目设置及工程量计算规则

天棚抹灰的清单项目设置、项目特征描述的内容、计量单位及工程量计算规则，应按表2-76的规定执行。

天棚抹灰工程量清单项目设置及工程量计算规则 表2-76

项目编码	项目名称	项目特征	计量单位	工程量计算规则	工作内容
011301001	天棚抹灰	1. 基层类型 2. 抹灰厚度、材料种类 3. 砂浆配合比	m²	按设计图示尺寸以水平投影面积计算。不扣除间壁墙、垛、柱、附墙烟囱、检查口和管道所占的面积，带梁天棚的梁两侧抹灰面积并入天棚面积内，板式楼梯底面抹灰按斜面积计算，锯齿形楼梯底板抹灰按展开面积计算	1. 基层清理 2. 底层抹灰 3. 抹面层

（2）2号食堂天棚抹灰工程量清单编制

根据上述清单列项要求及工程量计算规则，结合2号食堂工程做法表（参见建施图2），地上工程中的顶棚3和顶棚4，地下工程中的顶棚1、顶棚2、顶棚3的做法中均包含天棚抹灰，故应根据不同部位按照天棚抹灰项目分别列项计算工程量。根据施工图纸及相关规范要求，2号食堂天棚抹灰部分工程量清单列项见表2-77。

2号食堂天棚抹灰工程量清单 表2-77

序号	项目编码	项目名称	项目特征描述	计量单位	工程量	工程量计算式
1	011301001005	天棚抹灰（地上顶棚4）	1. 部位：餐厅、售饭窗口、操作间、主副食库、售饭卡处等其余房间 2. 做法： （1）刷底漆一遍，乳胶漆两遍 （2）刮满腻子两遍，分别打磨 （3）清理基层抹灰 （4）3mm厚1:0.5:3水泥石灰砂浆抹平 （5）5mm厚1:1:4水泥石灰砂浆打底 3. 面层做法要求：参见12YJ1顶5；参见12YJ1涂304 4. 其他说明：详见相关设计图纸、要求及规范	m²	3927.31	以首层副食库天棚抹灰（顶棚4）为例： ① 位于 S-10～S-11 / S-C～S-D 轴线处副食库，详见某高校2号食堂建筑图—层平面图 ② 天棚抹灰面积＝8.8×4.7＜水平投影面积＞＋0.55×4.575×2＜加梁L26两侧抹灰面积＞＝46.39m²

2. 天棚吊顶（011302）

（1）天棚吊顶工程量清单项目设置及工程量计算规则

与本项目有关的天棚吊顶工程量清单项目为吊顶天棚，其清单项目设置、项目特征描述的内容、计量单位及工程量计算规则，应按表 2-78 的规定执行。

天棚吊顶工程量清单项目设置及工程量计算规则（部分）　　表 2-78

项目编码	项目名称	项目特征	计量单位	工程量计算规则	工作内容
011302001	吊顶天棚	1. 吊顶形式、吊杆规格、高度 2. 龙骨材料种类、规格、中距 3. 基层材料种类、规格 4. 面层材料品种、规格 5. 压条材料品种、规格 6. 嵌缝材料种类 7. 防护材料种类	m²	按设计图示尺寸以水平投影面积计算。天棚面中的灯槽及跌级、锯齿形、吊挂式、藻井式天棚面积不展开计算。不扣除间壁墙、检查口、附墙烟囱、柱垛和管道所占面积，扣除单个＞0.3m² 的孔洞、独立柱及与天棚相连的窗帘盒所占的面积	1. 基层清理、吊杆安装 2. 龙骨安装 3. 基层板铺贴 4. 面层铺贴 5. 嵌缝 6. 刷防护材料

（2）2 号食堂天棚吊顶工程量清单编制

根据上述清单列项要求及工程量计算规则，结合 2 号食堂工程做法表（参见建施图 2），地上工程中顶棚 1 和顶棚 2 的做法均为吊顶天棚，故应根据不同部位按照吊顶天棚项目分别列项计算工程量。根据施工图纸及相关规范要求，2 号食堂天棚吊顶部分工程量清单列项见表 2-79。

2 号食堂天棚吊顶工程量清单　　表 2-79

序号	项目编码	项目名称	项目特征描述	计量单位	工程量	工程量计算式
1	011302001002	吊顶天棚（地上顶棚 2）	1. 部位：更衣室、卫生间及盥洗(吊顶高度 3.2m) 2. 做法： (1) 轻钢龙骨双层骨架：主龙骨中距 900～1000mm，次龙骨中距 600mm，横撑龙骨中距 600mm (2) 8～9mm 厚塑料扣板面层，用自攻螺钉固定 3. 面层做法要求：参见 12YJ1 棚 6 4. 其他说明：详见相关设计图纸、要求及规范	m²	221.59	以首层卫生间及盥洗室吊顶天棚(顶棚 2)为例： ① 位于 S-1～S-2/S-D～S-E 轴线处卫生间及盥洗室，详见某高校 2 号食堂建筑图——层平面图 ② 吊顶天棚面积=4.5×2.5＜男卫吊顶面积＞+3.35×2.5＜女卫吊顶面积＞+(2.15×1.55+1.65×0.8+3.55×1.9)＜盥洗室吊顶面积＞+2.35×2.15＜残疾人卫生间顶面积＞=36.08m²

2.2.9 其他装饰工程（0115）

其他装饰工程主要包括：柜类、货架，压条、装饰线，扶手、栏杆、栏板装饰，暖气罩，浴厕配件，雨篷、旗杆，招牌、灯箱，美术字等项目。与本工程有关的其他装饰工程主要有扶手、栏杆、栏板装饰和浴厕配件。

1. 扶手、栏杆、栏板装饰（011503）

（1）扶手、栏杆、栏板装饰工程量清单项目设置及工程量计算规则

与本项目有关的扶手、栏杆、栏板装饰工程量清单项目为金属扶手、栏杆、栏板，金属靠墙扶手，以金属扶手、栏杆、栏板为例，其清单项目设置、项目特征描述的内容、计量单位及工程量计算规则，应按表 2-80 的规定执行。

扶手、栏杆、栏板装饰工程量清单项目设置及工程量计算规则（部分）　　　　表 2-80

项目编码	项目名称	项目特征	计量单位	工程量计算规则	工作内容
011503001	金属扶手、栏杆、栏板	1. 扶手材料种类、规格 2. 栏杆材料种类、规格 3. 栏板材料种类、规格、颜色 4. 固定配件种类 5. 防护材料种类	m	按设计图示以扶手中心线长度（包括按头长度）计算	1. 制作 2. 运输 3. 安装 4. 刷防护材料

（2）2 号食堂扶手、栏杆、栏板装饰工程量清单编制

根据上述清单列项要求及工程量计算规则，结合 2 号食堂建筑施工图，距地面高度不足 900mm 的窗台需设护窗栏杆，楼梯临空部位需设楼梯栏杆，无障碍坡道、平台等室内外临空部位也需要设置防护栏杆、扶手，故应根据不同部位按照金属扶手、栏杆、栏板分别列项计算工程量。根据施工图纸及相关规范要求，2 号食堂扶手、栏杆、栏板部分装饰工程量清单列项见表 2-81。

2 号食堂扶手、栏杆、栏板装饰工程量清单　　　　表 2-81

序号	项目编码	项目名称	项目特征描述	计量单位	工程量	工程量计算式
1	011503001001	金属扶手、栏杆、栏板	1. 部位：窗台低于 900mm 时需做护窗栏杆 2. 做法：护窗栏杆距可踏面高 1050mm，间距小于 110mm，采用 304 型不锈钢材 3. 其他说明：详见相关设计图纸、要求及规范	m	129.65	以二层窗 C126355 护窗栏杆为例： ① 位于 ⑤-1 轴线，详见某高校 2 号食堂建筑图-二层平面图、墙身详图五（建施 16） ② 根据 12YJ6 3a/68，栏杆与墙连接金属护窗栏杆长度＝13.40m＜窗 C126355 两侧墙净距＞

2. 浴厕配件（011505）

（1）浴厕配件工程量清单项目设置及工程量计算规则

与本项目有关的浴厕配件工程量清单项目为洗漱台、卫生间扶手和镜面玻璃，以洗漱台为例，其清单项目设置、项目特征描述的内容、计量单位及工程量计算规则，应按

表2-82的规定执行。

浴厕配件工程量清单项目设置及工程量计算规则（部分）　　　　表2-82

项目编码	项目名称	项目特征	计量单位	工程量计算规则	工作内容
011505001	洗漱台	1. 材料品种、规格、颜色 2. 支架、配件品种、规格	1. m² 2. 个	1. 按设计图示尺寸以台面外接矩形面积计算。不扣除孔洞、挖角、削角所占面积，挡板、吊沿板面积并入台面面积内 2. 按设计图示数量计算	1. 台面及支架运输、安装 2. 杆、环、盒、配件安装 3. 刷油漆

（2）2号食堂浴厕配件工程量清单编制

根据上述清单列项要求及工程量计算规则，结合2号食堂卫生间详图，卫生间设有花岗岩洗漱台，应按照洗漱台列项计算工程量。根据施工图纸及相关规范要求，2号食堂浴洗漱台工程量清单列项见表2-83。

2号食堂浴厕配件工程量清单　　　　表2-83

序号	项目编码	项目名称	项目特征描述	计量单位	工程量	工程量计算式
1	011505001001	洗漱台	1. 卫生间化妆台采用花岗岩台面详参16J914-1 2. 其他说明：详见相关设计图纸、要求及规范	个	10	略

2.2.10　油漆、涂料、裱糊工程（0114）

油漆、涂料、裱糊工程主要包括：门油漆，窗油漆，木扶手及其他板条、线条油漆，木材面油漆，金属面油漆，抹灰面油漆，喷刷涂料，裱糊等项目。与本工程有关的油漆、涂料、裱糊工程主要有抹灰面油漆和喷刷涂料。

1. 抹灰面油漆（011406）

（1）抹灰面油漆工程量清单项目设置及工程量计算规则

与本项目有关的抹灰面油漆工程量清单项目为抹灰面油漆（011406001），其清单项目设置、项目特征描述的内容、计量单位及工程量计算规则，应按表2-84的规定执行。

抹灰面油漆工程量清单项目设置及工程量计算规则（部分）　　　　表2-84

项目编码	项目名称	项目特征	计量单位	工程量计算规则	工作内容
011406001	抹灰面油漆	1. 基层类型 2. 腻子种类 3. 刮腻子遍数 4. 防护材料种类 5. 油漆品种、刷漆遍数 6. 部位	m²	按设计图示尺寸以面积计算	1. 基层清理 2. 刮腻子 3. 刷防护材料、油漆

（2）2号食堂抹灰面油漆工程量清单编制

根据上述清单列项要求及工程量计算规则，结合2号食堂建筑施工图，地上工程中内墙2为乳胶漆内墙、内墙3采用水泥砂浆抹面、墙裙1为油漆墙裙，地下工程中内墙1采用水泥砂浆抹面、内墙2为乳胶漆内墙，故可以根据不同部位按照抹灰面油漆项目分别列项计算工程量。根据施工图纸及相关规范要求，2号食堂抹灰面油漆部分工程量清单列项见表2-85。

2号食堂抹灰面油漆工程量清单　　　　　　　表2-85

序号	项目编码	项目名称	项目特征描述	计量单位	工程量	工程量计算式
1	011406001005	抹灰面油漆(地上内墙2)	1. 部位：除内墙1所述房间以外的其他房间 2. 墙体类型：基层加气混凝土砌块或钢筋混凝土墙体、柱、梁 3. 做法： （1）乳胶漆两遍 （2）刷耐碱防霉底漆一遍 （3）挂满腻子两遍，分别打磨 （4）清理基层抹灰 （5）5mm厚1：0.5：3水泥石灰砂浆 （6）15mm厚1：1：6水泥石灰砂浆，分两次抹灰，扫毛或划出纹道 （7）刷建筑胶素水泥浆一道，配合比为建筑胶：水＝1：4 4. 面层做法要求：参见12YJ1内墙5 5. 其他说明：详见相关设计图纸、要求及规范	m²	4759.10	以首层风机房乳胶漆内墙（内墙2）为例： ① 位于 S-10 ～ S-11 / S-C ～ S-D 轴线风机房处，详见某高校2号食堂建筑图-食堂一层平面图 ② 抹灰面油漆面积＝4.7＜高度＞×(8.8+3.3)×2＜房间净周长＞−5.31＜扣窗＞−3.15＜扣门＞−3.63＜扣踢脚＞＝101.65m²

2. 喷刷涂料（011407）

（1）喷刷涂料工程量清单项目设置及工程量计算规则

与本项目有关的喷刷涂料工程量清单项目为墙面喷刷涂料，其清单项目设置、项目特征描述的内容、计量单位及工程量计算规则，应按表2-86的规定执行。

喷刷涂料工程量清单项目设置及工程量计算规则（部分）　　　　表2-86

项目编码	项目名称	项目特征	计量单位	工程量计算规则	工作内容
011407001	墙面喷刷涂料	1. 基层类型 2. 喷刷涂料部位 3. 腻子种类 4. 刮腻子要求 5. 涂料品种、喷刷遍数	m²	按设计图示尺寸以面积计算	1. 基层清理 2. 刮腻子 3. 刷、喷涂料

注：喷刷墙面涂料部位要注明内墙或外墙。

（2）2号食堂喷刷涂料工程量清单编制

根据上述清单列项要求及工程量计算规则，外墙采用了白色真石漆涂料、仿砖砖红色真石漆涂料、砖红色真石漆涂料等做法，应按照墙面喷刷涂料项目分别列项计算工程量。根据施工图纸及相关规范要求，2号食堂喷刷涂料部分工程量清单列项见表2-87。

2号食堂喷刷涂料工程量清单 表2-87

序号	项目编码	项目名称	项目特征描述	计量单位	工程量	工程量计算式
1	011407001001	墙面喷刷涂料	1. 名称：外墙1 2. 做法： （1）外墙腻子2遍 （2）涂饰底层涂料 （3）喷涂主层涂料 （4）涂饰面层涂料二遍 3. 其他说明：详见相关设计图纸、要求及规范	m²	4530.90	以首层东立面仿砖砖红色真石漆墙面喷刷涂料为例： ① 位于⑤-⑪轴线右侧/⑤-Ⓐ～⑤-Ⓔ轴线处仿砖砖红色真石漆涂料外墙，详见某高校2号食堂建筑图--层平面图、食堂东立面图。 ② 墙面喷刷涂料面积＝12.84＋71.16＋14.775＝98.78m² 其中，⑤-Ⓐ～⑤-Ⓑ轴线楼梯间东面外墙抹灰面积＝4.8×0.95＋2.4×0.95＋4.8×1.25＝12.84m² ⑤-Ⓐ～⑤-Ⓓ轴线其余房间东面外墙抹灰面积＝20×4.8＜原始墙面抹灰面积＞－3.6＜扣门＞－21.24＜扣窗＞＝71.16m² ⑤-Ⓓ～⑤-Ⓔ轴线超市东面外墙抹灰面积＝4.8×4＜原始墙面抹灰面积＞－4.425＜扣窗＞＝14.78m²

2.2.11　措施项目（0117）

措施项目主要包括：脚手架工程，混凝土模板及支架（撑），垂直运输，超高施工增加，大型机械设备进出场及安拆，施工排水、降水，安全文明施工及其他措施项目等项目。与本工程有关的措施项目主要有脚手架工程、垂直运输和大型机械设备进出场及安拆。

1. 脚手架工程（011701）

（1）脚手架工程工程量清单项目设置及工程量计算规则

与本项目有关的脚手架工程工程量清单项目为综合脚手架，其清单项目设置、项目特征描述的内容、计量单位及工程量计算规则，应按表2-88的规定执行。

脚手架工程工程量清单项目设置及工程量计算规则（部分） 表2-88

项目编码	项目名称	项目特征	计量单位	工程量计算规则	工作内容
011701001	综合脚手架	1. 建筑结构形式 2. 檐口高度	m²	按建筑面积计算	1. 场内、场外材料搬运 2. 搭、拆脚手架、斜道、上料平台 3. 安全网的铺设 4. 选择附墙点与主体连接 5. 测试电动装置、安全锁等 6. 拆除脚手架后材料的堆放

续表

项目编码	项目名称	项目特征	计量单位	工程量计算规则	工作内容
011701002	外脚手架	1. 搭设方式 2. 搭设高度 3. 脚手架材质	m²	按所服务对象的垂直投影面积计算	1. 场内、场外材料搬运 2. 搭、拆脚手架、斜道、上料平台 3. 安全网的铺设 4. 拆除脚手架后材料的堆放
011701003	里脚手架				
011701006	满堂脚手架			按搭设的水平投影面积计算	

（2）2 号食堂脚手架工程工程量清单编制

根据上述清单列项要求及工程量计算规则，2 号食堂脚手架工程工程量清单列项见表 2-89。

措施项目
工程量计算

2 号食堂脚手架工程工程量清单　　　　　　　　表 2-89

序号	项目编码	项目名称	项目特征描述	计量单位	工程量	工程量计算式
1	011701001001	综合脚手架	1. 建筑结构形式：框架剪力墙结构 2. 檐口高度：14.45m	m²	8731.54	地上部分综合脚手架工程量＝2775.11＜首层建筑面积＞＋2744.32＜二层建筑面积＞＋2738.46＜三层建筑面积＞＋473.65＜凸出屋面建筑面积＞＝8731.54m²
2	011701001002	综合脚手架	1. 建筑结构形式：框架剪力墙结构 2. 檐口高度：14.45m	m²	2898.43	地下部分综合脚手架工程量＝2898.43m²＜地下一层建筑面积＞
3	011701002001	外脚手架	1. 室内浇筑 3.6m 以外的独立柱、梁 2. 其他说明：详见相关设计图纸、要求及规范	m²	1834.0	以首层独立柱 KZ13 为例，室内浇筑高度超过 3.6m： ① 位于 ⑤-2 与 ⑤-C 轴线相交处 KZ13，详见某高校 2 号食堂建筑图—一层平面图 ② 此处算法参照《河南省房屋建筑与装饰工程预算定额》计算规则 外脚手架工程量＝（2.4＜柱周长＞＋3.6＜脚手架增加系数＞）×4.7＜柱脚手架高度＞＝28.2m²
4	011701002002	外脚手架	1. 室内砌筑 3.6m 以外的砌块墙 2. 其他说明：详见相关设计图纸、要求及规范	m²	8001.9	以首层部分内墙为例，室内砌筑高度超过 3.6m： ① 位于 ⑤-1 ～ ⑤-2 / ⑤-D 轴上砌体墙，详见某高校 2 号食堂建筑图—一层平面图 ② 外脚手架工程量＝8.7＜内墙脚手架长度＞×4.7＜内墙脚手架高度＞＝40.89m²

序号	项目编码	项目名称	项目特征描述	计量单位	工程量	工程量计算式
5	011701002003	外脚手架	1. 室内浇筑高度在3.6m以外的混凝土墙 2. 其他说明：详见相关设计图纸、要求及规范	m²	474.7	以地下室部分室内混凝土墙为例，浇筑高度超过3.6m： ① 位于 S-3 ～ S-4 / S-B ～ S-C 轴线间剪力墙，详见某高校2号食堂建筑图-地下车库一层平面图 ② 内墙脚手架面积＝8.4＜内墙脚手架长度＞×4.67＜内墙脚手架高度＞＝39.23m²
6	011701003001	里脚手架	1. 女儿墙砌筑高度超过1.2m 2. 其他说明：详见相关设计图纸、要求及规范	m²	773.67	以屋顶部分女儿墙为例，女儿墙砌筑高度超过1.2m： ① 位于 S-2 ～ S-9 / S-E 轴线上女儿墙，详见某高校2号食堂建筑图-屋顶层平面图 ② 里脚手架工程量＝58.4＜脚手架长度＞×1.9＜脚手架高度＞＝110.96m²
7	011701006001	满堂脚手架	1. 楼板浇筑3.6m以上 2. 其他说明：详见相关设计图纸、要求及规范	m²	8921.15	以首层副食库为例，楼板浇筑高度超过3.6m： ① 位于 S-10 ～ S-11 / S-C ～ S-D 轴线处副食库，详见某高校2号食堂建筑图——层平面图 ② 满堂脚手架工程量＝副食库室内净面积＝40.87m²
8	011701006002	满堂脚手架	1. 室内粉刷高度3.6m以上，增加改架工 2. 其他说明：详见相关设计图纸、要求及规范	m²	10358.2	以首层副食库为例，室内粉刷高度超过3.6m： ① 位于 S-10 ～ S-11 / S-C ～ S-D 轴线处副食库，详见某高校2号食堂建筑图——层平面图 ② 满堂脚手架工程量＝副食库室内净面积＝40.87m²

2. 垂直运输 (011703)

(1) 垂直运输工程量清单项目设置及工程量计算规则

垂直运输的清单项目设置、项目特征描述的内容、计量单位及工程量计算规则，应按表2-90的规定执行。

垂直运输工程量清单项目设置及工程量计算规则　　　　　　　表 2-90

项目编码	项目名称	项目特征	计量单位	工程量计算规则	工作内容
011703001	垂直运输	1. 建筑物建筑类型及结构形式 2. 地下室建筑面积 3. 建筑物檐口高度、层数	1. m² 2. 天	1. 按建筑面积计算 2. 按施工工期日历天数计算	1. 垂直运输机械的固定装置、基础制作、安装 2. 行走式垂直运输机械轨道的铺设、拆除、摊销

注：1. 建筑物的檐口高度是指设计室外地坪至檐口滴水的高度（平屋顶系指屋面板底高度），突出主体建筑物屋顶的电梯机房、楼梯出口间、水箱间、瞭望塔、排烟机房等不计入檐口高度。

2. 垂直运输指施工工程在合理工期内所需垂直运输机械。

3. 同一建筑物有不同檐高时，按建筑物的不同檐高做纵向分割，分别计算建筑面积，以不同檐高分别编码列项。

（2）2号食堂垂直运输工程量清单编制

2号食堂垂直运输工程量清单列项见表2-91。

2号食堂垂直运输工程量清单　　　　　　　表 2-91

序号	项目编码	项目名称	项目特征描述	计量单位	工程量	工程量计算式
1	011703001001	垂直运输	1. 垂直运输 2. 其他说明：详见相关设计图纸、要求及规范	m²	11629.97	垂直运输工程量＝8731.54＜地上建筑面积＞＋2898.43＜地下建筑面积＞＝11629.97m²

3. 大型机械设备进出场及安拆（011705）

（1）大型机械设备进出场及安拆工程量清单项目设置及工程量计算规则

大型机械设备进出场及安拆的清单项目设置、项目特征描述的内容、计量单位及工程量计算规则，应按表2-92的规定执行。

大型机械设备进出场及安拆工程量清单项目设置及工程量计算规则　　　　　　　表 2-92

项目编码	项目名称	项目特征	计量单位	工程量计算规则	工作内容
011705001	大型机械设备进出场及安拆	1. 机械设备名称 2. 机械设备规格型号	台次	按使用机械设备的数量计算	1. 安拆费包括施工机械、设备在现场进行安装拆卸所需人工、材料、机械和试运转费用以及机械辅助设施的折旧、搭设、拆除等费用 2. 进出场费包括施工机械、设备整体或分体自停放地点运至施工现场或由一个施工地点运至另一个施工地点所发生的运输、装卸、辅助材料等费用

（2）2 号食堂大型机械设备进出场及安拆工程量清单编制

2 号食堂大型机械设备进出场及安拆工程量清单列项见表 2-93。

2 号食堂大型机械设备进出场及安拆工程量清单　　　　表 2-93

序号	项目编码	项目名称	项目特征描述	计量单位	工程量	工程量计算式
1	011705001002	大型机械设备进出场及安拆	1. 大型机械设备进出场及安拆 2. 其他说明：详见相关设计图纸、要求及规范	项	1	略

2.3　软件计算建筑与装饰工程清单工程量

2.3.1　2 号食堂工程量清单软件算量

1. 工程准备

（1）任务说明

根据《某高校 2 号食堂》施工图，完成以下工作：

1）利用 GTJ2021 新建工程；完善计算设置；

2）添加电子版图纸，并分割图纸，识别楼层和轴网。

（2）任务分析

1）工程的结构类型、设防烈度、檐高、抗震等级对工程量计算有什么影响？

2）混凝土强度和保护层厚度对钢筋工程量计算有什么影响？

3）为什么要绘制轴网？根据哪张图纸绘制轴网最合适？

（3）任务实施

1）新建工程

分析图纸、了解工程概况后，双击桌面"广联达 BIM 土建计量平台 GTJ2021"图标，打开广联达 BIM 土建计量平台 GTJ2021 软件，或单击【开始】菜单→进入"所有程序"→单击【广联达建设工程造价管理整体解决方案】→单击 ![广联达BIM土建计量平台 GTJ...]，弹出登录界面，可以选择"离线使用"，软件自动切换至新建工程对话框，如图 2-3 所示。

图 2-3　新建工程——开启界面

单击“新建”，弹出新建工程对话框，如图 2-4 所示。修改工程名称，选择清单规则、定额规则及对应的清单库、定额库；钢筋规则中，平法规则选择“16 系平法规则”，汇总方式选择“按照钢筋图示尺寸-即外皮汇总”。

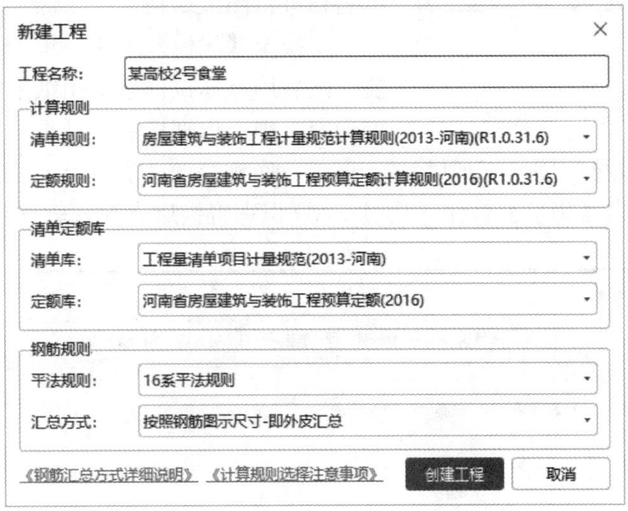
新建工程
工程名称：
某高校2号食堂
计算规则
清单规则：
房屋建筑与装饰工程计量规范计算规则(2013-河南)(R1.0.31.6)
定额规则：
河南省房屋建筑与装饰工程预算定额计算规则(2016)(R1.0.31.6)
清单定额库
清单库：
工程量清单项目计量规范(2013-河南)
定额库：
河南省房屋建筑与装饰工程预算定额(2016)
钢筋规则
平法规则：
16系平法规则
汇总方式：
按照钢筋图示尺寸-即外皮汇总
《钢筋汇总方式详细说明》
《计算规则选择注意事项》
创建工程
取消

图 2-4　新建工程——工程名称

确认信息填写无误，单击【创建工程】，进入工程设置界面。单击左侧【工程信息】，并根据项目情况填写工程信息，如图 2-5 所示。

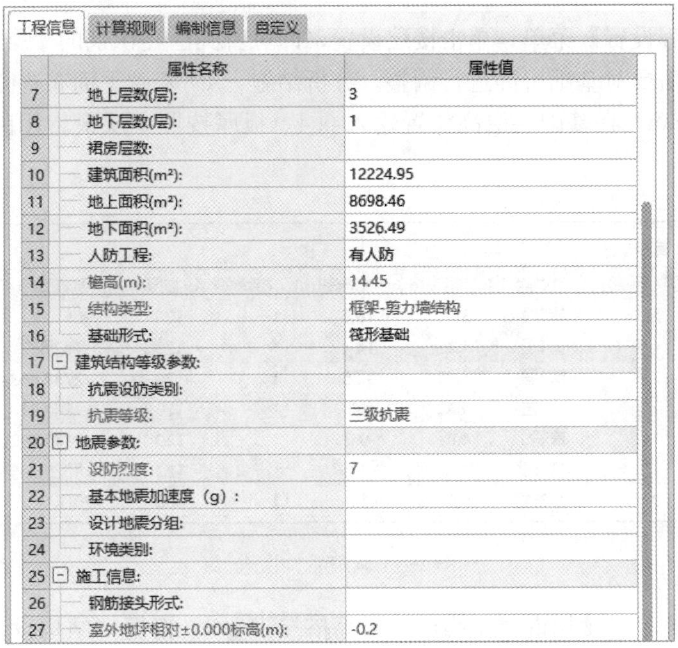
工程信息
计算规则
编制信息
自定义
属性名称
属性值
7 地上层数(层): 3
8 地下层数(层): 1
9 裙房层数:
10 建筑面积(m²): 12224.95
11 地上面积(m²): 8698.46
12 地下面积(m²): 3526.49
13 人防工程: 有人防
14 檐高(m): 14.45
15 结构类型: 框架-剪力墙结构
16 基础形式: 筏形基础
17 建筑结构等级参数:
18 抗震设防类别:
19 抗震等级: 三级抗震
20 地震参数:
21 设防烈度: 7
22 基本地震加速度（g）:
23 设计地震分组:
24 环境类别:
25 施工信息:
26 钢筋接头形式:
27 室外地坪相对±0.000标高(m): -0.2

图 2-5　工程信息

注：建筑物的檐高以设计室外地坪至檐口滴水高度（平屋顶指屋面板底高度）。

图 2-6　添加图纸

2）楼层识别

打开【图纸管理】页签，单击【添加图纸】，添加建筑图和结构图，如图 2-6 所示，通过双击图纸名称进行图纸切换。

切换至【建模】菜单，单击【识别楼层表】功能，然后用鼠标拉框选中图纸中的楼层表，单击右键确定，弹出识别楼层对话框，如图 2-7 所示。由于楼层表中汉字不能被识别，需要将"－1 层"底标高改为数字－4.9，删除最下面一行文字行，然后，单击【识别】按钮，通过 CAD 识别将楼层表导入软件中。

编码 ▼	底标高 ▼	层高 ▼	
屋面2	18.600		
屋面1	14.400	4.20	
3	9.550	4.85	
2	4.750	4.80	
1	-0.050	4.80	
-1	基 顶	4.85	
层号	标高H0(m)	层高(m)	

图 2-7　识别楼层

切换至【工程设置】菜单，单击楼层设置，即可看到已经识别的楼层。由于基础层的层高为默认值，需要对基础层高进行调整。分析结施－3"基础平面布置图"，基础层筏板基础厚度为 400mm，在基础层层高位置输入 0.4，板厚按照本层最常用的筏板厚度 400，如图 2-8 所示。

首层	编码	楼层名称	层高(m)	底标高(m)	相同层数	板厚(mm)	建筑面积(m2)
☐	5	第5层	3	18.6	1	120	(0)
☐	4	第4层	4.2	14.4	1	120	(473.652)
☐	3	第3层	4.85	9.55	1	120	(2738.463)
☐	2	第2层	4.8	4.75	1	120	(2744.317)
☑	1	首层	4.8	-0.05	1	120	(2770.793)
☐	-1	第-1层	4.85	-4.9	1	120	(3525.508)
☐	0	基础层	0.4	-5.3	1	400	(0)

图 2-8　调整后楼层表

楼层信息下方是"楼层混凝土强度和锚固搭接设置"，根据"结构设计总说明"调整首层混凝土强度和钢筋保护层厚度，如图 2-9 所示。调整后，可以通过【复制到其他楼层】按钮快速地将调整后构件属性复制到其他楼层。调整完毕后，关闭"楼层设置"对话框。

楼层混凝土强度和锚固搭接设置（某高校2号食堂 首层 -0.05～4.75 m）

| 抗震等级 | 混凝土强度等级 | 混凝土类型 | 砂浆标号 | 砂浆类型 | 锚固 | | | | | | | 搭接 | | | | | | 保护层厚度(mm) | 备注 |
					HPB235(A)	HRB335(B)	HRB400(C)	HRB500(E)	冷轧带肋	冷轧扭	HPB235(A)	HRB335(B)	HRB400(C)	HRB500(E)	冷轧带肋	冷轧扭		
垫层	(非抗震)	C15		M2.5	混合砂浆	(39)	(38/42)	(40/44)	(48/53)	(45)	(45)	(55)	(53/59)	(56/62)	(67/74)	(63)	(63)	(25)	垫层
基础	(非抗震)	C35	现浇碎石混…	M2.5	混合砂浆	(28)	(27/30)	(35/39)	(39/48)	(35)	(35)	(39)	(38/42)	(35/60)	(49/58)	(49)	(49)	50	包含所有的基础…
基础梁 / 承台梁	(一级抗震)	C35	现浇碎石混…			(32)	(31/35)	(37/40)	(45/49)	(41)	(35)	(41)	(43/49)	(52/56)	(63/69)	(57)	(57)	50	包含基础主梁、…
柱	(一级抗震)	C30	现浇碎石混…			(35)	(33/37)	(40/45)	(54/54)	(35)	(35)	(40)	(46/52)	(56/63)	(69/76)	(49)	(49)	(20)	包含框架柱、转…
剪力墙	(一级抗震)	C30	现浇碎石混…			(35)	(33/37)	(40/45)	(54/54)	(35)	(35)	(35)	(40/44)	(48/54)	(59/60)	(49)	(49)	(15)	剪力墙、预制墙…
人防门框墙	(一级抗震)	C30	现浇碎石混…			(35)	(33/37)	(40/45)	(54/54)	(35)	(35)	(49)	(46/52)	(56/63)	(69/76)	(57)	(49)	(15)	人防门框墙
暗柱	(一级抗震)	C30	现浇碎石混…			(35)	(33/37)	(40/45)	(54/54)	(35)	(35)	(49)	(46/52)	(56/63)	(69/76)	(57)	(57)	15	暗柱
端柱	(一级抗震)	C30	现浇碎石混…			(35)	(33/37)	(40/45)	(54/54)	(35)	(35)	(49)	(46/52)	(56/63)	(69/76)	(57)	(57)	15	端柱
框架梁	(一级抗震)	C30	现浇碎石混…			(35)	(33/37)	(40/45)	(54/54)	(41)	(35)	(49)	(46/52)	(56/63)	(69/76)	(57)	(57)	(20)	包含楼层框架梁…
非框架梁	(非抗震)	C30	现浇碎石混…			(35)	(35/39)	(35/39)	(43/47)	(45)	(35)	(49)	(41/45)	(49/55)	(60/66)	(49)	(49)	(20)	包含非框架梁、…
现浇板	(非抗震)	C30	现浇碎石混…			(30)	(29/32)	(35/39)	(43/47)	(45)	(35)	(42)	(41/45)	(49/55)	(60/66)	(49)	(49)	(15)	包含现浇板、螺…
楼梯	(非抗震)	C30	现浇碎石混…			(30)	(29/32)	(35/39)	(43/47)	(45)	(35)	(42)	(41/45)	(49/55)	(60/66)	(49)	(49)	15	包含楼梯、直形…
构造柱	(一级抗震)	C25	现浇碎石混…			(39)	(38/41)	(46/51)	(55/61)	(46)	(40)	(55)	(53/57)	(64/71)	(77/85)	(64)	(64)	20	构造柱
圈梁/过梁设置	(一级抗震)	C25	现浇碎石混…			(39)	(38/41)	(46/51)	(55/61)	(46)	(40)	(55)	(53/57)	(64/71)	(77/85)	(64)	(64)	20	包含圈梁、过梁…
砌体结构	(非抗震)	C25	现浇碎石混…	M2.5	混合砂浆	(34)	(33/36)	(40/44)	(48/53)	(46)	(40)	(48)	(46/50)	(56/62)	(67/74)	(56)	(56)	(15)	包含砌体柱、砌…
其它	(非抗震)	C20	现浇碎石混…	M2.5	混合砂浆	(39)	(38/42)	(40/44)	(48/53)	(45)	(45)	(55)	(53/59)	(56/62)	(67/74)	(63)	(63)	(25)	包含其它
叠合板(预制底板)	(非抗震)	C20	预制碎石混…			(39)	(38/42)	(40/44)	(48/53)	(45)	(45)	(55)	(53/59)	(56/62)	(67/74)	(63)	(63)	(25)	包含叠合板(预…

基本锚固设置　复制到其他楼层　恢复默认值(D)　导入钢筋设置　导出钢筋设置

图 2-9　构件混凝土强度和保护层厚度列表

注：如楼层钢筋保护层厚度或混凝土强度等级与首层不同，可以单独在该层进行调整。

3）轴网识别

首先分析哪张图纸是最完整的，在多张图纸均可使用时，通常按照首层建筑平面图进行设置，由于本套图纸中一层平面图有两个轴网，因此选择轴网相对简洁、全面的柱平面布置图纸进行识别。

切换至【图纸管理】页签，双击"某高校 2 号食堂结构图"，单击【分割】按钮右侧下拉符号 分割 ，可以选择自动分割或手动分割。自动分割可以根据图框，对图纸上所有的图框进行自动分割；手动分割可以分割个别图纸。

通过"手动分割"分割"柱平面布置图"，具体步骤为：选择【手动分割】，左键框选"柱平面布置图"所在图框，框选范围无误后，右键确定，弹出"手动分割"对话框，核对分割图纸名称无误，单击【确定】按钮，即完成"柱平面布置图"分割，"对应楼层"可以暂不选择，如图 2-10 所示。

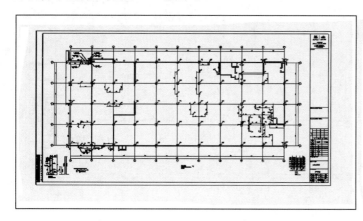

图 2-10　手动图纸分割——柱平面布置图

双击"柱平面布置图"，进行图纸切换。单击【建模】菜单，左侧导航栏选择【轴线】-【轴网】→单击"识别轴网"按钮，弹出提取轴线选项框。首先，提取轴线（图 2-11）：按

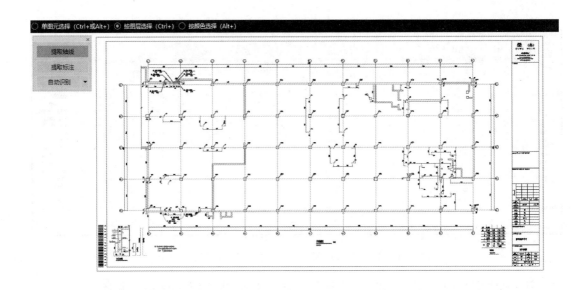

图 2-11　提取轴线

照默认"按图层选择"提取轴线→单击【提取轴线】→鼠标左键单击选择绘图区域轴网→单击右键确认提取，红色轴线消失，成功提取轴线；其次，提取标注（图 2-12）：单击【提取标注】→左键点选轴网尺寸标注和轴号→单击右键确认提取，轴网尺寸标注和轴号消失，提取成功；最后，自动识别：单击【自动识别】，软件自动识别轴网（图 2-13），绘图区域出现识别后的轴网。

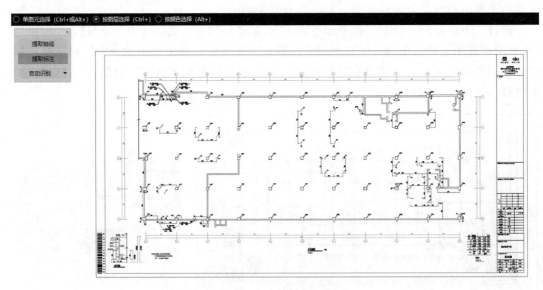

图 2-12　提取标注

（4）任务总结

对于软件操作，应及时进行复核，如出现和图纸内容不同，需要及时修改。

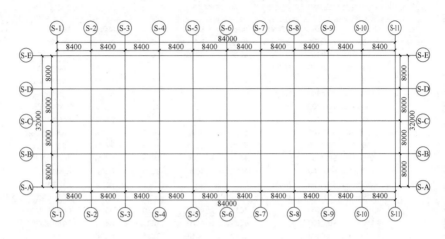

图 2-13　识别轴网

2. 首层工程量计算

（1）任务说明

用识别或者绘制的方法完成首层框架柱、框架梁、板、砌体构件的定义和绘制。

（2）任务分析

1）首层框架柱识别：通过图纸"柱表"识别柱构件；通过图纸"柱平面布置图"识别柱。

2）首层梁识别：通过图纸"二层梁平法施工图"识别梁。

3）首层板：通过图纸"二层板配筋图"定义并绘制板和受力筋，识别板负筋和跨板受力筋。

4）砌体构件识别和绘制：砌体构件需要绘制的有砌体墙、门窗洞口、过梁、水平系梁、止水带、构造柱、抱框柱等，绘制过程中需要结合图纸"结构设计说明"和"食堂一层平面图"。

5）楼梯的定义和绘制：定义和绘制过程中需要结合楼梯详图和"食堂一层平面图"。

6）其他构件的定义和绘制：首层有台阶、散水、建筑面积等，绘制过程中需要结合"食堂一层平面图"。

（3）任务实施

1）柱识别

① 框架柱定义

通过【手动分割】分割图纸"柱表"，导航栏单击"柱"，展开柱类构件，单击【柱（Z）】，进入柱构件编辑页面。选择工具栏快捷键【识别柱表】，左键拉框选中左侧柱表，右键确认，弹出"识别柱表"对话框，将节点区箍筋提取至相应列，删除多余的行和列，核实对话框柱表与图纸柱表是否有差异，复核无误，单击对话框"识别"按钮，识别柱构件；同样的方法识别右侧框架柱。如图 2-14 所示。

识别柱表

🔄 撤消　🔁 恢复　🔍 查找替换　📋 删除行　📋 删除列　📋 插入行　📋 插入列　📋 复制行

柱号 ▾	标高 ▾	b*h(圆柱	全部纵筋	角筋 ▾	b边一… ▾	h边一… ▾	肢数	箍筋 ▾	节点区… ▾
柱 号	标 高	bxh(圆柱…	全部纵筋	角 筋	b边一侧中…	h边一侧中…	箍 筋 类…	箍 筋	备 注
KZ6	-4.900~-…	700*800		4C28	3C28	3C25	1(5*5)	C10@100	
	-0.050~4…	700*800	16C25				1(5*5)	C8@100/200	
	4.750~9…	700*800		4C22	3C20	3C22	1(5*5)	C8@100/200	
	9.550~14…	700*800	16C20				1(5*5)	C8@100/200	
	14.400~1…	700*700		4C20	3C18	3C18	1(5*5)	C8@100/200	
KZ7	-4.900~-…	900*700	20C25				1(6*5)	C10@100/150	
	-0.050~4…	900*700		4C25	4C22	4C25	1(6*5)	C8@100/200	C10@100
	4.750~9…	900*700		4C25	3C20	3C20	1(6*5)	C8@100/200	
	9.550~14…	900*700		4C25	4C20	6C20	1(6*5)	C8@100/200	
	14.400~1…	900*700		4C22	4C20	3C20	1(6*5)	C8@100	
KZ8	-4.900~-…	900*700	28C25				1(6*5)	C12@100	
	-0.050~4…	900*700	24C25				1(6*5)	C8@100/150	C10@100
	4.750~9…	900*700		4C25	4C25	3C20	1(6*5)	C8@100/200	
	9.550~14…	900*700		4C25	4C20	3C20	1(6*5)	C8@100/200	
	14.400~1…	600*600		4C18	2C18	2C16	1(4*4)	C8@100	

提示:请在第一行的空白行中单击鼠标从下拉框中选择对应列关系

识别　　取消

图 2-14　识别柱表

注：根据图纸提示，柱箍筋中Φ8@100/200（Φ10@100）括号内箍筋为节点域箍筋，识别时，需要从柱箍筋中提取至单独一列，列标题通过下拉选择为"节点区箍筋"。

② 框架柱绘制

在【图纸管理】页签下双击图纸"柱平面布置图"，将图纸切换至"柱平面布置图"。首先观察图纸轴线与模型轴线是否对齐，若没有对齐，需要通过【图纸管理】页签下【定位】功能，通过移动图纸，使图纸轴线与模型轴线对齐。

单击工具栏【识别柱】按钮，依次通过左键选择，右键确认进行【提取边线】→【提取标注】的操作，再通过【点选识别】后面下拉选择【自动识别】，然后单击确认，出现"校核柱图元"对话框。由于负一层部分柱子尺寸比首层柱子尺寸大，出现图元与边线不符的情况，核实柱子尺寸和位置无误后，无需修改；通过"双击"问题定位两个未标示反建柱构件，通过与建筑平面图对比，两个柱子为负一层柱子，需要删除两个反建柱子图元。操作步骤为：【选择】→【批量选择】，选中这两个柱子，然后单击【删除】按钮，删除多余的两个柱子。如图2-15、图2-16所示。

注：提取边线和图元过程中需要缩放图纸进行检查，将图中柱子的边线和标注全部提取，否则，将出现"未使用的标识""未使用的边线"或者没有绘制到的柱子等问题；若出现未识别的柱子，可以重新操作【提取边线】→【提取标注】→【自动识别】进行识别，也可以通过"点"布置框架柱。

2）梁识别

① 梁识别准备

分割图纸"二层梁平法施工图"，并将绘图区域图纸切换为"二层梁平法施工图"，通过【定位】功能将图纸轴线和模型轴线对齐。导航栏单击"梁"，展开梁类构件，单击【梁（L）】，切换至梁绘图界面。

梁板楼层的确定

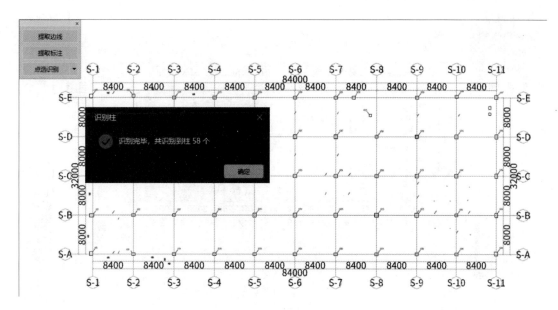

图 2-15　识别柱

图 2-16　校核柱图元

② 识别梁（图 2-17）

单击工具栏【识别梁】弹出识别梁的绘图工具栏，单击【提取边线】，默认按照图层选择，左键选择梁边线，右键确认，梁边线消失，成功提取，并存放在"已提取的 CAD 图层"中；单击【自动提取标注】，默认按照图层选择，左键选择梁集中标注和原位标注，右键确认，梁标注消失；单击【点选识别梁】后下拉选项，选择【自动识别梁】，弹出"识别梁选项"对话框，复核梁信息，确认无误后，单击【继续】，弹出"校核梁图元"对话框，双击梁图元中问题，可以定位至问题图元，如图 2-18 所示。

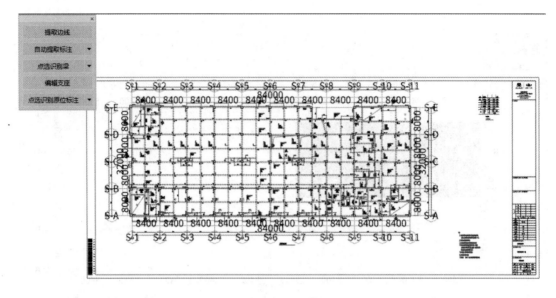

图 2-17　识别梁

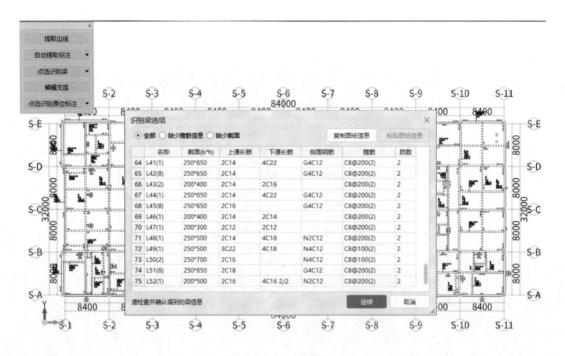

图 2-18　自动识别梁

　　校核梁图元(图 2-19)：对比图纸，发现 L39（15）模型比图纸多三跨，需要删除 L39 模型中多余支座。单击绘图工具栏"编辑支座"按钮，然后，单击多余支座处的黄色三角符号 ▬◣◢▬，符号消失，该支座即被删除。调整完成后，单击"校核梁图元"对话框中【刷新】按钮，修改完成的问题即会消失。用同样方法，双击其他问题图元，定位后，对梁进行编辑和修改，完成所有梁的绘制。

③ 识别梁原位标注

单击绘图工具栏【点选识别原位标注】后下拉三角，单击【自动识别原位标注】，软件自动识别原位标注后，弹出"校核原位标注"对话框（图 2-20）。双击有问题的原位标注，进行原位标注定位，可以通过【点选识别原位标注】或者"梁平法表格"两种方法进行调整。

方法一：单击识别梁工具栏中【点选识别原位标注】（图 2-21），状态栏下方提示"左键选择梁图元"→单击原位标注所属梁图元→单击左键选择图纸原位标注→单击右键确认。若成功识别，选中梁，即可看到识别后梁的原位标注呈白色显示，用同样的方法，点选识别未被识别的其他梁原位标注。

图 2-20　校核原位标注

图 2-19　校核梁图元

图 2-21　点选识别原位标注

方法二：单击原位标注 占▾，下拉选项→选择【梁平法表格】→单击未识别原位标注所在梁，将未识别标注输入对应跨的相应位置，如图 2-22 所示。

图 2-22　梁平法表格原位标注

注：尚未识别原位标注的梁为粉色显示，识别后为绿色显示；仅有进行原位标注后的梁，软件才能计算梁钢筋工程量。

④ 识别次梁加筋和吊筋（图 2-23）

单击【识别吊筋】 ⚓ 按钮，弹出"识别吊筋"工具栏→单击【提取钢筋和标注】，默认按照图层选择→单击次梁加筋符号、吊筋符号和吊筋标注→单击右键确认，识别的提取钢筋和标注消失，说明钢筋和标注已经提取。

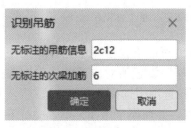

图 2-23　识别次梁加筋和吊筋

单击【点选识别】后下拉选项→单击【自动识别】，根据图纸，输入吊筋和次梁加筋信息，单击【确定】，成功识别的 CAD 图中的钢筋线自动变为蓝色显示，未识别的钢筋保持原来颜色，可以通过【点选识别】或者"梁平法表格"进行调整，调整方法同梁原位标注。

注：图纸中若已绘制吊筋和次梁加筋标注，可以通过以上操作进行识别；若未绘制，可以通过【生成吊筋】或者"梁平法表格"进行调整。

3）板识别

① 板中钢筋设置

A. 板分布筋设置

根据图纸"结构设计说明二"，板中分布筋根据不同板厚进行设置，如图 2-24 所示。

板厚(mm)	≤90	100	110	120	130	140~150
分布钢筋	Φ6@200	Φ6@180	Φ6@170	Φ6@150	Φ8@250	Φ8@220

图 2-24　图纸中板分布筋

单击菜单栏【工程设置】，单击钢筋设置中的【计算设置】按钮，在计算规则页签下选择【板/坡道】，在"公共设置项"下单击"分布钢筋配置"后设置值下对应列的位置，单击表格后的选择框 ，弹出"分布钢筋配置"对话框（图 2-25），选择"同一板厚的分布筋相同"，通过单击【添加】按钮增加行，根据图纸中分布筋设置将不同板厚钢筋值输入对话框中。设置完成后，单击【确定】按钮，结束当前设置。

B. 板筋支座长度标注位置设置

根据图纸"结构设计说明二"中板上部钢筋伸出长度标注示意（图 2-26）设置板上部钢筋支座，标注长度、位置。

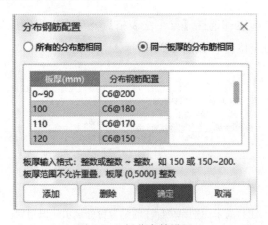

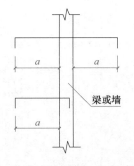

图 2-25　板分布筋设置　　　　图 2-26　板上部钢筋标注示意

在"受力筋"下，"跨板受力筋标注长度位置"设置值对应下拉选项中选择"支座外边线"；在"负筋"下，"板中间支座负筋标注是否含支座"设置值对应下拉选项中选择"否"，"单边标注支座负筋标注长度位置"设置值对应下拉选项中选择"支座内边线"，完成板筋支座长度标注位置设置。关闭"计算设置"对话框，并切换至建模菜单，进行下一步操作，如图 2-27 所示。

图 2-27　板上部支座负筋标注位置设置

② 板绘制

根据前面讲述方法将绘图区域图纸调整为"二层板配筋图"，并进行 CAD 图纸定位。在绘制板之前，需要判断有梁板和平板。打开"导航栏"【梁】，选择【梁（L）】，在梁界面下单击【选择】→【批量选择】，选中首层"非框架梁"，在【属性列表】页签下单击"显示样式"前方"＋"，在"填充颜色"属性中调整非框架梁颜色，如图 2-28 所示。

注：有非框架梁支撑的为有梁板，仅有框架梁支撑的为平板。

打开"导航栏"【板】，选择【现浇板（B）】，在【构件列表】中单击"新建"→"新建现浇板"，根据图纸修改板的名称、板厚、类别、混凝土强度等级、顶标高和马凳筋等属性，完成板的定义，如图 2-29 所示。

注：板需要根据有梁板/平板板厚、板顶标高、板混凝土强度进行命名，为方便后期计取构件工程量，此处，有梁板和平板仅仅在名称上进行区分，"类别"对应属性均选择"平板"；混凝土强度等级水电井板为 C35，并在板名称中体现，其他混凝土强度等级均为默认 C30；顶标高根据图纸调整，并在板名称中体现；马凳筋可以根据常规做法进行设置，本工程仅举例说明：马凳筋选

图 2-28　非框架梁颜色调整

图 2-29 板构件及部分构件属性

择比受力筋低一个等级的Φ8，间距为1200mm；选择Ⅱ型马凳筋，$L1=1500$mm，$L2=$板厚－两个保护层厚度$-2\times d$，$L3=250$mm。

板绘制：根据图纸，选择"点" ➕ 对封闭区域的板进行布置；选择"矩形"▢ 对角线拉框布置非封闭区域板，完成板的绘制。

注：对封闭区域"点"布置板过程中，若出现"非封闭区域"提示，需要对板支座——框架梁进行检查，有未封闭情况需要通过延伸梁等操作进行修改，将区域封闭，再进行点布。

板受力筋识别和绘制：观察图纸发现，图纸中标注部分板受力筋，部分未进行标注；标注的钢筋可以通过识别板筋进行识别，未标注板筋需要进行绘制。

首先，识别板中标注受力筋：单击工具栏【识别受力筋】按钮，弹出【识别受力筋】工具栏→单击【提取板筋线】，默认"按图层选择"→单击图纸中板受力筋→右键确定，板受力筋消失，提取至"已提取的CAD图层"→单击【提取板筋标注】，默认"按图层选择"→单击图纸中板受力筋标注，单击右键确定，板受力筋标注消失，提取至"已提取的CAD图层"；单击【点选识别受力筋】后下拉按钮，选择【自动识别板筋】，弹出"识别板筋选项"对话框（图2-30），此次识别的为已标注的受力筋，因此，对话框中无标准钢筋信息不必填写→单击【确定】按钮，弹出"自动识别板筋"对话框（图2-31），由于此次仅识别受力筋，需要将识别出来跨板受力筋钢筋信息删除→单击【确定】按钮，识别图中绘制的受力筋→再次单击【识别受力筋】退出当前操作。

图 2-30 识别板筋选项——板受力筋 　　　　图 2-31 自动识别板筋

其次，手动绘制板中未注明受力筋。在导航栏选择【板受力筋（S）】，在构件列表"新建板底部受力筋"Φ8@200，如图 2-32 所示。单击【布置受力筋】按钮，选择布筋范围为"单板"，布筋方向为"XY 方向"，弹出"智能布置"对话框，选择"双向布置"，在"底筋"中选择"C8@200"，如图 2-33 所示，单击未布置受力筋的板，即布置底部双向Φ8@200 的底筋。

图 2-32 板受力筋属性

图 2-33 布置受力筋——XY 方向

③ 板负筋、跨板受力筋识别和绘制

导航栏单击【板负筋（F）】→单击工具栏【识别负筋】按钮，弹出"识别负筋"工具栏→单击【提取板筋线】，默认"按图层选择"→单击 CAD 图纸中板负筋和跨板受力筋→单击右键确定，板负筋和跨板受力筋消失，提取至"已提取的 CAD 图层"；单击【提取板筋标注】，默认"按图层选择"→单击 CAD 图纸中板负筋、跨板受力筋钢筋信息和支座标注长度信息→单击右键确定，板负筋和跨板受力筋标注消失，提取至"已提取的 CAD 图层"；单击【点选识别负筋】后下拉按钮→选择【自动识别板筋】，弹出"识别板筋选项"对话框，根据图纸信息，未标注板顶部筋为Φ8@200，将其填入"识别板筋选项"对话框相应位置，如图 2-34 所示，确认钢筋信息无误后，单击【确定】按钮，弹出"自动识别板筋"对话框，确认无误后，单击【确定】按钮。如识别钢筋出现需要校核信息，会弹出"校核板筋图元"界面，如图 2-35 所示，双击对话框中需要校核钢筋图元可以对该图元进行定位，对于识别过程中的不同问题分别进行处理。

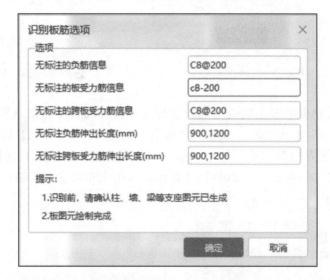

图 2-34　识别板筋选项——板负筋和跨板受力筋

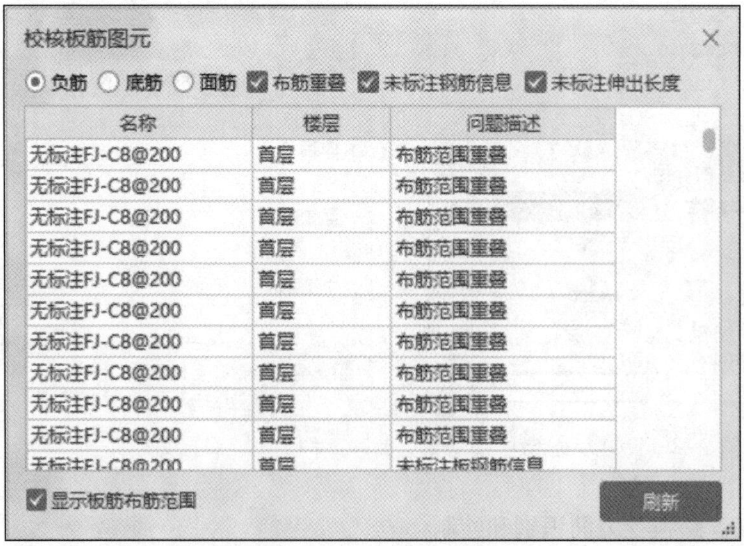

图 2-35　校核板筋图元——板负筋和跨板受力筋

　　第一类问题："布筋范围重叠"。在"负筋"界面下，双击需要校核的负筋图元，进行定位如图 2-36 所示，该图元与右侧跨板受力筋布置重叠。在板负筋被选中状态下→单击板负筋右侧端部绿色小方框向左水平移动至下部洞口与板分界线上单击定位如图 2-36 所示，完成板筋范围调整，单击"校核板筋图元"【刷新】按钮，该图元信息消失。跨板受力筋重叠问题：单击"校核板筋图元"对话框上方选项中的"面筋"切换至面筋校核界面，同样，双击定位需要校核的面筋图元，如图 2-37 所示，该图元与下部跨板受力筋布置范围重叠，单击该图元布置范围框下面中间绿色小方框，拖动至右侧梁中心线上，并向右移动，寻找该梁中心线与竖向梁中心线交点作为捕捉点，并单击定位，完成调整该图元布置范围，同样方法调整该图元下部跨板受力筋，完成调整后，单击"校核板筋图元"界面【刷新】按钮，该图元信息即会消失，其他布筋范围重叠问题用同样方法进行调整。

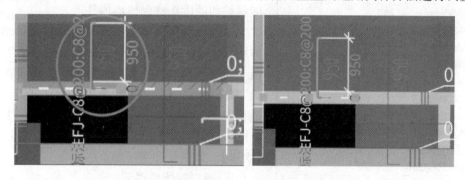

图 2-36　布筋范围重叠——修改前后（板负筋）

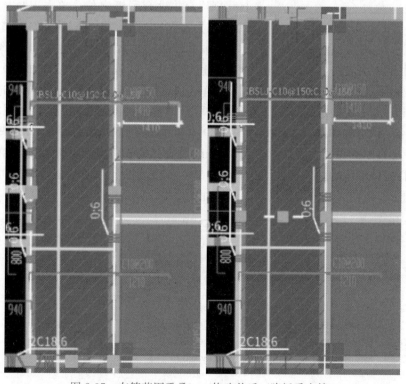

图 2-37　布筋范围重叠——修改前后（跨板受力筋）

注："布筋范围重叠"问题关键是找到与布筋重叠钢筋图元的分界线，并将其布筋范围调整至分界线处。

第二类问题："未标注板钢筋信息"。由于图纸中已经明确注明，未标注钢筋信息，该问题无需调整。

如出现其他问题可以结合图纸信息，进行相应处理。

4）砌体构件识别和绘制

① 砌体墙识别和绘制

A. 新建砌体墙构件

根据图纸"结构设计总说明一"和"食堂一层平面图"确定墙体材料和墙体厚度，并根据不同材料和厚度新建砌体墙构件。

单击导航栏【墙】展开墙类构件，单击【砌体墙（Q）】，在【构件列表】下的"新建"→单击"新建外墙"，在【属性列表】里将名称修改为"QTQ-250【外墙】"，厚度改为"250"，砌体通长筋输入"3Φ6@600"，同样的方法新建QTQ-300【外墙】、QTQ-200【内墙】、QTQ-100【内墙】，如图2-38所示。

	属性名称	属性值	附加
1	名称	QTQ-250【外墙】	☐
2	类别	砌体墙	☐
3	结构类别	砌体墙	☐
4	厚度(mm)	250	☐
5	轴线距左墙皮...	(125)	☐
6	砌体通长筋	3Φ6@600	☐
7	横向短筋		☐
8	材质	普通砖	☐
9	砂浆类型	(混合砂浆)	☐
10	砂浆标号	(M2.5)	☐
11	内/外墙标志	(外墙)	☐
12	起点顶标高(m)	层顶标高	☐
13	终点顶标高(m)	层顶标高	☐
14	起点底标高(m)	层底标高	☐
15	终点底标高(m)	层底标高	☐
16	备注		☐

图2-38 砌体墙属性

B. 识别砌体墙图元

将绘图区域CAD图纸切换为"食堂一层平面图"，并进行图纸定位。单击工具栏【识别砌体墙】按钮，弹出"识别砌体墙"工具栏→单击【提取砌体墙边线】，默认"按图层选择"→单击CAD图纸中砌体墙边线，右键确定，砌体墙边线消失，提取至"已提取的CAD图层"；图中无砌体墙标识，跳过【提取墙标识】操作；单击【提取门窗线】，默认"按图层选择"→单击图纸中门窗线，右键确定，门窗线消失，提取至"已提取的CAD图层"；单击【识别砌体墙】，弹出"识别砌体墙"对话框（图2-39），可以通过双击砌体墙名称对识别砌体墙进行定位，通过图纸对比发现，图中无500mm厚砌体墙，将其所在列删除，单击【自动识别】，进行砌体墙识别。如存在问题，会弹出"校核墙图元"对话框，双击对话框中问题，对问题进行定位、调整。识别后砌体墙如图2-40所示。

	名称	类型	厚度	材质	通长筋	横向短筋	构件来源	识别
1	QTQ-1...	砌体墙	100	普通砖	2A6@600		构件列表	☑
2	QTQ-2...	砌体墙	200	普通砖	2A6@600		构件列表	☑
3	QTQ-2...	砌体墙	250	普通砖	3A6@600		构件列表	☑
4	QTQ-3...	砌体墙	300	普通砖	3A6@600		构件列表	☑

图2-39 "识别砌体墙"对话框

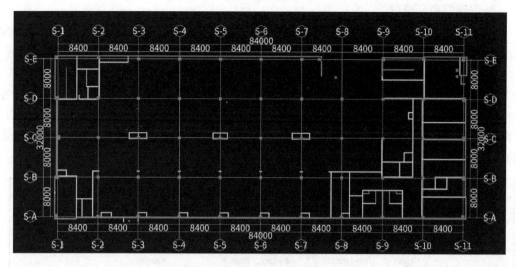

图 2-40　识别后砌体墙

对比图纸"食堂一层平面图"，会存在需要调整的问题，需要对墙体进行再次调整。

缺失墙体绘制：以 S-7～S-9/S-D～S-E 轴线处缺失墙体为例，单击构件列表"砌体墙"下"QTQ-250【外墙】"→单击工具栏直线绘制按钮 ，捕捉并单击确定直线绘制起点，可以通过 F4 切换插入点，调整绘制墙体边线与图纸门联窗边线重合→拖动光标到 S-9 轴，捕捉垂足，单击确定→单击右键结束当前操作。其他缺失墙体可以运用相同的方法进行绘制。

延伸墙体：墙体已经绘制，但是未封闭，这时应将墙体延伸，使其相交。单击【选择】按钮，在键盘上按 Z 键，隐藏已经绘制柱子，即可观察到墙体是否封闭，以左下角墙体为例，单击"修改"工具中的【延伸】按钮→单击 S-A 轴线上的外墙中心线（墙中心线变粗）→单击 S-1 轴线上的外墙→单击鼠标右键结束当前操作，用同样方法延伸其他墙体，所有墙体延伸完毕后，单击鼠标右键退出当前命令，如图 2-41 所示。

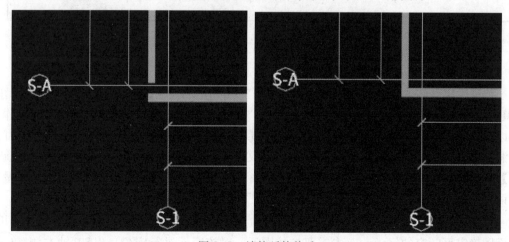

图 2-41　墙体延伸前后

② 识别门窗、墙洞

根据图纸“门窗表、门窗详图”和“食堂一层平面图”确定门窗洞口尺寸和位置，定义门窗、墙洞构件，绘制门窗、墙洞图元。

A. 识别门窗表

打开【门窗洞】构件→单击【门（M）】→单击工具栏【识别门窗表】按钮，单击左键框选一层门窗表，单击右键确定，弹出“识别门窗表”对话框(图 2-42)，确定标题行名称、宽度 * 高度、类型无误后，单击【识别】按钮，弹出“识别门窗表”对话框，单击【确定】按钮，门窗表中门窗构件已经被成功提取。

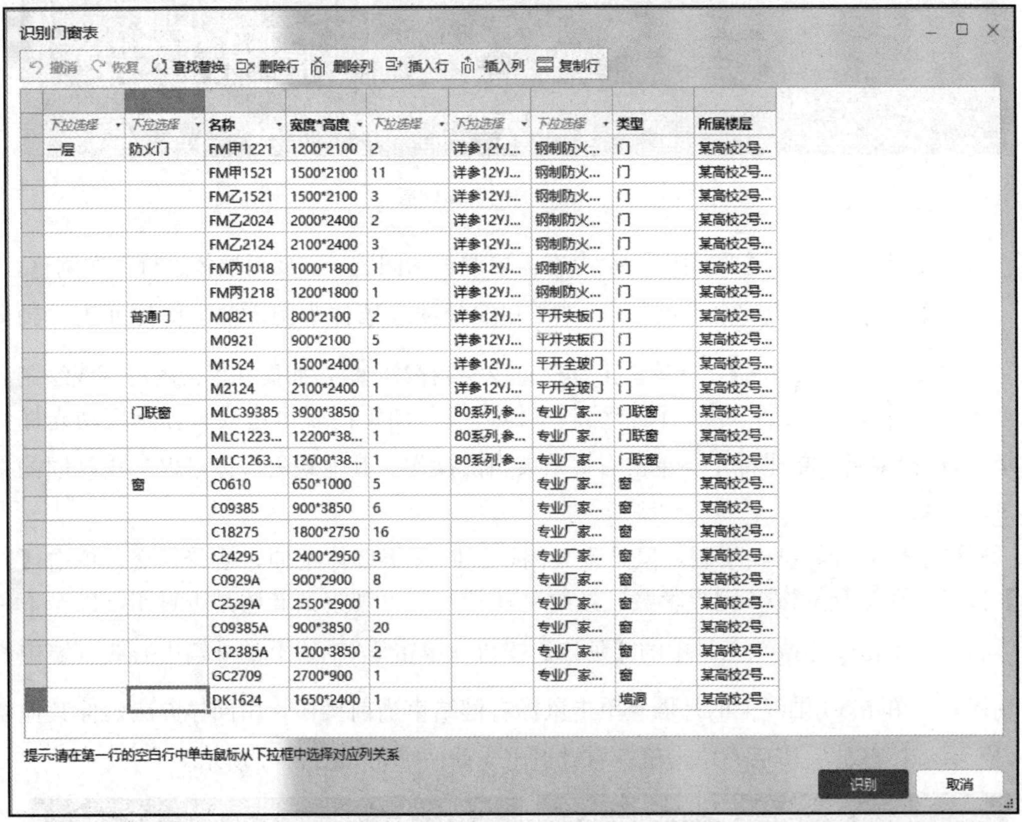
识别门窗表
撤消 恢复 查找替换 删除行 删除列 插入行 插入列 复制行
提示:请在第一行的空白行中单击鼠标从下拉框中选择对应列关系
识别
取消

下拉选择	下拉选择	名称	宽度*高度	下拉选择	下拉选择	下拉选择	类型	所属楼层
一层	防火门	FM甲1221	1200*2100	2	详参12YJ...	钢制防火...	门	某高校2号...
		FM甲1521	1500*2100	11	详参12YJ...	钢制防火...	门	某高校2号...
		FM乙1521	1500*2100	3	详参12YJ...	钢制防火...	门	某高校2号...
		FM乙2024	2000*2400	2	详参12YJ...	钢制防火...	门	某高校2号...
		FM乙2124	2100*2400	3	详参12YJ...	钢制防火...	门	某高校2号...
		FM丙1018	1000*1800	1	详参12YJ...	钢制防火...	门	某高校2号...
		FM丙1218	1200*1800	1	详参12YJ...	钢制防火...	门	某高校2号...
	普通门	M0821	800*2100	2	详参12YJ...	平开夹板门	门	某高校2号...
		M0921	900*2100	5	详参12YJ...	平开夹板门	门	某高校2号...
		M1524	1500*2400	1	详参12YJ...	平开全玻门	门	某高校2号...
		M2124	2100*2400	1	详参12YJ...	平开全玻门	门	某高校2号...
	门联窗	MLC39385	3900*3850	1	80系列,参...	专业厂家...	门联窗	某高校2号...
		MLC1223...	12200*38...	1	80系列,参...	专业厂家...	门联窗	某高校2号...
		MLC1263...	12600*38...	1	80系列,参...	专业厂家...	门联窗	某高校2号...
	窗	C0610	650*1000	5		专业厂家...	窗	某高校2号...
		C09385	900*3850	6		专业厂家...	窗	某高校2号...
		C18275	1800*2750	16		专业厂家...	窗	某高校2号...
		C24295	2400*2950	3		专业厂家...	窗	某高校2号...
		C0929A	900*2900	8		专业厂家...	窗	某高校2号...
		C2529A	2550*2900	1		专业厂家...	窗	某高校2号...
		C09385A	900*3850	20		专业厂家...	窗	某高校2号...
		C12385A	1200*3850	2		专业厂家...	窗	某高校2号...
		GC2709	2700*900	1		专业厂家...	窗	某高校2号...
		DK1624	1650*2400	1			墙洞	某高校2号...

图 2-42 识别门窗表

B. 识别门窗洞

将绘图区域图纸切换为“食堂一层平面图”。单击工具栏【识别门窗洞】按钮，弹出“识别门窗洞”工具栏，由于在“识别砌体墙”操作时，已经进行“提取门窗线”操作，可以跳过该操作；单击【提取门窗洞标识】，默认“按图层选择”→单击 CAD 图纸中门窗洞标识，右键确定，门窗洞标识消失，提取至“已提取的 CAD 图层”；单击【点选识别】后下拉选项，选择【自动识别】，软件进行门窗洞识别，并弹出“门窗洞识别数量”对话框→单击【确定】按钮，弹出“校核门窗”对话框，如图 2-43 所示。

由于门窗表中无百叶窗（BYC）构件，需要结合“食堂一层平面图”和相应位置的立面图确定百叶窗的尺寸。双击需要校核图元，对该图元进行定位，以Ⓢ-11轴右侧、Ⓢ-E

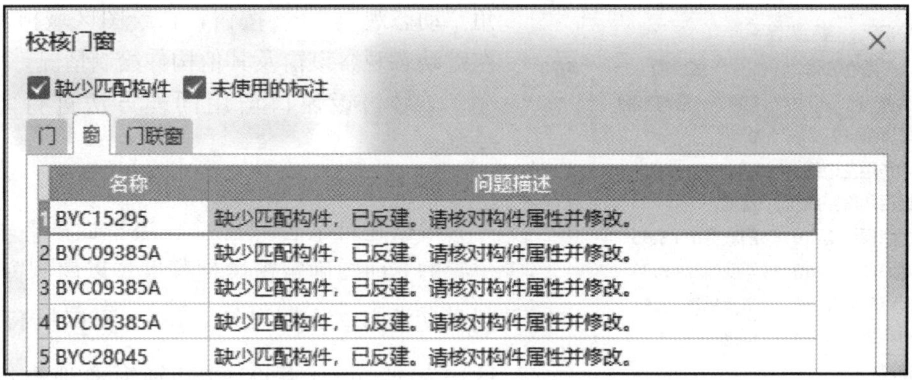

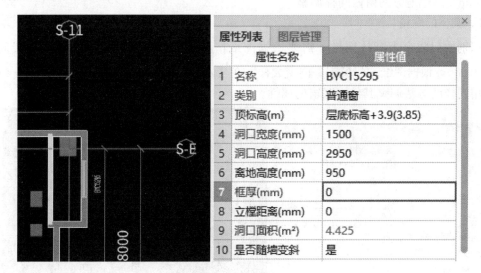

图 2-43　校核门窗

轴下方的 BYC15295 为例，观察平面图和食堂东立面图，确定该窗尺寸为 1500mm×2950mm，离地高度为 950mm，在该窗处于选中状态下，将其属性列表中的尺寸和离地高度做相应修改；双击定位其他百叶窗，用同样的方法进行修改，修改完毕后，关闭"校核百叶窗"对话框，如图 2-44 所示。

图 2-44　校核百叶窗

C. 补绘窗

由于工程中有部分未标注，没有成功识别的窗，需要重新对这部分窗进行定义和绘制。定义：以 (S-B) 轴线北侧 1.2m 处一号售饭窗口为例，观察该窗对应第 23 页图纸详图，窗口高度一致，宽度不同，可以用"带形窗"进行绘制。单击【带形窗（C）】→单击"新建"，选择【新建带形窗】，在【属性列表】修改带形窗名称，并根据图纸第 23 页详图修改窗的起点/终点底标高和顶标高，如图 2-45 所示。

绘制窗：绘图区域图纸保持为"食堂一层平面图"，单击"绘图"区域直线✎工具，捕捉一号售饭窗口窗起点并单击，同样的方法确定终点，右键单击结束当前操作，完成第一个窗口的绘制，用相同方法绘制其他一号售饭窗口窗。绘制完成后，可以单击窗口右上

	属性名称	属性值	附加
1	名称	DXC-一号售饭窗	
2	框厚(mm)	0	
3	轴线距左边线...	(0)	
4	是否随墙变斜	是	
5	起点顶标高(m)	层底标高+3.85	
6	终点顶标高(m)	层底标高+3.85	
7	起点底标高(m)	层底标高+1.1	
8	终点底标高(m)	层底标高+1.1	
9	备注		

图 2-45 一号售饭窗口窗属性列表

角"动态观察" 按钮，在绘图区域拖动鼠标左键动态观察该窗及其他构件绘制情况。

二号售饭窗口窗用同样方法进行定义和绘制。

D. 调整窗离地高度

根据建筑结合"食堂一层平面图"和相应位置的立面图确定窗离地高度。以南侧窗为例，观察食堂南立面图可知：(S-1)~(S-10)轴窗离地高度均为 950mm，(S-10)~(S-11)轴窗离地高度均为 50mm，将窗高度调整为图纸高度，操作过程为：单击【选择】→左键拉框选中Ⓐ轴线上/(S-1)~(S-10)轴线间窗→在【属性列表】将"离地高度"属性值改为"950"，同样的方法，将(S-A)轴线上/(S-10)~(S-11)轴线间窗离地高度调整为 50mm，其他地方的窗做同样调整。

E. 调整门联窗

识别的门联窗为默认属性，需要根据图纸情况，如(S-A)轴线上/(S-10)~(S-11)轴线间的 MLC39385，根据图纸"门窗表、门窗大样"在【属性列表】修改该窗属性，如图 2-46 所示，用同样的方法调整其他门联窗的属性。

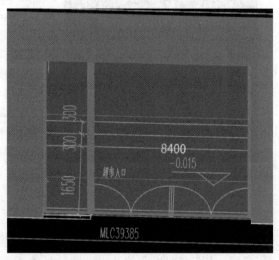

	属性名称	属性值
1	名称	MLC39385
2	洞口宽度(mm)	3900
3	洞口高度(mm)	3850
4	窗宽度(mm)	900
5	门离地高度(mm)	0
6	窗距门相对高...	0
7	窗位置	靠左
8	框厚(mm)	0
9	立樘距离(mm)	0
10	洞口面积(m²)	15.015
11	是否随墙变斜	否

图 2-46 MLC39385 修改后

F. 错位窗格的处理

观察食堂北立面图(S-E)轴线上/(S-9)~(S-10)轴线间同一层有错位窗组成的窗格(图 2-47)，需要对最下层窗 C0610 进行复制，实现立面图窗格效果。单击【选择】→拉框选中五个窗 C0610→单击【复制】→单击最左侧窗左侧中点，鼠标可以拖动 5 个窗，同时单击"Shift＋左键"，弹出偏移对话框（图 2-48），在"X＝"对应值后面输入"825"，"Y＝"

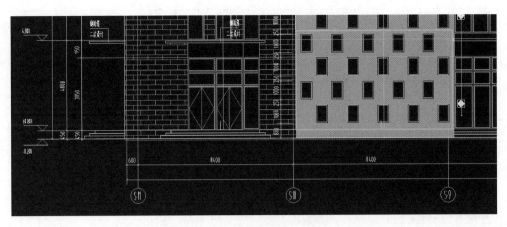

图 2-47　错位窗格立面图

对应值保持默认值"0"，单击【确定】，将原来 5 个窗向右复制 825mm，此时 10 个窗在同一高度，为了方便调整，将原来 5 个窗名字统一改为 C0610-左（5 个窗在选中状态。然后，选中新复制的 5 个窗，名称为 C0610，选中这 5 个窗，将其离地高度调整为1650mm，实现复制第二层窗格；批量选中窗 C0610-左 5 个窗，单击右键选择"复制到其他分层"，在弹出对话框选择"分层 2"，单击【确定】，在绘图区域上方将窗视口切换为"分层 2"，左键拉框选中分层 2 中的 5 个窗 C0610，在【属性列表】中将离地高度调整为2900mm，实现复制第三层窗格，如图 2-49所示。

图 2-48　偏移对话框

图 2-49　复制前后错位窗格

③ 过梁的绘制

结合图纸"结构设计总说明二"和"食堂一层平面图"定义并绘制门窗洞口过梁(图 2-50)。

A. 定义过梁

单击"导航栏"中"门窗洞"展开"门窗洞"类构件，单击【过梁（G）】，在【构件列表】中新建【矩形过梁】，名称修改为"过梁－0～1500"，属性列表中截面高度、钢筋信息根据过梁信息修改，根据首层门窗洞口新建其他过梁，如图 2-51 所示。

L_n(mm)	$L<1500$	$1500<L\leqslant2100$	$2100<L\leqslant2700$	$2700<L\leqslant3300$	$3300<L\leqslant4200$	$4200<L\leqslant6000$
h	150	200	250	300	300	450
1	2Φ12	2Φ14	3Φ12	3Φ12	3Φ14	3Φ16
2	2Φ10	2Φ10	2Φ10	2Φ12	2Φ12	2Φ12
3	Φ6@200	Φ6@150	Φ8@200	Φ8@200	Φ8@150	Φ8@150

图 2-50　过梁信息

	属性名称	属性值	附加
1	名称	过梁-0~1500	
2	截面宽度(mm)		☐
3	截面高度(mm)	150	☐
4	中心线距左墙...	(0)	☐
5	全部纵筋		☐
6	上部纵筋	2Φ10	☐
7	下部纵筋	2Φ12	☐
8	箍筋	Φ6@200	☐
9	肢数	2	☐
10	材质	现浇混凝土	☐
11	混凝土类型	(现浇碎石混凝土)	☐
12	混凝土强度等级	(C25)	☐
13	混凝土外加剂	(无)	☐
14	泵送类型	(混凝土泵)	☐
15	泵送高度(m)		
16	位置	洞口上方	☐
17	顶标高(m)	洞口顶标高加过梁高度	☐
18	起点伸入墙内...	250	☐
19	终点伸入墙内...	250	☐

图 2-51　"过梁-0~1500"信息　　　　图 2-52　智能布置过梁

B. 布置过梁

用"智能布置"过梁（图 2-52）。单击选中【构件列表】里的"过梁－0～1500"→单击【智能布置】→单击【门窗洞口宽度】，在对话框中"洞口宽度"分别输入"0"和"1500"，单击【确定】按钮，这样小于等于 1500mm 门窗洞口上面的过梁就布置上了。其他门窗洞口过梁也相应布置上。

④ 绘制窗台压顶

结合图纸"结构设计总说明二"和"食堂一层平面图"定义并绘制外墙窗台压顶。

A. 定义窗台压顶

单击"导航栏"中"门窗洞"展开"门窗洞"类构件，单击【过梁（G）】，在【构件列表】中新建【矩形过梁】，名称修改为"窗台压顶"，属性列表中"截面高度""顶标高""伸入墙内长度"等根据窗台压顶信息修改，如图 2-53 所示。

B. 布置窗台压顶

"智能布置"窗台压顶：单击选中【构件列表】里的"窗台压顶"→单击【智能布置】→单击【门、窗、门联窗、墙洞、带形窗、带形洞】→单击选择需要布置窗台压顶的外墙窗洞→单击右键确定，布置窗台压顶。

⑤ 绘制构造柱、抱框柱

结合图纸"结构设计总说明二"和"食堂一层平面图"定义并绘制门窗洞口构造柱、墙垛。

A. 定义构造柱、抱框柱

定义构造柱：单击"导航栏"中"柱"展开"柱"类构件，单击【构造柱（Z）】，在【构件列表】中新建【矩形构造柱】，名称修改为"构造柱－200×200"，属性列表中截面信息和钢筋信息根据图纸中构造柱信息进行修改，同样根据墙体厚度新建其他构造柱，如图 2-54 所示。定义抱框柱：在【构件列表】中新建【矩形构造柱】，名称修改为"抱框200×100"，属性列表中截面信息和钢筋信息根据图纸中抱框柱信息进行修改，同样根据墙体厚度新建其他抱框柱，如图 2-55 所示。

	属性列表	图层管理	
	属性名称	属性值	附加
1	名称	窗台压顶	
2	截面宽度(mm)		☐
3	截面高度(mm)	60	☐
4	中心线距左墙…	(0)	☐
5	全部纵筋	2Φ10	☐
6	上部纵筋		☐
7	下部纵筋		☐
8	箍筋	Φ6@300	☐
9	胶数	2	☐
10	材质	现浇混凝土	☐
11	混凝土类型	(现浇碎石混凝土)	☐
12	混凝土强度等级	(C25)	☐
13	混凝土外加剂	(无)	☐
14	泵送类型	(混凝土泵)	☐
15	泵送高度(m)		
16	位置	洞口下方	☐
17	顶标高(m)	洞口底标高	☐
18	起点伸入墙内…	100	☐
19	终点伸入墙内…	100	☐
20	长度(mm)	(200)	☐
21	截面周长(m)	0.12	☐
22	截面面积(m²)	0	☐
23	备注		☐

图 2-53　窗台压顶信息

	属性列表	图层管理	
	属性名称	属性值	附加
1	名称	构造柱-200*200	
2	类别	构造柱	☐
3	截面宽度(B边)…	200	☐
4	截面高度(H边)…	200	☐
5	马牙槎设置	带马牙槎	☐
6	马牙槎宽度(m…	60	☐
7	全部纵筋	4Φ12	☐
8	角筋		☐
9	B边一侧中部筋		☐
10	H边一侧中部筋		☐
11	箍筋	Φ6@200(2*2)	☐
12	箍筋胶数	2*2	
13	材质	现浇混凝土	☐
14	混凝土类型	(现浇碎石混凝土)	☐
15	混凝土强度等级	(C25)	☐
16	混凝土外加剂	(无)	☐
17	泵送类型	(混凝土泵)	☐
18	泵送高度(m)		
19	截面周长(m)	0.8	☐
20	截面面积(m²)	0.04	☐
21	顶标高(m)	层顶标高	☐
22	底标高(m)	层底标高	☐

图 2-54　构造柱信息

注：抱框柱与构造柱不同的是不带马牙槎；顶标高为洞口过梁顶标高；抱框柱中箍筋为单肢"S"形箍，需要在【其他箍筋】中进行编辑。

	属性名称	属性值	附加
1	名称	抱框200*100	
2	类别	构造柱	☐
3	截面宽度(B边)...	200	☐
4	截面高度(H边)...	100	☐
5	马牙槎设置	不带马牙槎	☐
6	全部纵筋	2Φ12	☐
7	角筋		☐
8	B边一侧中部筋		☐
9	H边一侧中部筋		☐
10	箍筋		☐
11	箍筋胶数	2*2	
12	材质	现浇混凝土	☐
13	混凝土类型	(现浇碎石混凝土)	☐
14	混凝土强度等级	(C25)	☐
15	混凝土外加剂	(无)	
16	泵送类型	(混凝土泵)	
17	泵送高度(m)		
18	截面周长(m)	0.6	
19	截面面积(m²)	0.02	
20	顶标高(m)	洞口上方过梁顶标高	
21	底标高(m)	层底标高	
22	备注		☐
23	⊟ 钢筋业务...		
24	— 其它钢筋		
25	— 其它箍筋	482	☐

	属性名称	属性值	附加
1	名称	抱框250*100	
2	类别	构造柱	☐
3	截面宽度(B边)...	250	
4	截面高度(H边)...	100	
5	马牙槎设置	不带马牙槎	
6	全部纵筋	2Φ12	
7	角筋		
8	B边一侧中部筋		
9	H边一侧中部筋		
10	箍筋		☐
11	箍筋胶数	2*2	
12	材质	现浇混凝土	
13	混凝土类型	(现浇碎石混凝土)	
14	混凝土强度等级	(C25)	☐
15	混凝土外加剂	(无)	
16	泵送类型	(混凝土泵)	
17	泵送高度(m)		
18	截面周长(m)	0.7	
19	截面面积(m²)	0.025	
20	顶标高(m)	洞口上方过梁顶标高	
21	底标高(m)	层底标高	
22	备注		☐
23	⊟ 钢筋业务...		
24	— 其它钢筋		
25	— 其它箍筋	482	☐

图 2-55　抱框柱信息

B. 布置构造柱、抱框柱

单击【构造柱－200×200】，单击绘图区域点部按钮，根据图纸要求布置位置，在门窗洞口宽度不小于2.1m处洞口两侧，墙长度超过5m处等部位布置构造柱；其他构造柱用同样方法进行布置；在门窗洞口宽度小于2.1m洞口两侧，布置抱框柱，如图2-56、图2-57所示。

图 2-56　墙体设置构造柱

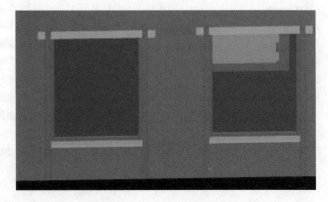

图 2-57　门窗洞口抱框柱

⑥ 绘制水平系梁、止水带

结合图纸"结构设计总说明二"和"食堂一层平面图"定义并绘制门窗洞口水平系梁、止水带。

A. 定义水平系梁、止水带

定义水平系梁：单击"导航栏"中"梁"，展开梁类构件，单击【圈梁（E）】，在【构件列表】中新建【矩形圈梁】，名称修改为"水平系梁－200×100"，属性列表中截面信息、钢筋信息和标高根据图纸中水平系梁信息进行修改，同样根据墙体厚度新建其他水平系梁，如图 2-58 所示。

注：水平系梁设置在墙体中部位置，"一"字形箍筋在"钢筋业务"下"其他箍筋"属性中进行定义。

定义止水带：在【构件列表】中新建【矩形圈梁】，名称修改为"卫生间等有水房间止水带－200×200"，根据图纸中止水带信息修改属性列表中截面信息和标高进行修改，删除钢筋信息，同样根据墙体厚度新建其他止水带，如图 2-59 所示。

属性列表	图层管理	
	属性名称	属性值	附加
1	名称	水平系梁-200*100	
2	截面宽度(mm)	200	☐
3	截面高度(mm)	100	☐
4	轴线距梁左边...	(100)	☐
5	上部钢筋	2Φ10	☐
6	下部钢筋		☐
7	箍筋		☐
8	胶数	2	
9	材质	现浇混凝土	☐
10	混凝土类型	(现浇碎石混凝土)	☐
11	混凝土强度等级	(C25)	☐
12	混凝土外加剂	(无)	
13	泵送类型	(混凝土泵)	
14	泵送高度(m)		
15	截面周长(m)	0.6	☐
16	截面面积(m²)	0.02	☐
17	起点顶标高(m)	层底标高+2.2	☐
18	终点顶标高(m)	层底标高+2.2	☐

图 2-58　水平系梁属性信息

属性列表	图层管理	
	属性名称	属性值	附加
1	名称	卫生间等有水房间止水带-200*200	
2	截面宽度(mm)	200	☐
3	截面高度(mm)	200	☐
4	轴线距梁左边...	(100)	☐
5	上部钢筋		☐
6	下部钢筋		☐
7	箍筋		☐
8	胶数	2	
9	材质	现浇混凝土	☐
10	混凝土类型	(现浇碎石混凝土)	☐
11	混凝土强度等级	(C25)	☐
12	混凝土外加剂	(无)	
13	泵送类型	(混凝土泵)	
14	泵送高度(m)		
15	截面周长(m)	0.8	☐
16	截面面积(m²)	0.04	☐
17	起点顶标高(m)	层底标高+0.2	☐
18	终点顶标高(m)	层底标高+0.2	☐

图 2-59　止水带属性信息

B. 布置水平系梁、止水带

"智能布置"水平系梁和止水带：单击选中【构件列表】里的"卫生间等有水房间止水带－200×200"→单击【智能布置】→单击【墙中心线】→单击选中 200mm 厚高度超过 4m 的砌体墙→单击右键确定，完成 200mm 厚墙体水平系梁布置。用同样的方法布置其他厚度墙体水平系梁和止水带。

注：平面图绘图区域中，若绘制水平系梁处不同高度仍需要绘制止水带，可以将"构件列表/图纸管理"上方绘图区域分层切换为"分层 2"进行绘制。

5）楼梯的定义和绘制

以1号楼梯为例，讲解楼梯及其相关构件的定义和绘制。

① 楼梯的定义和绘制

楼梯的定义：单击"导航栏"中"楼梯"展开楼梯类构件，单击【楼梯（R）】在构件列表中单击"新建"→"新建楼梯"。

楼梯的绘制：在"绘图"区域单击"矩形"绘制按钮▢，对角线拉框布置楼梯，并通过拉动楼梯边界中间绿色小方框根据图纸楼梯信息调整楼梯范围。

② 梯柱、梯梁、平台板的定义和绘制

观察图纸"楼梯详图一"中的"1号楼梯二、三层平面图"可知，2.35m处休息平台四周有PLT1、PLT2和TL1，平台梁下有TZ1支撑，绘制过程中可以先绘制TZ1，再绘制周边梯梁，最后绘制平台板；定义和绘制同楼层柱、梁、板。

注意：2.35m处梯柱、梯梁顶标高均为2.35m，定义过程中需要进行标高调整；绘制过程中构件位置需要结合楼梯详图确定；由于楼梯混凝土和模板按照楼梯水平投影面积计算，已经包括休息平台、平台梁、斜梁和楼梯的连接梁，因此，本工程中楼梯的休息平台板、平台梁、和楼梯的连接梁不能计取混凝土和模板的工程量；不计取工程量的构件，在命名时，名称后添加【不计量】以区分。

③ 楼梯钢筋输入

新建楼梯钢筋构件：在【工程量】页签下单击"表格算量"，弹出"表格算量"活动窗口，在活动窗口【节点】页签下新建"节点"，并双击将其重命名为"1号楼梯"，在该节点下新建"构件"并将其命名为"ATb1-1♯-2150"。

楼梯钢筋参数输入：在输入钢筋区域单击"参数输入" aｊe 参数输入 ，界面中出现【图集列表】和对应【图形显示】界面→单击"16G101-2楼梯"前的下拉按钮，在图集中选择ATb型楼梯，并根据图纸中1号楼梯ATb1属性在【图形显示】界面输入上跑梯段对应信息，如图2-60所示，确认无误后，单击【计算保持】按钮。

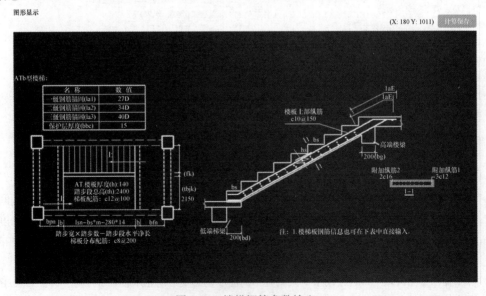

图2-60　楼梯钢筋参数输入

楼梯钢筋参数输入复制：单击钢筋构件名称"ATb1-1♯-2150"→右键单击选择"复制"→再次右键单击选择"粘贴"，并将新钢筋节点名称改为"ATb1-1♯-1950"，根据首层下跑梯段，在【图形显示】界面将"tbjk"对应数值改为"1950"，将"附加纵筋 1"对应数值删除，确认无误后，单击【计算保持】按钮，完成首层 1 号楼梯钢筋工程量输入。首层其他楼梯钢筋绘制同 1 号楼梯。

6）其他构件的定义和绘制：首层有台阶、散水、平整场地，绘制过程中需要结合"食堂一层平面图"。

① 台阶定义和绘制

以图"北侧入口西台阶"为例进行讲解：

台阶的定义：将绘图区域图纸切换为"食堂一层平面图"，将"导航栏"构件切换至"其他"-"台阶"，在构建列表单击"新建"→单击"新建台阶"，并将名称修改为"北侧入口西台阶"，如图 2-61 所示。

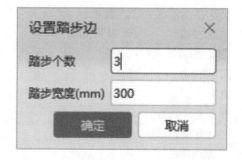

图 2-61　"北侧入口西台阶"属性　　　图 2-62　设置踏步边

台阶的绘制：单击"绘图区域"矩形绘制 ▭ ，在 S-E 交 S-8 轴处将光标放置台阶左下角，捕捉到台阶左下角点时单击，拉框捕捉至右上角点单击→单击"台阶二次编辑"下的"设置踏步边"，单击绘制台阶上侧（北侧）边线，边线粗线显示→单击右键确定，弹出"设置踏步边"对话框→在对话框输入台阶信息（图 2-62），单击【确定】按钮，完成台阶的绘制，单击右键，退出当前操作。

其他台阶定义和绘制方法同"北侧入口西台阶"（图 2-63），对于不规则形状台阶，可以用直线 ╱ 绘制，形成封闭的台阶外轮廓。

② 坡道的定义和绘制

"导航栏"构件列表中没有"坡道"构件，可以用【其他】中【散水（S）】构件绘制。坡道的定义：将"导航栏"构件切换至【其他】中【散水（S）】，在【构件列表】中"新建散水"，并将其命名为"坡道"，其他属性如图 2-64 所示。

坡道的绘制方法同台阶，可以用"矩形" ▭ 或者"直线" ╱ 进行绘制。

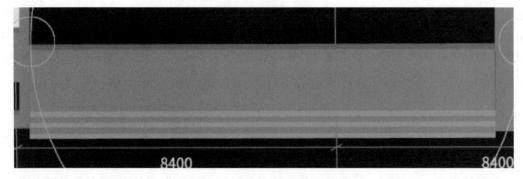

图2-63 "北侧入口西台阶"图元

	属性名称	属性值	附加
1	名称	坡道	
2	厚度(mm)	100	☐
3	材质	现浇混凝土	☐
4	混凝土类型	(现浇碎石混凝土)	☐
5	混凝土强度等级	(C20)	☐
6	底标高(m)	-0.2	☐
7	备注		☐
8	⊞ 钢筋业务属性		
11	⊞ 土建业务属性		
14	⊟ 显示样式		
15	— 填充颜色		
16	— 不透明度	(100)	

图2-64 "坡道"属性

③ 散水定义和绘制

散水的定义和绘制方法同坡道。

④ 平整场地的定义和绘制

平整场地的定义:将"导航栏"构件切换至【其他】中【平整场地（V）】,在【构件列表】中"新建平整场地"。

平整场地的绘制:由墙组成的封闭区域,平整场地可以用"点"绘制,单击"绘图"区域点╋,在绘图区域墙体围成封闭区域内部单击,完成平整场地的绘制。

注:对于非封闭区域构件,可以用"直线"或者"矩形"的方法进行绘制。

（4）任务总结

首层绘制构件较多,绘制顺序并非一成不变,可以在绘制过程中进行适当调整;但有些构件绘制需要有先后顺序,如框架柱绘制完成后才能绘制梁,梁绘制完成后才能绘制板;构件绘制过程中,需要结合结构和建筑设计说明,因此,建模型前,需要熟悉图纸说明信息,提取绘图过程中重要信息,这是非常关键的一步。

3. 二层工程量计算

（1）任务说明

通过层间复制、修改和识别等方法完成二层框架柱、梁、板、砌体构件的定义和绘制。

（2）任务分析

二层构件的绘制需要参考图纸"结构设计说明""柱表""柱平面布置图""三层梁平法施工图""三层板配筋图""食堂二层平面图"和楼梯详图等。

（3）任务实施

1）二层柱复制

单击"导航栏"上方"首层"，弹出楼层选择列表→单击选择"第 2 层"，将楼层切换至第 2 层→"导航栏"切换至柱类构件下的"柱"，单击工具栏"复制到其他层"后面的下拉箭头→单击【从其他层复制】，打开"从其他层复制"对话框（图 2-65），目标楼层选择"第二层"，"源楼层选择"中，选择"首层"，"图元选择"中选择"柱"，单击【确定】按钮。弹出"复制图元冲突处理方式"对话框，在"同名称构件选择"中选择"保留目标层同名称构件所有属性"，在"同位置图元选择"中选择"覆盖目标层同位置同类型图元"，单击【确定】按钮。

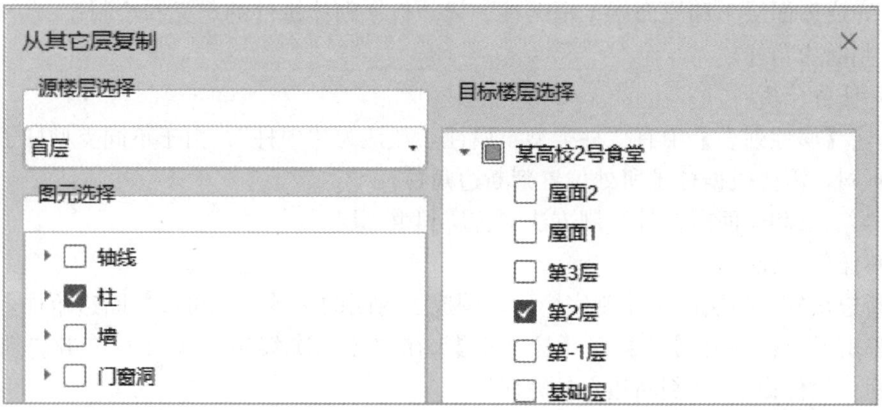

图 2-65　层间复制——柱

注：由于二层柱构件已经在识别首层"柱表"时识别，因此，进行层间复制时，需要保留二层柱构件属性，选择"保留目标层同名称构件所有属性"。

2）二层梁识别

由于首层梁和二层梁不同，通过层间复制再修改工作量较大，因此，可以重新进行梁的识别。二层梁识别方法同首层梁。

3）二层板构件复制和识别

通过对比图纸，发现首层板和二层板有一定区别，因此可以将一层板复制至二层，再进行修改。复制方法同二层柱子层间复制。首层板复制至二层后，单击【选择】，单击选中二层中与首层不同的板，单击工具栏【删除】按钮，单击右键，删除二层需重新绘制的板。然后通过"点"布置和"矩形"布置相结合的形式，完成二层板的绘制。二层板受力筋、负筋和跨板受力筋的识别和绘制方法同首层。

4）二层砌体构件复制和识别

砌体构件中，砌体墙、门窗洞口、过梁、水平系梁、止水带、构造柱、抱框柱等。二层砌体构件绘制有复制和识别两种方法：①复制后修改工作量比较大，识别比较方便的构件，如砌体墙、门窗洞口、过梁，可以重新进行识别，方法同首层；②从首层复制构件后，修改工作量不大，或者不能进行识别的构件，可以采用从首层复制的方法进行绘制，如水平系梁、止水带、构造柱、抱框柱。砌体构件复制或者识别顺序可以参照首层构件绘制顺序。

5）楼梯的定义和绘制

楼梯、梯梁、梯柱和平台板可以通过层间复制的方法进行绘制，楼梯钢筋的输入在表格算量中，选择 █ 从其他楼层复制构件▪ ，从首层复制即可。

（4）任务总结

对于可以进行层间复制，也可以进行识别的构件，需要对比两种做法工作量综合考虑；首层构件复制到二层后，需要详细对比两层构件的差异，然后进行修改。

4. 第三层、屋面层工程量计算

（1）任务说明

1）通过层间复制、修改和识别等方法完成三层框架柱、梁、板、砌体构件、楼梯的定义和绘制；

2）完成屋面层 1 和屋面层 2 框架柱、梁、板、砌体构件的定义和绘制；

3）判断边角柱。

（2）任务分析

1）柱【属性列表】中有"柱类型"属性，默认为"中柱"，由于不同类型柱子顶层钢筋锚固不同，需要根据柱子所处位置判断边角柱；

2）第三层和屋面层构件绘制方法同首层和第二层。

（3）任务实施

判断边角柱：顶层的梁绘制完毕后，围成了封闭的区域，就可以判断边角柱。具体操作为：单击导航栏展开【柱】→【柱（Z）】，在"柱二次编辑"工具栏单击"判断边角柱"按钮，软件提示："判断边角柱完成"。

注：判断完毕后，边柱和角柱颜色改变。

（4）任务总结

屋面层构件中构件高度不一，绘图过程中需要结合建筑和结构图进行调整。

5. 地下一层工程量计算

（1）任务说明

1）完成地下一层剪力墙构件的定义和绘制；

2）完成负一层框架柱、梁、板、砌体构件、楼梯的定义和绘制。

（2）任务分析

1）由于地下一层涉及人防工程，在绘制过程中需要结合人防图纸和食堂图纸进行绘制，可以先绘制人防区域构件，再绘制非人防区域构件。

2）构件定义、绘制和识别方法同地上楼层。

（3）任务实施

1）柱构件绘制

观察人防图纸"墙柱平面图"可知，负一层柱子有部分为人防柱，如㉖轴交Ⓐ轴处 KZ1，部分柱子标注为"见主楼结施"。两张图纸柱子需要分别绘制：可以先绘制负一层人防柱；然后绘制"见主楼结施"部分框架柱，依据食堂图纸"柱平面布置图"进行绘制，绘制方法同二层框架柱。

下面仅讲解人防柱绘制过程：

① 添加、定位图纸

在【图纸管理】列表添加人防结构图纸，手动分割"墙柱平面图"，并将其命名为"人防墙柱平面图"，以便于和食堂图纸"柱平面布置图"区分。根据食堂建筑图纸"地下车库一层平面图"可知,人防⑰轴对应食堂主楼Ⓢ-3轴,人防Ⓐ轴对应食堂主楼Ⓢ-Ⓐ轴,通过"定位"操作,移动人防"墙柱平面图"图纸⑰轴/Ⓐ轴交点与模型Ⓢ-3轴/Ⓢ-Ⓐ轴交点重合。

② 识别柱表

识别柱表过程同一层,识别过程中,需要将不能识别部分属性进行修改,修改后如图 2-66所示。

识别柱表 — □ ×

↺ 撤消　↻ 恢复　Q 查找替换　☐× 删除行　🗎 删除列　🗐 插入行　🗔 插入列　🗐 复制行

柱号 ▾	标高 ▾	b*h(圆... ▾	全部纵筋 ▾	角筋 ▾	b边一... ▾	h边一... ▾	肢数 ▾	箍筋 ▾	下拉选择
柱号	标高	bxh(bixhi...	全部纵筋	角筋	b边一侧中	h边一侧中	箍筋类型号	箍筋	备注
KZ1	-4.9~-1.1	600*600	16C18				1.(5*5)	C8@100/...	
KZ2	-4.9~-1.1	500*500	16C16				1.(5*5)	C8@100/...	
KZ3	-4.9~-1.1	500*650		4C18	3C16	4C18	1.(5*5)	C8@100/...	

提示:请在第一行的空白行中单击鼠标从下拉框中选择对应列关系

识别　**取消**

图 2-66　识别人防柱表

柱构件识别完成后,需要在【属性列表】中将"底标高(m)"属性值修改为"基础顶标高"。

③ 识别柱

识别柱过程中,"提取边线"和"提取标注"过程同首层柱,然后在【点选识别】下拉选项中单击"按名称识别",弹出"识别柱"对话框,单击绘图区域待识别柱名称"KZ1","识别柱"对话框弹出"KZ1"属性,单击【确定】,识别"KZ1",用同样的方法识别其他框架柱。可以通过识别进行绘制,识别方法同一层柱子。

2)剪力墙构件绘制

① 剪力墙表识别

打开"导航栏"中"墙"构件,单击【剪力墙(Q)】→绘图区域图纸仍为"人防墙柱平面图",单击工具栏【识别剪力墙表】→单击拉框选择图纸中"外墙墙身表",单击右键确定,在"识别剪力墙表"对话框,将不能识别部分属性修改,修改后如图 2-67 所示;

识别剪力墙表 — □ ×

↺ 撤消　↻ 恢复　Q 查找替换　☐× 删除行　🗎 删除列　🗐 插入行　🗔 插入列　🗐 复制行

名称 ▾	标高 ▾	墙厚 ▾	水平分布筋 ▾	垂直分布筋 ▾	拉筋 ▾	下拉选择	所属楼层
编号	标高	墙厚	水平分布筋	竖直分布筋	拉筋	备注	建校食堂-...
人防 WQ1(2排)	-5.1~-0.05	300	C14@180	C14@150+C18@150	A6@360*...	外侧有有	建校食堂-...
人防 WQ2(2排)	-5.1~-0.05	300	C14@180	C14@180	A6@360*...	外侧有有	建校食堂-...
人防 WQ3(2排)	-5.1~-0.05	250	C14@180	C16@180	A6@360*...	外侧有有	建校食堂-...

提示:请在第一行的空白行中单击鼠标从下拉框中选择对应列关系

识别　**取消**

图 2-67　识别剪力墙表

单击【识别】，完成人防剪力墙外墙墙表识别，并在【属性列表】中将"内/外墙标识"属性修改为"外墙"，"起点底标高"和"终点底标高"属性值均修改为"基础顶标高"。

剪力墙拉筋设置：根据图纸结构设计说明可知，负一层剪力墙拉筋梅花布置，需要在钢筋设置中进行设置。单击【工程设置】页签→单击钢筋【计算设置】，弹出"计算设置"活动窗口→在活动窗口中单击【节点设置】→单击【剪力墙】→单击名称为"剪力墙身拉筋布置构造"节点后的节点图"矩形布置"→单击"矩形布置"后选择按钮 ⬛ →单击"梅花布置"选项→单击【确定】按钮→关闭"计算设置"活动窗口，完成剪力墙拉筋设置，如图2-68所示。

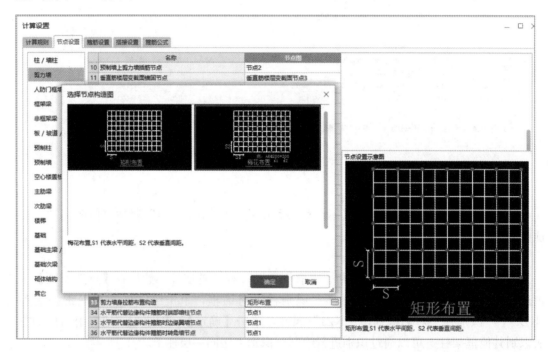

图2-68 剪力墙拉筋设置

注：在【工程设置】页签下的【计算设置】中，修改"计算规则"和"节点设置"，针对的是所有同类型构件；若需要单个构件进行修改，可以通过修改【构件列表】中单个构件的"计算设置"和"节点设置"实现。

② 剪力墙绘制

由于部分剪力墙内外侧钢筋不同，绘制过程中需要顺时针进行绘制。在【剪力墙(Q)】绘图界面，单击绘图区域直线绘制按钮 ✏ →单击【构件列表】中"人防WQ1"→单击绘图区域人防剪力墙WQ1起点，结合F4切换插入点，使绘制剪力墙与图纸重合→捕捉WQ1终点处垂足，单击确定，右键结束当前绘制命令。同样的方法绘制人防WQ2和WQ3。

图纸"人防 墙柱平面图"中防护墙体LKQ1~LKQ5、GQ1~GQ3和NQ1识别和绘制方法同WQ1。

注：由于人防和食堂主楼有相同名称的剪力墙，为便于区分，将人防柱名称前加"人防"；绘图过程中，需要将人防图纸"墙柱平面图"和食堂图纸"柱平面布置图"切换分别识别人防剪力墙和食堂剪

力墙。食堂图纸中剪力墙绘制完成后如图 2-69 所示。

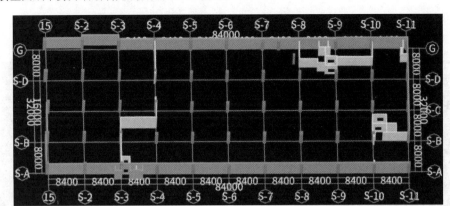

图 2-69　负一层剪力墙

③ 人防门框墙的定义和绘制

分析"人防 墙柱平面图"可知，图纸上仍需要绘制的构件有密闭门门框 MMK1-1、临战封堵门框 FDMK1-1、防护密闭门门框 FMK1-1、活门门框 HMK1-1 等，该类构件可以通过"人防门框墙"进行定义和绘制，接下来以 MMK1-1 为例进行说明。

A. 人防门框墙的定义

定义 MMK1-1 需要结合人防图纸"门框墙配筋详图"中 MMK1-1 属性信息。打开"导航栏"→【墙】→【人防门框墙（RF）】→在【构件列表】新建人防门框墙，并将名称改为"人防-MMK1-1"，其他属性如图 2-70、图 2-71 所示。

B. 人防门框墙的绘制

绘图区域图纸仍为"人防 墙柱平面图"。单击【构件列表】"人防-MMK1-1"→单击绘图工具栏点绘按钮 ✛ →结合切换插入点"F4"键，单击将构件绘制至绘图区域相应位置。

	属性名称	属性值	附加
1	名称	人防-MMK1-1	
2	洞口宽度(mm)	1500	☐
3	洞口高度(mm)	2000	☐
4	洞口数量	1	☐
5	洞口加筋	2Φ16	☐
6	加筋长度	1280	☐
7	左侧构造	悬臂式-1	☐
8	右侧构造	悬臂式-1	☐
9	上部构造	有卧梁式-4	☐
10	下部构造	无卧梁式-1	☐
11	材质	现浇混凝土	☐
12	混凝土类型	(现浇碎石混凝...	☐
13	混凝土强度等级	(C30)	☐
14	混凝土外加剂	(无)	
15	泵送类型	(混凝土泵)	
16	泵送高度(m)	3.75	
17	底标高(m)	-5.1	☐

图 2-70　MMK1-1 属性信息

3）其他构件的绘制

负一层梁、板、砌体构件和楼梯的绘制均需要结合人防图纸和食堂图纸，绘制方法同首层。

注意：绘制过程中，人防区域梁、板等顶标高与食堂地下一层部分标高不同，需要注意调整构件标高；由于负一层人防顶板标高为－1.1m，与食堂首层地面标高有高差，该部分高差需要结合人防"板配筋图"中"楼梯间及风井四周挡墙大样"等节点构件，将其封闭，绘制过程同剪力墙。

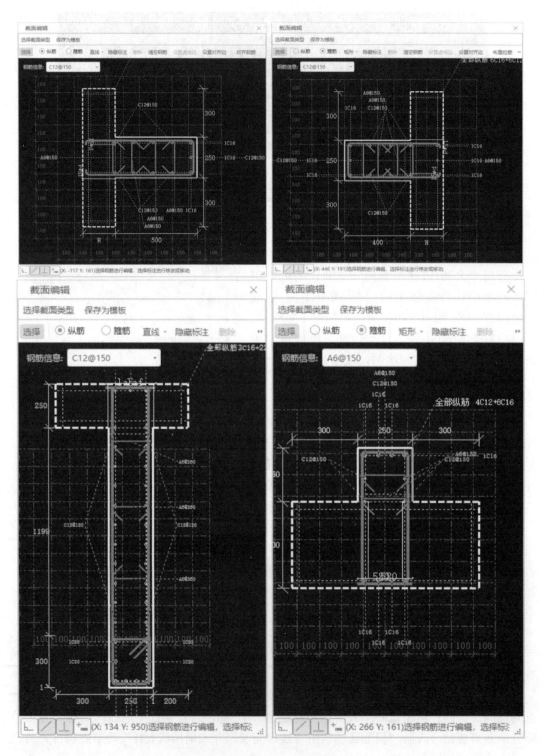

图 2-71　MMK1-1 构造信息

（4）任务总结

负一层构件的绘制，需要结合人防图纸和食堂负一层图纸进行绘制，绘制过程中，需要明确人防图纸和食堂图纸的绘制范围，通常可以先绘制人防区域构件，再绘制食堂负一层（非人防）区域构件，确保绘制过程中不遗漏构件。

6. 基础层工程量计算

（1）任务说明

完成基础层筏板基础、集水坑、柱墩、后浇带、垫层、土方开挖等构件的定义和绘制。

（2）任务分析

基础层筏板绘制需要结合人防“基础平面布置图”和食堂“基础平面布置图”，可以先绘制人防图纸中筏板基础和集水坑，再绘制食堂基础层构件。

（3）任务实施

1）人防构件的定义和绘制

手动分割人防图纸“基础平面布置图”，并将图纸命名为“人防 基础平面布置图”，并通过【定位】操作，将图纸定位。

① 人防筏板基础的定义和绘制

A. 人防筏板基础的定义

单击“导航栏”中【基础】打开基础类构件→单击【筏板基础（M）】→在【构件列表】中新建“筏板基础”，并将筏板基础名称改为“人防-筏板-400”，修改“人防-筏板-400”其他属性信息，如图 2-72 所示。

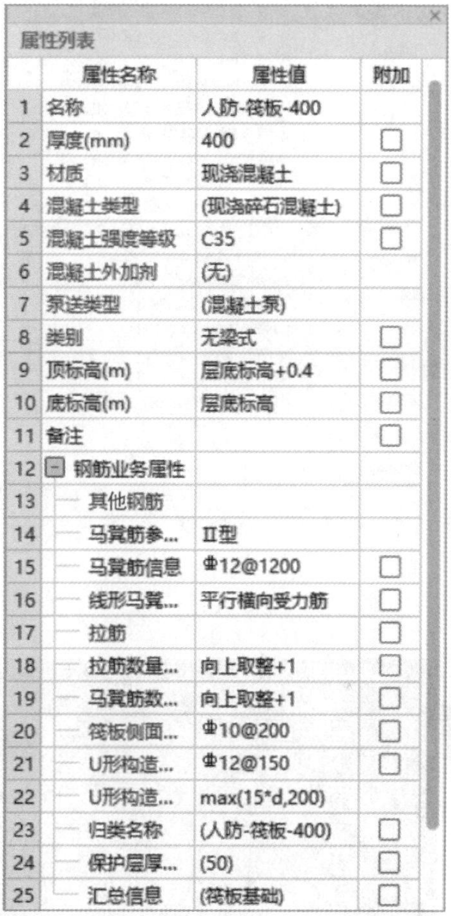

属性列表

	属性名称	属性值	附加
1	名称	人防-筏板-400	
2	厚度(mm)	400	☐
3	材质	现浇混凝土	☐
4	混凝土类型	(现浇碎石混凝土)	☐
5	混凝土强度等级	C35	☐
6	混凝土外加剂	(无)	
7	泵送类型	(混凝土泵)	
8	类别	无梁式	☐
9	顶标高(m)	层底标高+0.4	☐
10	底标高(m)	层底标高	☐
11	备注		☐
12	⊟ 钢筋业务属性		
13	其他钢筋		
14	马凳筋参...	II型	
15	马凳筋信息	Φ12@1200	☐
16	线形马凳...	平行横向受力筋	☐
17	拉筋		☐
18	拉筋数量...	向上取整+1	☐
19	马凳筋数...	向上取整+1	☐
20	筏板侧面...	Φ10@200	☐
21	U形构造...	Φ12@150	☐
22	U形构造...	max(15*d,200)	
23	归类名称	(人防-筏板-400)	☐
24	保护层厚...	(50)	☐
25	汇总信息	(筏板基础)	☐

图 2-72　“人防-筏板-400”构件属性

根据图纸说明，筏板封边钢筋为交错封边，需要在钢筋计算设置中进行设置。钢筋计算设置打开方法同剪力墙拉筋设置，在“计算设置”活动窗口单击【节点设置】页签下的“基础”，在“筏形基础端部外伸上/下部钢筋构造”中，均将节点图调整为“节点 2”-“上下部钢筋端部搭接”，如图 2-73 所示。关闭“计算设置”活动窗口退出当前操作。

B. 人防筏板基础的绘制

在【建模】页签下选择绘图区域“直线”绘制按钮 ，用直线绘制人防区域筏板，如图 2-74 所示。

② 人防集水坑的定义和绘制

人防集水坑的定义：在“导航栏”中“基础”下单击【集水坑（K）】→在【构件列表】新建矩形集水坑，并将集水坑名称修改为“人防-JSK-1200×1200×1200”→单击【属性列表】下构件参数图，结合参数图修改“人防-JSK-1200×1200×1200”属性，如图 2-75所示。

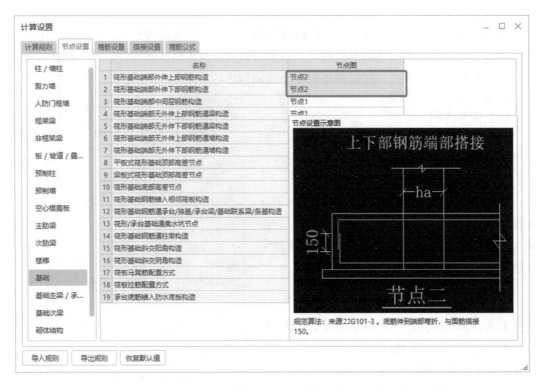

图 2-73　筏板基础交错封边设置

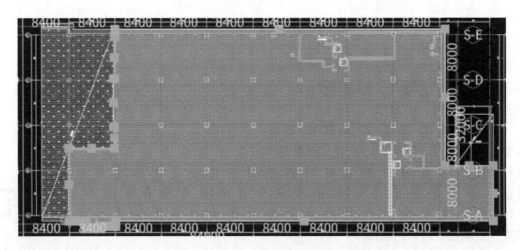

图 2-74　人防筏板基础

人防集水坑的绘制：在构件列表单击集水坑 "人防-JSK-1200×1200×1200"→在绘图区域单击 "点布" 按钮➕，结合切换插入点快捷方式 "F4"，捕捉图纸集水坑顶点，单击布置集水坑。

其他集水坑的定义和绘制同上。

2）食堂构件定义和绘制

① 食堂筏板基础、集水坑的定义和绘制

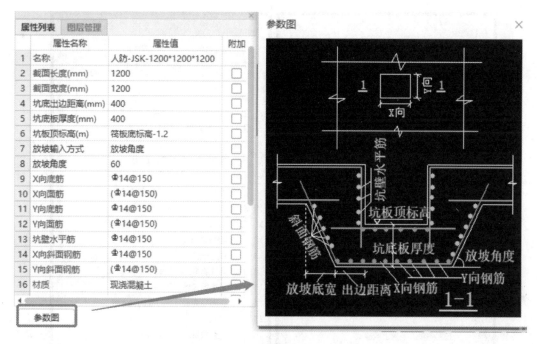

图 2-75 集水坑构件属性及参数图

A. 食堂筏板基础的定义和绘制

对比人防"基础平面布置图"和食堂"基础平面布置图"发现，人防位置有600mm厚筏板，对于两幅图纸中同一位置不同构件区域，取尺寸和配筋大的构件，因此，在食堂筏板基础绘制过程中，需要对原来绘制人防筏板基础进行调整。

定义筏板：将"导航栏"构件切换为【筏板基础（M）】，在【构件列表】单击【复制按钮】，将复制的筏板名称修改为"人防-筏板-600"（食堂"基础平面布置图"上人防区域600mm厚筏板），其他属性信息可以参照筏板"人防-筏板-400"进行修改；另复制筏板名称修改为"食堂-筏板-400"（食堂"基础平面布置图"上400mm厚筏板），用同样方法修改筏板属性。修改后筏板属性如图2-76所示。

注：人防筏板顶标高为－5.1m，食堂筏板顶标高为－4.9m，定义过程中需要进行调整。

分割"人防-筏板-400"：单击"修改"工具栏的【分割】按钮→单击绘图区域已绘制"人防-筏板-400"筏板→单击"右键"确定（绘图区域默认为直线）→用"直线"绘制600mm高筏板范围，形成一个封闭区域后单击"右键"确定→再次单击"右键"退出当前【分割】操作。分割后筏板基础如图2-77所示。

删除图中600mm厚筏板位置处的"人防-筏板-400"筏板，重新在该处用"直线"绘制人防-筏板-600。

调整"人防-筏板-400"范围：选中绘图区域"人防-筏板-400"如图2-78（a）所示，将光标移动至Ⓢ-4轴线上中间位置的绿色小方框处"单击"，将筏板边线拖动至阴影区域右侧；重复该操作，调整"人防-筏板-400"左侧边界范围，调整后如图2-78（b）所示。

分别在阴影区域和非阴影区域绘制"人防-筏板-600"和"食堂-筏板-400"。

B. 筏板主筋的定义和绘制同板受力筋，不同型号筏板受力筋需要分别绘制，相同型

	属性列表		×
	属性名称	属性值	附加
1	名称	食堂-筏板-400	
2	厚度(mm)	400	☐
3	材质	现浇混凝土	☐
4	混凝土类型	(现浇碎石混凝土)	☐
5	混凝土强度等级	C35	☐
6	混凝土外加剂	(无)	
7	泵送类型	(混凝土泵)	
8	类别	无梁式	☐
9	顶标高(m)	层底标高+0.4	☐
10	底标高(m)	层底标高	☐
11	备注		☐
12	⊟ 钢筋业务属性		
13	其它钢筋		
14	马凳筋参...	Ⅱ型	
15	马凳筋信息	Φ10@1200	☐
16	线形马凳...	平行横向受力筋	☐
17	拉筋		☐
18	拉筋数量...	向上取整+1	☐
19	马凳筋数...	向上取整+1	☐
20	筏板侧面...	Φ10@200	☐
21	U形构造...	Φ12@180	☐
22	U形构造...	max(15*d,200)	☐
23	归类名称	(食堂-筏板-400)	☐
24	保护层厚...	(50)	☐
25	汇总信息	(筏板基础)	☐

	属性列表		×
	属性名称	属性值	附加
1	名称	人防-筏板-600	
2	厚度(mm)	600	☐
3	材质	现浇混凝土	☐
4	混凝土类型	(现浇碎石混凝土)	☐
5	混凝土强度等级	C35	☐
6	混凝土外加剂	(无)	
7	泵送类型	(混凝土泵)	
8	类别	无梁式	☐
9	顶标高(m)	层顶标高-0.2	☐
10	底标高(m)	层顶标高-0.8	☐
11	备注		☐
12	⊟ 钢筋业务属性		
13	其它钢筋		
14	马凳筋参...	Ⅱ型	
15	马凳筋信息	Φ14@1200	☐
16	线形马凳...	平行横向受力筋	☐
17	拉筋		☐
18	拉筋数量...	向上取整+1	☐
19	马凳筋数...	向上取整+1	☐
20	筏板侧面...	Φ12@200	☐
21	U形构造...		☐
22	U形构造...	max(15*d,200)	☐
23	归类名称	(人防-筏板-600)	☐
24	保护层厚...	(50)	☐
25	汇总信息	(筏板基础)	☐

图 2-76 食堂"基础平面布置图"筏板属性

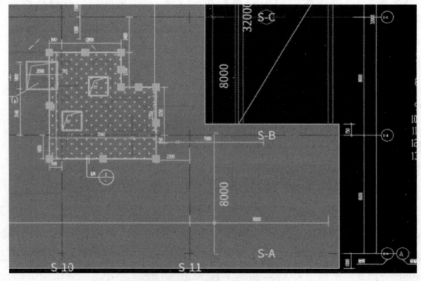

图 2-77 分割筏板

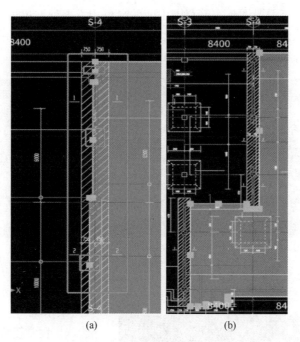

图 2-78　筏板基础范围调整前后

（a）调整前；（b）调整后

号的筏板受力筋需要多板绘制。

C. 筏板基础附加钢筋的定义和绘制

食堂图纸"基础平面布置图"中有筏板基础上部和下部附加钢筋，可以在筏板主筋中定义筏板附加钢筋，定义方法同板受力筋，需要在构件列表下"钢筋业务属性"中的"钢筋锚固"和"钢筋搭接"属性值修改为"0"，如图 2-79 所示。

	属性名称	属性值	附加
1	名称	人防-附加底筋-Φ18@180	
2	类别	底筋	☐
3	钢筋信息	Φ18@180	☐
4	备注		☐
5	⊟ 钢筋业务属性		
6	── 钢筋锚固	0	
7	── 钢筋搭接	0	

图 2-79　"人防-附加底筋-Φ18@180"属性列表

筏板附加钢筋绘制：以 Ⓢ-9～Ⓢ-10 交 Ⓢ-A～Ⓢ-B 板顶附件钢筋 Φ16@180 为例，在【构件列表】中单击"人防-附加面筋-Φ16@180"→单击"布置受力筋"→选择布筋范围选择"自定义"，布筋方向选择"水平"→单击绘图区域"矩形"绘制工具 ☐，在绘图界面筏板附近对应位置拉框布置→右键结束当前命令→单击布置的受力筋图元，出现选中板附近布置范围，光标移动至需要调整布筋范围中间的绿色小方框处，单击→拖动绿色小方框至图纸相应布筋范围，调整布筋范围至相应位置，调整后如图2-80所示。其他筏板附加钢筋用同样的方法进行绘制。

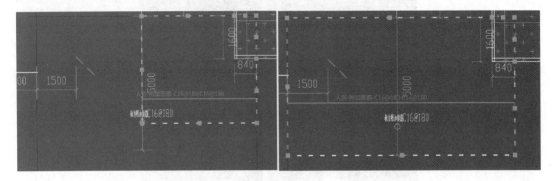

图2-80　筏板附加钢筋布置

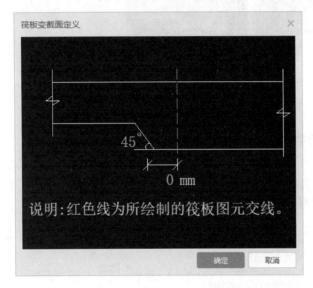

图2-81　筏板变截面设置

D. 食堂集水坑的定义和绘制同人防集水坑

② 食堂筏板基础变截面设置

单击"导航栏"中【基础】构件下【筏板基础（M）】→单击"设置变截面"按钮→分别单击需要设置变截面的两个筏板，右键确定，弹出图2-81所示的"筏板变截面定义"对话框→根据图纸修改对话框中数据，单击确定，完成相邻两个筏板基础变截面的设置。用同样的方法完成其他变截面设置。

注：筏板变截面设置需要结合图集16G101-3进行设置，出现邻筏板上下都有高差时，需要调整放坡起点距离。

③ 食堂柱墩与风机基础的定义和绘制

定义柱墩：以⑤-6交⑤-B处 XZD04 为例进行讲解，将"导航栏"构件切换至【柱墩（Y）】→在【构件列表】单击"新建"，选择"新建柱墩"，弹出"选择参数化图形"对话框，单击选择"棱台形下柱墩"→单击【确定】，在属性列表中将柱墩名称调整为"人防-XZD04"，其他属性参照图纸标注进行修改，"人防-XZD04"属性如图2-82所示。

绘制柱墩：在绘图区域单击点布按钮 ，在绘图区域捕捉柱墩中心点，单击将柱墩布置在图纸所示位置，用同样方法绘制其他位置柱墩。

用同样方法完成其他柱墩的定义和绘制，柱墩绘制完成后筏板基础如图2-83所示。

风机基础定义方法同柱墩，在"选择参数化图形"对话框，选择"矩形上柱墩"，定义完成后如图2-84所示。

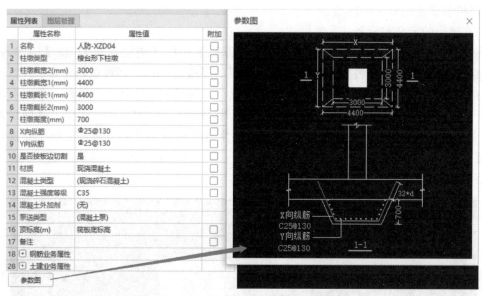

图 2-82　"人防-XZD04"属性列表及参数图

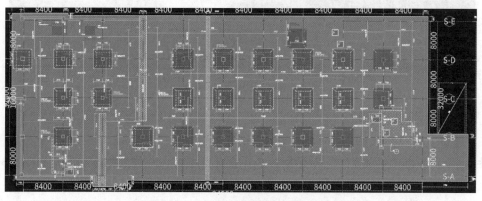

图 2-83　柱墩绘制完成后筏板基础

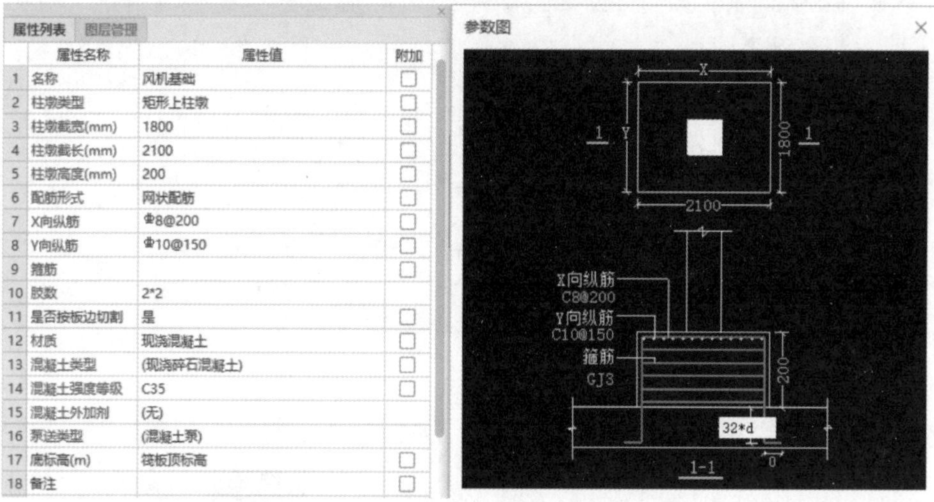

图 2-84　"风机基础"属性列表及参数图

风机基础绘制方法同柱墩。

3）垫层的定义和绘制

垫层的定义：将"导航栏"构件切换至【基础】中的【垫层（X）】，在【构件列表】中新建"面式垫层"，命名为"垫层-100"，将其"厚度（mm）"属性值调整为"100"。

垫层的绘制：单击"智能布置"，选择筏板，点选或拉框选择所有筏板，单击右键确定，弹出"设置出边距离"对话框，"出边距离（mm）"输入"100"，单击【确定】按钮，完成筏板下垫层布置，如图 2-85 所示。集水坑和柱墩的绘制方法同筏板下垫层，在"智能布置"下分别选择"集水坑"和"柱墩"，"出边距离（mm）"设置为"0"，完成集水坑和柱墩下方垫层的绘制。

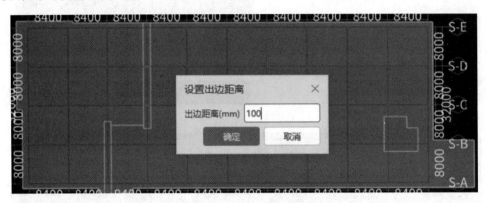

图 2-85　智能布置垫层

4）土方开挖的定义和绘制

在【垫层（M）】构件下，单击工具栏"垫层二次编辑"下的"生成土方"生成土方，弹出"生成土方"对话框，选择大开挖土方，并将其他选项调整如图 2-86 所

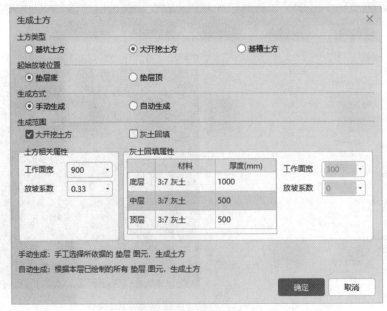

图 2-86　生成大开挖土方

106

示→单击【确定】，软件自动关闭该对话框→单击依次选中各筏板基础下垫层→单击右键确定，完成大开挖土方的绘制。

返回【垫层（M）】构件，再次单击"生成土方" 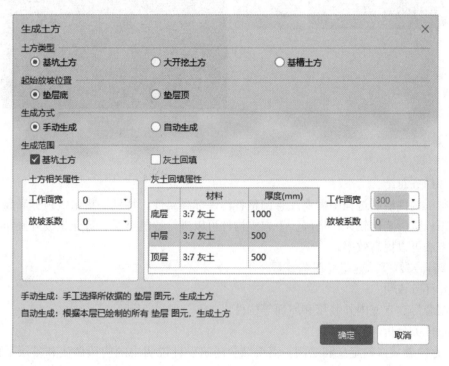 生成土方，在活动窗口选择"基坑土方"，并将其他选项调整（如图 2-87 所示）→单击【确定】，自动关闭该对话框→单击依次选中各柱墩和集水坑下垫层→单击右键确定，软件自动切换至"基坑土方（K）"构件界面，选中"食堂-筏板-400"对应位置基坑，在属性列表中将"顶标高（m）"属性值修改为该位置大开挖土方底标高"－5.4"，用同样的方法完成其他位置基坑土方顶标高的调整。

图 2-87　生成基坑土方

5）后浇带的定义

在"导航栏"中单击【其他】构件下的【后浇带（JD）】→在【构件列表】单击"新建后浇带"，将名称修改为"人防-HJD-800"，【属性列表】中"后浇带宽度（mm）"属性值修改为"800"；在【属性列表】"筏板（桩承台）后浇带"下单击"后浇带类型"属性对应的属性值后面的选项按钮 矩形下沉后浇带　　… ，弹出"选择参数化图形"对话框，选择"矩形下沉后浇带"，并完善参数图中配筋信息，如图 2-88 所示，单击【确定】，完成筏板下沉式后浇带的设置。后浇带【属性列表】其他构件后浇带类型设置方法同筏板后浇带，根据图纸进行设置。

后浇带的绘制：在绘图区域选择"直线" ✏，在绘图区域单击后浇带起点，结合切换插入点快捷方式"F4"将绘制后浇带边线与绘图区域图纸重叠→将光标移动至后浇带终点→捕捉垂直后"单击"→单击右键结束当前操作。

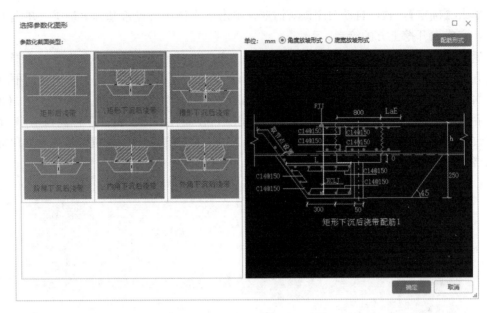

图 2-88　筏板矩形下沉式后浇带

（4）任务总结

基础层构件绘制过程中需要注意调整各构件标高属性，特别是集水坑顶标高属性，对混凝土工程量影响比较大；垫层、土方等构件可以进行智能布置、智能生成等操作，选取适当的方法可以提高效率。

7. 装饰装修及其他室外工程算量

（1）任务说明

绘制2号食堂室内外装修和屋面等构件。

（2）任务分析

1）室内外装修的定义和绘制，需要结合建筑设计说明中的构造做法和各层平面图进行绘制；室内的楼地面、踢脚、墙面、天棚等构件，通过组建房间，进行集中布置。

2）屋面的定义和绘制，需要结合工程做法和屋顶层平面图等进行绘制。

（3）任务实施

1）室内装修的定义和绘制

以首层室内装修为例进行讲解。

① 楼地面的定义

将"导航栏"构件切换为【装修】-【楼地面（V）】，单击【构件列表】下的"新建"→单击"新建楼地面"，并在【属性列表】中将其重命名为"楼1"，其他属性如图2-89所示，楼2～楼4用同样的方法进行定义。

注：根据建筑设计说明5.4.4，楼2、楼3顶标高比同层楼地面低20mm，定义过程中需要对顶标高进行调整。

② 踢脚线的定义

将"导航栏"构件切换为【装修】-【踢脚（S）】，单击【构件列表】下的"新建"→单击"新建踢脚"，完成新建"TIJ-1"，其他属性如图2-90所示，TIJ-2用同样的方法进行定义。

	属性列表	图层管理	
	属性名称	属性值	附加
1	名称	楼1	
2	块料厚度(mm)	10	☐
3	是否计算防水...	否	☐
4	顶标高(m)	层底标高+0.05	☐
5	备注		☐
6	⊞ 土建业务属性		
10	⊞ 显示样式		

图 2-89　楼1属性信息

	属性名称	属性值	附加
1	名称	TIJ-1	
2	高度(mm)	150	☐
3	块料厚度(mm)	0	☐
4	起点底标高(m)	层底标高+0.05	☐
5	终点底标高(m)	层底标高+0.05	☐
6	备注		☐
7	⊞ 土建业务属性		
11	⊞ 显示样式		

图 2-90　TIJ-1 属性信息

③ 墙裙的定义

将"导航栏"构件切换为【装修】-【墙裙（U）】，单击【构件列表】下的"新建"→单击"新建内墙裙"，完成新建"QQ-1"，其属性如图 2-91 所示。

④ 墙面的定义

将"导航栏"构件切换为【装修】-【墙面（W）】，单击【构件列表】下的"新建"→单击"新建内墙面"，完成新建"QM-1"，并将其重命名为"内墙-1"，其他属性如图 2-92所示，内墙-2、内墙-3用同样的方法进行定义。

	属性名称	属性值	附加
1	名称	QQ-1	
2	高度(mm)	1800	☐
3	块料厚度(mm)	0	☐
4	所附墙材质	(程序自动判断)	☐
5	内/外墙裙标志	内墙裙	☑
6	起点底标高(m)	层底标高+0.05	☐
7	终点底标高(m)	层底标高+0.05	☐
8	备注		☐

图 2-91　QQ-1 属性信息

	属性列表	图层管理	
	属性名称	属性值	附加
1	名称	内墙-1	
2	块料厚度(mm)	0	☐
3	所附墙材质	(程序自动判断)	☐
4	内/外墙面标志	内墙面	☑
5	起点顶标高(m)	墙顶标高	
6	终点顶标高(m)	墙顶标高	
7	起点底标高(m)	层底标高+0.03	
8	终点底标高(m)	层底标高+0.03	
9	备注		☐

图 2-92　内墙-1属性信息

⑤ 顶棚的定义

A. 吊顶的定义

将"导航栏"构件切换为【装修】-【吊顶（K）】，单击【构件列表】下的"新建"→单击"新建吊顶"，完成新建"DD-1"，并将其重命名为"顶棚-1【公共区域】"，其他属性如图 2-93 所示；顶棚-2同样的方法进行定义。

注：顶棚-1自动扶梯上方吊顶高度为3.0m，需要通过名字和食堂公共区域其他地方进行区分。

B. 天棚的定义

将"导航栏"构件切换为【装修】-【天棚（P）】，单击【构件列表】下的"新建"→

单击"新建天棚",完成新建"TP-1",并将其重命名为"顶棚-3";顶棚-4用同样的方法进行定义。

⑥ 独立柱的定义

将"导航栏"构件切换为【装修】-【独立柱装修】,单击【构件列表】下的"新建"→单击"新建天棚",完成新建"TP-1",根据所在房间并将其重命名为"DLZZX-食堂餐厅";操作间的独立柱命名为"DLZZX-食堂餐厅",通过同样的方法进行定义,如图2-94所示。

	属性名称	属性值	附加
	属性列表 图层管理		
	属性名称	属性值	附加
1	名称	顶棚-1【公共区域】	
2	离地高度(mm)	3200	
3	备注		
4	⊞ 土建业务属性		
8	⊞ 显示样式		

图2-93 顶棚-1属性信息

	属性名称	属性值	附加
1	名称	DLZZX-食堂餐厅	
2	块料厚度(mm)	0	
3	顶标高(m)	柱顶标高	
4	底标高(m)	层底标高+0.05	
5	备注		
6	⊞ 土建业务属性		
10	⊞ 显示样式		

图2-94 DLZZX-食堂餐厅属性信息

⑦ 建立并组合房间

建立房间:将"导航栏"构件切换为【装修】-【房间(F)】,单击【构件列表】下的"新建"→单击"新建房间",完成新建"FJ-1",并将其重命名为"食堂餐厅"。组建房间:根据建筑设计说明中的工程构造做法组建房间。双击构件列表下的"食堂餐厅",弹出"定义"对话框,单击右边"构件类型"下的"楼地面"→单击【添加依附构件】,软件自动添加"楼-1";单击右边"构件类型"下的"踢脚"→单击【添加依附构件】,软件自动添加"TIJ-1"→单击"依附构件类型"下【构件名称】中的"TIJ-1"→出现下拉符号 TIJ-1 ▾ →单击下拉符号→单击选择"TIJ-2";同样在墙面构建下选择"内墙-2",在吊顶构建下选择"顶棚-1【公共区域】",在独立柱装修下选择"DLZZX-食堂餐厅",完成房间"食堂餐厅"的组建,如图2-95所示。

复制房间"食堂餐厅【上空】":单击【构件列表】房间"食堂餐厅"→单击【构件列表】下方【复制】按钮,弹出"是否同时复制依附构件"提示对话框,单击【是】→将新复制的房间名称调整为"食堂餐厅【上空】",双击打开"食堂餐厅【上空】"房间定义界面,删除其依附构件中的"踢脚""墙面"和"吊顶",关闭定义界面,完成"食堂餐厅【上空】"房间的定义。同样的方法完成首层其他房间的建立和组建,关闭"定义"界面,退出当前房间组建操作。

⑧ 房间的绘制

以"食堂餐厅"房间为例进行说明:该房间中Ⓢ-6~Ⓢ-8/Ⓢ-C~Ⓢ-D中间自动扶梯,顶部无板,需要绘制虚墙将该处区域与其他"食堂餐厅"区域进行分割,操作方法如下:

定义虚墙:将【构件列表】调整为"墙"-"砌体墙(Q)"→单击"新建"-"新建虚墙",并将构件名称调整为"虚墙-100","厚度(mm)"属性值改为"100"。

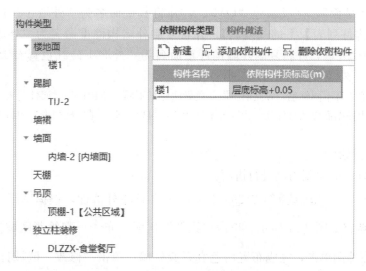

图 2-95　房间"食堂餐厅"的组建

绘制虚墙：单击"选择"→分别单击键盘上"L"和"B"，此时绘图区域楼层梁和楼层板出现，在该区域无板处，沿梁边缘线绘制虚墙，使墙中心线和梁边缘线重合，绘制方法同直线绘制其他构件，绘制完成后如图 2-96 所示。

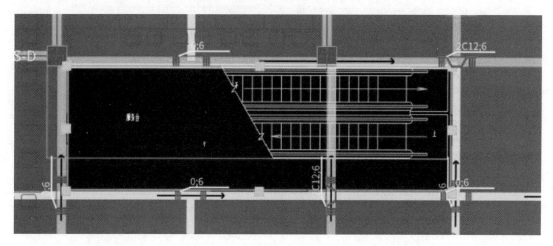

图 2-96　绘制完成

其他房间绘制过程中，需要虚墙分割时，可以采用同样的方法进行。

在【构件列表】中单击"食堂餐厅"→单击"绘图"区域的点 ┿ →单击绘图区域"食堂餐厅"房间内的任意一点，完成"食堂餐厅"房间布置→单击鼠标右键结束操作；单击"食堂餐厅【无顶板】"房间，自动扶梯处虚墙围成的封闭区域内部同样"点"布"食堂餐厅【无顶板】"房间。其他房间布置方法同上。

2）外墙的定义和绘制

以首层外墙面为例进行讲解。

① 外墙面的定义

将"导航栏"构件切换为【装修】-【墙面（W）】，单击【构件列表】下的"新建"

→单击"新建外墙面",完成新建"QM-1",并将其重命名为"外墙 1-仿砖砖红色真石漆"→单击【构件列表】下的【复制】,并将复制外墙构件重命名为"外墙 1-白色真石漆";再复制一个外墙,并将复制外墙构件重命名为"外墙 1-砖红色真石漆"。其他属性如图 2-97 所示,外墙-2 同样的方法进行定义。

注:由于外墙 1 有不同颜色,各立面不同颜色做法标高不同,新建构件时属性列表中标高按照默认信息,绘制过程中根据需要调整标高;为区分不同颜色,可以在构件【属性列表】中将外墙属性颜色进行调整。

② 外墙面的绘制

以南立面外墙的绘制为例进行讲解。

首先绘制⑤-1～⑤-2轴线间 C24295 上方白色真石漆外墙面,根据图纸"食堂南立面图"将其标高调整如图 2-97 所示。单击"绘图"区域点布┼→在绘制区域⑤-1～⑤-2轴线间 C24295 外墙外侧单击,完成布置白色真石漆外墙;单击"修改"区域打断 ▭ 打断 →单击需要打断的白色真石漆外墙面→单击右键确定→分别在需要打断的两个地方捕捉到点后,单击,确定打断点,如图 2-98 所示→单击右键确认,完成打断操作;单击"修改"区域删除 ▭ 删除 →分别单击 C24295 两侧打断白色真石漆外墙→单击右键,完成删除操作。完成南立面 C24295 上方白色真石漆绘制和调整。

	属性名称	属性值		属性名称	属性值
1	名称	外墙1-白色真石漆	1	名称	外墙1-白色真石漆
2	块料厚度(mm)	0	2	块料厚度(mm)	0
3	所附墙材质	(砖)	3	所附墙材质	(砖)
4	内/外墙面标志	外墙面	4	内/外墙面标志	外墙面
5	起点顶标高(m)	层顶标高(4.75)	5	起点顶标高(m)	层底标高+3.7(3.65)
6	终点顶标高(m)	层顶标高(4.75)	6	终点顶标高(m)	层底标高+3.7(3.65)
7	起点底标高(m)	层底标高+0.95(0.9)	7	起点底标高(m)	层底标高+0.8(0.75)
8	终点底标高(m)	层底标高+0.95(0.9)	8	终点底标高(m)	层底标高+0.8(0.75)
9	备注		9	备注	
10	⊞ 土建业务属性		10	⊞ 土建业务属性	
14	⊞ 显示样式		14	⊞ 显示样式	

图 2-97 南立面"外墙 1-白色真石漆"属性信息

图 2-98 打断外墙面

其次绘制⑤-2轴左 4.5m～⑤-10轴位置白色真石漆外墙面,根据图纸"食堂南立面图"将其标高调整(如图 2-97 所示),单击"绘图"区域点布┼→在绘制区域⑤-2轴左 4.5m～

S-10轴线间外墙外侧单击，完成该处白色真石漆外墙面布置。南立面其他位置为外墙 1-仿砖砖红色真石漆，绘制方法同上。其他立面图中外墙面用同样方法进行绘制和调整。

3）屋面的定义和绘制

① 屋面的定义

将"导航栏"上方楼层切换为【屋面层 1】，将"导航栏"构件切换为【其他】-【屋面（W）】，单击【构件列表】下的"新建"→单击"新建屋面"，完成新建"WM-1"，并将其重命名为"屋面 1 种植屋面-覆土"，【属性列表】中底标高调整为"层底标高"。

② 屋面的绘制

首先在S-1轴～S-2轴东 8.4m 区域绘制"屋面 1 种植屋面-覆土"：单击绘图工具栏直线 ┃ →在绘图区域捕捉需要绘制该屋面边线端点并单击→再次单击相邻端点，依次重复此操作直至回到第一点，完成该处屋面绘制；其次，在设备基础处分割屋面：在"修改"工具栏单击分割 📋 分割 →单击需要分割屋面，单击右键确定→单击绘图区域矩形 ▢ →捕捉到设备基础端点，单击→再捕捉到另一个对角线端点，单击，完成拉框绘制第一个矩形，依次拉框框出所有该区域所有设备基础，单击右键确定，完成设备基础处屋面分割；单击修改工具栏删除按钮 🗑 删除 →依次单击选中各个设备基础处屋面→单击右键，确定删除设备基础处屋面；最后，设置防水卷边：在"屋面二层编辑"工具栏单击设置防水卷边 📋 设置防水卷边 →单击需要设置屋面，单击右键确定→弹出"设置防水卷边"对话框，将"防水卷边高度"值改为"250"，单击【确定】按钮，完成该屋面防水卷边设置。

其他位置屋面的定义和绘制同S-1轴～S-2轴东 8.4m 区域处"屋面 1 种植屋面-覆土"。

注：屋面 2 和屋面 3 根据建筑设计说明分别在"出屋面楼梯间屋面"和"不上人无保温屋面"处绘制，绘制过程中，需要结合项目情况调整屋面标高。

（4）任务总结

装饰装修和屋面的绘制，需要结合工程情况调整标高和绘制范围，不同区域绘制还要进行颜色、高度等区分，如外墙部分、食堂自动扶梯处吊顶等，绘制过程中，构件属性需要结合工程图纸进行调整。

8. 汇总计算和查看工程量

（1）任务说明

1）模型检查：包括合法性检查和云检查；

2）工程量汇总，并查看工程量、查看报表。

（2）任务分析

1）对于模型检查出现问题，需要定位到具体构件查看存在问题，判断是否需要进行修改。

2）对于绘制的水平构件，某一层完成后，就可以进行汇总计算，查看构件工程量；对于竖向构件，由于上下层钢筋存在搭接等关系，需要在上下层关联构件都绘制完成后，才能够按照构件关系准确计算。

（3）任务实施

1）模型检查

① 合法性检查

在"菜单栏"单击【工程量】，进入"工程量"界面，单击【合法性检查】按钮，弹出"错误提示"对话框，双击对话框中任意一条信息，可以定位至提示图元，可以根据提示对图元进行修改，对于无需修改图元可以直接跳过，依次查看"错误提示"对话框的信息，确认信息无误后，关闭对话框。

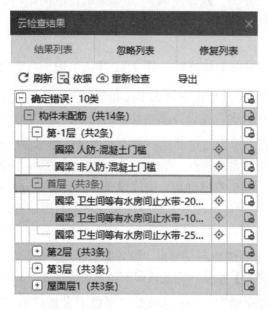

图 2-99 云检查结果

② 云检查

在"菜单栏"单击【云应用】，进入"云应用"界面，单击【云检查】按钮，弹出"云检查"对话框，单击【整楼检查】，自动弹出"整楼检查"界面，检查完毕后，自动弹出"云检查结果"对话框（图2-99），双击提出错误构件或单击构件定位按钮◈可以定位至对应图元，可以根据提示对图元进行修改；对于无需修改信息，可以直接跳过。检查完毕后，关闭该对话框。

2）工程量汇总、查看工程量

工程量汇总：云检查完成后，进行工程量汇总。在"菜单栏"单击【工程量】，进入"工程量"界面，单击"汇总"界面的【汇总计算】按钮，弹出汇总计算范围对话框，选择需要计算的范围，单击【确定】，软件再次进行合法性检查，确认提示信息无需修改后，继续进行汇总计算；若需要修改，双击提示信息定位图元，进行图元修改，确认无误后，继续进行汇总计算。

查看工程量和计算式：汇总计算后，在任意构件界面，选择图元，在【工程量】菜单下，单击"土建计算结果"中的【查看工程量】按钮，可以查看图元土建工程量；如需查看详细计算过程，可以选择图元后，单击"土建计算结果"中的【查看计算式】按钮，可以查看图元详细计算信息，以首层KZ26为例，如图2-100所示。

查看钢筋计算结果：对于含有钢筋的构件，汇总计算后，选择图元，在【工程量】菜单下，单击"钢筋计算结果"中的【查看钢筋量】按钮，可以查看图元钢筋工程量；如需

查看工程量计算式

工程量类别
◉ 清单工程量　○ 定额工程量

构件名称：　KZ26
工程量名称：　[全部]

计算机算量

高度=4.8m
截面面积=(0.6<长度>*0.7<宽度>)=0.42m2
柱周长=((0.6<长度>+0.7<宽度>)*2)=2.6m
柱体积=(0.6<长度>*0.7<宽度>)*4.8<高度>=2.016m3
柱模板面积=12.48<原始模板面积>-0.765<扣梁>-0.12<扣现浇板>=11.595m2
柱数量=1根
超高模板面积=(((4.8*0.7)*2+(4.8*0.6)*2)<原始超高模板面积>-0.192<扣现浇板>-0.693<扣梁>)*1=11.595m2

图 2-100 查看计算式（首层KZ26）

查看详细计算过程，可以选择图元后，单击"钢筋计算结果"中的【编辑钢筋】按钮，可以查看图元钢筋计算具体公式；单击"钢筋计算结果"中的【钢筋三维】按钮，单击绘图区域右侧"视图"工具栏的【动态观察】按钮，查看钢筋三维，单击"钢筋三维"中任意钢筋，在"编辑钢筋"表格"筋号"对应列自动框出对应钢筋，以首层 KZ26 为例，如图 2-101 所示。

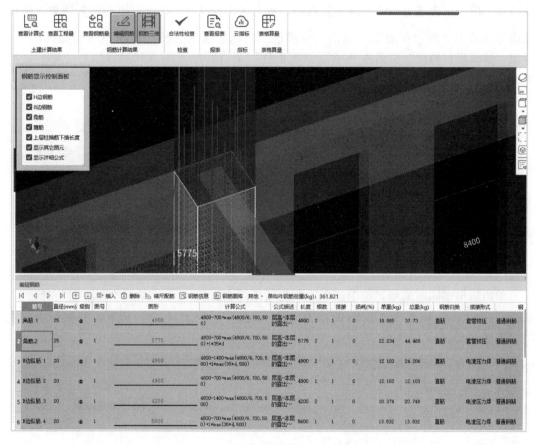

图 2-101　编辑钢筋和钢筋三维（首层 KZ26）

3）查看报表

汇总计算完成后，在【工程量】菜单下，单击"报表"中的【查看报表】按钮，弹出报表活动窗口，可以通过页签切换，查看"钢筋报表量"和"土建报表量"中钢筋和土建的工程量。

（4）任务总结

图元的检查和汇总计算可以在绘制过程中根据需要进行检查或汇总，也可以在工程绘制结束之后进行；为保证计算的准确性，对于检查后发现的问题，需要判断问题是否需要修改，对于需要修改的问题要及时进行处理。

2.3.2　房屋建筑与装饰工程工程量提取

计量模型中清单工程量的提取有两种方法，第一种：在计量模型中直接添加清单项；第二种：在计价软件中列出清单项，将计量软件中的清单工程量输入计价软件。

1. 计量软件中添加清单

以首层柱为例，进行讲解。

（1）添加清单

将楼层切换至首层，双击【构件列表】下的【KZ6】，打开"定义"对话框。单击【构件做法】按钮，单击【添加清单】按钮，在【构件做法】下空白区域出现一行空白的清单表。单击下方【查询匹配清单】按钮，双击表内的【010502001 矩形柱】清单，矩形柱清单自动添加到清单表中。双击"矩形柱"后面的【项目特征】列→单击后面的，弹出"编辑项目特征"对话框→填写"矩形柱"项目特征（图2-102），填写完毕后，单击【确定】按钮。

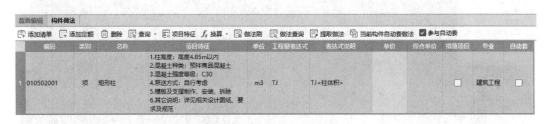

图 2-102　KZ6 清单列项

（2）"做法刷"复制清单

单击清单编码前编号，选中清单，单击【做法刷】按钮，弹出"做法刷"对话框，选择柱高大于3.6m小于4.85m的柱子（除TZ外首层柱子），单击确定，完成清单的复制（图2-103）。

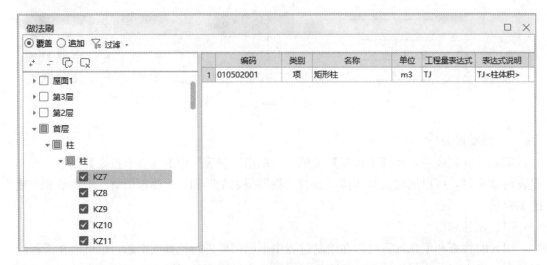

图 2-103　做法刷-复制 KZ6 清单

小于3.6m柱清单，除项目特征与KZ6不同外，其他的操作方法同KZ6。同样的方法，添加其他构件清单。

构件清单添加完成后，再次进行"汇总计算"，在"查看报表"中，即可查看构件做法汇总，在计价软件中，通过"量价一体化"将计量软件中的清单导入计价软件；对于不能在计量软件中添加的构件清单项，如钢筋清单列项，手算工程量部分列项，需要在计价软件中另列清单项目。具体操作详见"计价软件中工程量清单列项"。

2. 计量软件中提取工程量

（1）计量软件中工程量分类汇总

完成"汇总计算"后，在【查看报表】-【报表】中，分别导出钢筋工程量和土建工程量。

1）导出钢筋工程量

在【报表】的"钢筋报表量"下，单击"钢筋接头汇总表"，右侧表格区域为构件钢筋接头工程量→单击"导出"，选择"导出到 Excel"，自动弹出导出后"钢筋接头汇总表"Excel 表格，可将表格另存至需要位置备用。

导出"楼层构件类型级别直径汇总表"前需要设定报表范围：单击"设置报表范围"弹出设置报表范围对话框→在"钢筋类型"选择下取消勾选"箍筋"→单击确定按钮，完成设置钢筋报表范围→导出"楼层构件类型级别直径汇总表"，并保存；然后重复设定报表范围操作，"钢筋类型"中勾选"箍筋"，用同样的方法导出箍筋的"楼层构件类型级别直径汇总表"，并保存。

注：根据河南省 2016 定额设置，箍筋需要单独列项，箍筋的工程量与其他钢筋工程量需要分别提取。

2）土建工程量

在【报表】的"土建报表量"下，单击"绘图输入工程量汇总表"，右侧表格区域为绘图输入的构件工程量→单击表格上方"设置分类条件"，弹出"设置分类条件"对话框，可以根据需要筛选需要保留的构件属性，不需要保留的构件属性，单击取消属性后"√"；逐个构件筛选后，单击【确定】按钮，完成"设置分类条件"；导出，并保存"绘图输入工程量汇总表"，如图 2-104 所示。

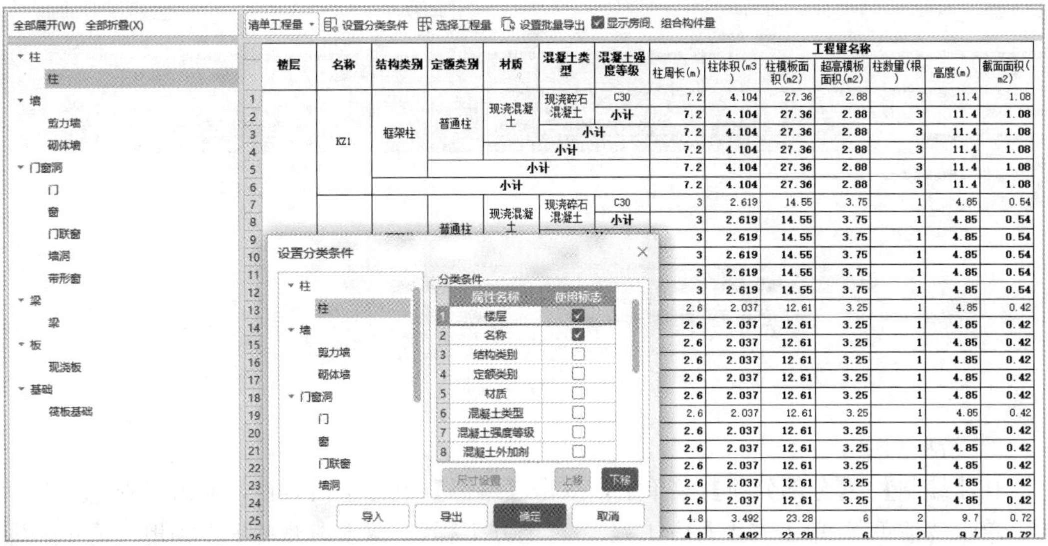

图 2-104 设置分类条件

（2）计价软件中工程量清单列项

1）新建工程

双击桌面"广联达云计价平台 GCCP6.0"图标打开"广联达云计价平台 GCCP6.0"软件，或单击【开始】菜单→进入"所有程序"→单击【广联达建设工程造价管理整体解决方案】→单击 广联达云计价平台GCCP6.0 ，弹出新建工程对话框→单击【新建预算】，进入"新建预算"界面→单击"招标项目"，并在"项目名称"后输入对应信息，如图 2-105 所示，信息确认无误后，单击【立即新建】，进入"工程编制"界面。

图 2-105 新建预算项目

在工程"编制"界面单击【单位工程】，弹出新建单位工程选项→单击"建筑工程"，右键单击【建筑工程】选择"重命名"，将名称修改为"某高校 2 号食堂"，如图 2-106 所示。

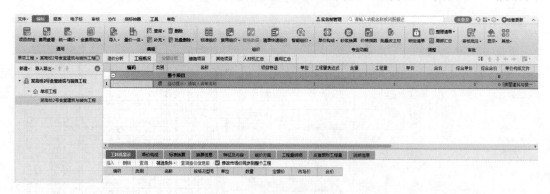

图 2-106 工程"编制"界面

2）清单列项

在【编制】-【分部分项】菜单下，双击【编码】下方空白表格，弹出"查询"对话框，单击"清单"，单击"土石方工程"-"土方工程"，双击右侧"平整场地"清单，即

将该项清单添加至"分部分项"工程下方→在该清单行项目特征对应列双击→单击 ，
弹出项目特征输入对话框，在项目特征中输入需要添加项目特征，单击【确定】按钮，完
成项目特征输入；查询 GTJ 导出土建报表中首层建筑面积，在"工程量表达式"列输入
该数值，为该项清单工程量，如图 2-107 所示。

图 2-107　添加清单-平整场地

单价措施费清单项目列项在【编制】-【措施项目】菜单下，列项方法同【分部分项】
菜单下清单列项。

用同样的方法，列出其他清单项，清单项同建筑与装饰工程清单项。

3）清单工程量确定

部分清单工程量同平整场地，可以直接从 GTJ 导出报表中查询，部分清单工程量由
多项汇总计算得到，以下主要介绍不能直接查询部分清单工程量。

① 满堂基础清单工程量（图 2-108）：筏板基础体积、坡道底板体积、集水坑体积和
下柱墩体积之和。

— 010501004001	项	满堂基础	1. 混凝土种类：预拌商品混凝土 2. 混凝土强度等级：C35 P6 3. 泵送方式：自行考虑 4. 模板及支撑制作、安装、拆除 5. 其它说明：详见相关设计图 纸、要求及规范	m3	GCLMXHJ

工料机显示	单价构成	标准换算	换算信息	特征及内容	组价方案	**工程量明细**	反查图形工程量	说明信息

	内容说明	计算式	结果	累加标识	引用代码
0	计算结果		1592···		
1	筏板基础	1254.04	1254···	☑	
2	坡道底板	50.09	50.09	☑	
3	集水坑	66.21	66.21	☑	
4	下柱墩	221.79	221.79	☑	
5		0	0	☑	

图 2-108　满堂基础清单工程量及明细

② 矩形梁清单工程量（图 2-109）：屋面框架梁（WKL）和框架梁（KL）体积，需
要区分不同的梁高分别提取。

③ 平板清单工程量（图 2-110）：本工程中，名称未注明为有梁板的板体积。

④ 有梁板清单工程量（图 2-111）：非框架梁和本工程命名为有梁板的板体积和。

□ 010503002002	项	矩形梁	1. 梁高度：高度3.6~4.2m 2. 混凝土种类：预拌商品混凝土 3. 混凝土强度等级：C30 4. 泵送方式：自行考虑 5. 模板及支撑制作、安装、拆除 6. 其它说明：详见相关设计图纸、要求及规范	m3	GCLMXHJ

工料机显示	单价构成	标准换算	换算信息	特征及内容	组价方案	工程量明细	反查图形工程量	说明信息

	内容说明	计算式	结果	累加标识	引用代码
0	计算结果		175.92		
1	人防区域	175.92	175.92	☑	
2		0	0	☑	
3		0	0	☑	
4		0	0	☑	

楼层	名称	梁体积(m3)	梁模板面积(m2)	梁超高体积(m3)	超高模板面积(m2)	梁抑手架面积(m2)	梁截面周长(m)	梁净长(m)	梁轴线长度(m)	梁侧面面积(m2)	横板体积(m3)	截面面积(m2)	截面高度(m)	截面宽度(m)
第-1层	KL1(1)	2.7009	23.9003	2.7009	23.9	41.722	3	7.5025	8.45	17.879	2.7009	0.36	1.2	0.3
	KL2(1)	2.61	22.0194	2.61	22.019	40.364	3	7.25	8.1724	17.221	2.61	0.36	1.2	0.3
	KL3(4)	7.7068	66.41	7.7068	66.41	153.14	9.3	29.8	32.4	49.538	7.7068	1.035	3.45	1.2
	KL4(3)	5.328	46.315	5.328	46.315	113.61	2.2	22.05	24.15	33.99	5.328	0.24	0.8	0.3
	KL5(2)	4.8717	39.5987	4.8717	39.599	82.45	5.2	15.6	17	29.445	4.8717	0.625	1.95	0.65
	KL6(3)	5.568	48.025	5.568	48.025	121.25	2.2	23.2	25.15	35.95	5.568	0.24	0.8	0.3
	KL7(3)	5.6173	49.2027	5.6173	49.203	122.71	4.4	23.4	25.75	36.743	5.6173	0.48	1.6	0.6
	人防-KL1(7)	26.5	145.72	5.3	23.31	223.25	3	53	58.8	101.42	26.5	0.5	1	0.5
	人防-KL10(3)	10.95	60.5	2.19	9.7	86.45	3	21.9	24	42.088	10.95	0.5	1	0.5
	人防-KL11(4)	11.0794	63.5625	2.2357	10.45	90.44	4.9	22.9	25.5	42.583	11.079	0.675	1.7	0.75
	人防-KL12(1)	0.5338	7.28	0.1838	1.78	14.44	1.9	3.65	3.8	5.0553	0.6338	0.175	0.7	0.25
	人防-KL13(1)	2.96	19.72	0.592	3.3	30.59	2	5.92	6.5	14.28	2.96	0.4	1	0.4
	人防-KL14(4)	6.7582	43.4975	1.4532	7.83	68.02	7.5	16.95	19	30.03	6.7582	1.035	2.6	1.15
	人防-KL15(1)	3.525	21.8125	0.705	3.53	31.635	3	7.05	8.325	13.803	3.525	0.5	1	0.5
	人防-KL16(1)	0.24	2.82	0.08	0.74	6.08	1.7	1.6	1.6	1.92	0.24	0.15	0.6	0.25
	人防-KL2(7)	26.6	146.5	5.32	23.3	223.06	3	53.2	58.8	102.24	26.6	0.5	1	0.5
	人防-KL3(7)	26.65	145.59	5.33	23.31	223.06	6	53.3	58.8	102.44	26.65	1	1	1
	人防-KL4(3)	10.606	58.06	2.062	10.01	90.25	6	21.95	24	44.19	10.606	0.94	2.1	0.9
	人防-KL5(4)	14.6	81	2.92	13	115.9	3	29.2	32	56.02	14.6	0.5	1	0.5
	人防-KL6(4)	14.55	81	2.91	13	115.9	3	29.1	32	55.82	14.55	0.5	1	0.5
	人防-KL7(4)	14.55	81	2.91	13	115.9	3	29.1	32	55.82	14.55	0.5	1	0.5
	人防-KL8(1)	0.765	7.515	0.204	1.68	13.629	2.1	3.4	4.05	5.1	0.765	0.225	0.75	0.3
	人防-KL9(1)	0.9106	7.7907	0.2428	1.9595	17.471	2.1	4.0162	4.517	6.0441	0.9106	0.225	0.75	0.3
	人防-WKL1(1)	2.8834	22.4064	0.6784	4.3986	40.306	2.4	9.5033	10.626	16.526	2.8834	0.2975	0.85	0.35
	人防-WKL2(1)	1.155	10.4525	0.33	2.47	21.678	2	5.5	6.025	7.6988	1.155	0.21	0.7	0.3

绘图输入工程量汇总表-梁	绘图输入工程量汇总表-连梁	绘图输入工程量汇总表-圈梁	绘图输入工程量汇总表-现浇板	绘图输

图 2-109　矩形梁（地下 3.6～4.2m）清单工程量及明细

□ 010505003002	项	平板	1. 板高度：高度3.6~4.2m 2. 混凝土种类：预拌商品混凝土 3. 混凝土强度等级：C30 4. 泵送方式：自行考虑 5. 模板及支撑制作、安装、拆除 6. 其它说明：详见相关设计图纸、要求及规范	m3	GCLMXHJ

工料机显示	单价构成	标准换算	换算信息	特征及内容	组价方案	工程量明细	反查图形工程量

	内容说明	计算式	结果	累加标识	引用代码
0	计算结果		1.52		
1	人防区域	1.52	1.52	☑	
2		0	0	☑	

楼层	名称	现浇板面积(m2)	现浇板体积(m3)	现浇板底面面积(m2)	现浇板侧面模板(m2)	现浇板数量(块)	投影面积(m2)	现浇板模高面积(m2)	超高模板体积(m3)	超高侧面模板(m2)	模板体积(m3)	板厚(m)
第-1层	非人防-1#楼梯-PTB1-100【不计量】	7.705	0.7705	9.4613	1.325	1	7.705	0	0	0	0.7705	0.1
	人防-2#楼梯PTB-100	8.0078	0.8008	9.4777	1.3214	1	8.0078	0.8008	9.4777	1.3214	0.8008	0.1
	人防-2#楼梯PTB-100【不计量】	7.455	0.7455	9.3894	1.32	1	7.455	0	0	0	0.7455	0.1
	人防-YLB-250	1670.22	417.329	2074.1	542.576	138	1686.57	331.3951	0	54.2618	417.3288	34.5
	人防-电缆井板-100	2.3934	0.2394	2.8246	0.8848	1	2.3934	0.2394	2.8246	0.78	0.2394	0.1
	人防-电缆井盖板-100	0.4208	0.0421	0.9649	0.215	1	0.4208	0.0421	0.9649	0.215	0.0421	0.1
	人防-预留连通口板-250	2.6351	0.629	3.2402	1.3213	1	2.4651	0	0	0	0.629	0.25
	食堂-FB-180	9.2132	1.6584	11.5387	3.2851	1	9.2132	1.6584	11.5387	2.3119	1.6584	0.36
	食堂-YLB-180	587.194	105.734	691.2048	146.106	62	581.749	105.7337	691.205	30.6087	105.7337	11.16
	小计	2295.2	527.95	2812.2	698.35	209	2306	439.87	716.01	89.499	527.95	46.87

图 2-110　平板（地下 3.6～4.2m）清单工程量及明细

图 2-111　有梁板（地下 3.6～4.2m）清单工程量及明细

任务 3　某高校 2 号食堂安装工程
工程量清单编制

 **能力目标**

　　基于前期学习基础，识读某高校 2 号食堂的安装工程图纸，根据《通用安装工程工程量计算规范》GB 50856—2013、《建设工程工程量清单计价规范》GB 50500—2013 和《河南省通用安装工程预算定额》HA 02-31-2016，熟练掌握工程量计算规则，并使用 GQI 广联达安装算量软件建立模型，进行工程量清单编制和招标控制价的项目实际应用。

 **思政元素**

　　改革开放初期至今的工程造价发展，计算方式从最初的手算到如今的电算，造价总量从最初的十几万元到至今上亿元的工程项目，体现出国家以经济建设为中心，以科技创新为引领，工程规模越来越大，计算工具和计算方法越来越先进，培养学生掌握新方法，使用新技术的能力。

　　通过计算照明工程管线的工程量，让学生认真求证每个数据的精确性，提高每次计算的正确率，培养学生专注、精益求精的工匠精神。

　　通过对防雷接地和等电位联结的学习，使学生明白局部环节在整个建筑物中的重要性，深刻认识到造价人员的责任和操守，从而使其树立强烈的责任意识和崇高的职业道德。

 **思维导图**

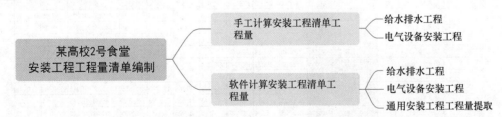

3.1　手工计算安装工程清单工程量

3.1.1　给水排水工程清单工程量

　　给水排水工程共包含 9 个分部工程，某高校 2 号食堂工程涉及的分部工程有给水排水管道、支架及其他、管道附件、卫生器具 4 个分部工程，除此之外还有刷油工程和措施项目。

给水排水
系统组成

第十册定额《给排水、采暖、燃气工程》规定：

（1）定额中给水排水工程操作物高度以距楼地面 3.6m 为限，超过 3.6m 时，超过部分工程量按定额人工费乘以表 3-1 的系数。

给水排水工程操作高度增加费系数　　　　表 3-1

操作物高度（m）	≤10	≤30	≤50
系数	1.10	1.20	1.50

给水排水工程操作高度增加费＝超高以上部分的人工费×（系数－1）。

（2）在洞库、暗室，在已封闭的管道井（间）、地沟、吊井内安装的项目，人工、机械乘以系数 1.20。

根据以上规定，计算给水排水工程清单工程量时需将操作高度 3.6m 以上和 3.6m 以下分别列项，地下车库和地上工程分别列项，管井内工程和管井外工程分别列项。

1. 给排水管道（031001）

（1）《河南省通用安装工程预算定额》HA 02-31-2016 第十册《给排水、采暖、燃气工程》和《通用安装工程工程量计算规范》GB 50856—2013 明确了给水排水管道界限的划分：

给水排水管道
工程量计算

1）给水管道

① 室内外界限划分：以建筑物外墙皮 1.5m 为界，入口处设阀门者以阀门为界。

② 室外管道与市政管道界线以水表井为界，无水表井者以与市政管道碰头点为界。

2）排水管道

① 室内外界限划分：以出户第一个排水检查井为界（若图中未标检查井，以外墙皮 1.5m 为界）。

② 室外管道与市政管道界线以与市政管道碰头井为界。

3）与设在建筑物内的水泵房（间）的管道以泵房间外墙皮为界。

（2）根据现行《通用安装工程工程量计算规范》GB 50856—2013，给水排水管道工程量清单项目设置、项目特征描述的内容、计量单位及工程量计算规则，应按表 3-2 的规定执行。

（3）在 2 号食堂给水排水设计总说明中，对于管材的描述如下：

1）图中所标给水排水管管径，其中"DN-"中 DN 指管道公称直径；"De-"中 De 指管道外径。

2）给水管采用钢塑复合管，DN≤100 丝扣连接，DN＞100 沟槽式卡箍连接，钢塑复合管压力等级为 1.0MPa。

3）卫生间排水立管和支管采用 PVC-U 排水管，胶粘剂粘接；厨房排水立管及支管采用柔性接口机制排水铸铁管，W 型卡箍式连接。

管中埋地敷设深度为－0.75m，各层给水横管于 H+0.5m 或 H+1.0m 处引出，各层排水横管贴梁底敷设。顺着水流找出给水排水系统管道走向，分别找到给水管道 JL-1～JL-8、一层卫生间排水管道 W-1a～W-4a、二三层卫生间排水管道 WL1～WL4、一层厨房排水管道 F1 和 F3a～F7b、二三层厨房排水管道 FL1～FL7，卫生间和厨房给排水支管位置及管径参照各层给排水平面图和大样图。其中给水钢塑复合管管径有：DN100、DN80、DN65、DN50、DN40、DN32、DN25、DN20、DN15；排水 PVC-U 管管径有：De160、De110、De75、De50；排水铸铁管管径有：De160、De110、De75、De50、DN200、DN150。

给排水管道（部分）　　　　　　　　　　　　　　　　　　　表 3-2

项目编码	项目名称	项目特征	计量单位	工程量计算规则	工作内容
031001005	铸铁管	1. 安装部位 2. 介质 3. 材质、规格 4. 连接形式 5. 接口材料 6. 压力试验及吹、洗设计要求 7. 警示带形式	m	1. 按设计图示管道中心线长度计算 2. 成品管卡安装按管道直径，区分不同规格以"个"为计量单位（管卡工程量参考定额附录"成品管卡用量参考表"，见表 3-3） 3. 阻火圈安装按管道直径，区分不同规格以"个"为计量单位	1. 管道安装 2. 管件安装 3. 压力试验 4. 吹扫、冲洗 5. 警示带铺设
031001006	塑料管	1. 安装部位 2. 介质 3. 材质、规格 4. 连接形式 5. 阻火圈设计要求 6. 压力试验及吹、洗设计要求 7. 警示带形式			1. 管道安装 2. 管件安装 3. 塑料卡固定 4. 阻火圈安装 5. 压力试验 6. 吹扫、冲洗 7. 警示带铺设
031001007	复合管	1. 安装部位 2. 介质 3. 材质、规格 4. 连接形式 5. 压力试验及吹、洗设计要求 6. 警示带形式			1. 管道安装 2. 管件安装 3. 塑料卡固定 4. 压力试验 5. 吹扫、冲洗 6. 警示带铺设

注：1. 安装部位，指管道安装在室内、室外。
　　2. 输送介质包括给水、排水、中水、雨水、热媒体、燃气、空调水等。
　　3. 铸铁管安装适用于承插铸铁管、球墨铸铁管、柔性抗震铸铁管等。
　　4. 塑料管安装适用于 UPVC、PVC、PP-C、PP-R、PE、PB 管等塑料管材。
　　5. 复合管安装适用于钢塑复合管、铝塑复合管、钢骨架复合管等复合型管道安装。
　　6. 排水管道安装包括立管检查口、透气帽。
　　7. 管道工程量计算不扣除阀门、管件（包括减压器、疏水器、水表、伸缩器等组成安装）及附属构筑物所占长度。
　　8. 压力试验按设计要求描述试验方法，如水压试验、气压试验、泄漏性试验、闭水试验、通球试验、真空试验等。
　　9. 吹、洗按设计要求描述吹扫、冲洗方法，如水冲洗、消毒冲洗、空气吹扫等。

（4）卫生间污水 PVC-U 管采用成品管卡固定，管卡工程量参考定额附录"成品管卡用量参考表"，见表 3-3；管道在穿墙、楼板不安装套管时的洞口封堵应另列堵洞项目计算；阻火圈施工安装参照图集 10S406《建筑排水塑料管道安装》。

成品管卡用量参考表（单位：个/10m）　　　　　　　　　**表 3-3**

序号	公称直径（mm 以内）	排水管道						
		钢管		塑料管及复合管			塑料管	
		保温管	不保温管	立管	水平管		立管	横管
					冷水管	热水管		
1	15	5.00	4.00	11.11	16.67	33.33	—	—
2	20	4.00	3.33	10.00	14.29	28.57	—	—
3	25	4.00	2.86	9.09	12.50	25.00	—	—
4	32	4.00	2.50	7.69	11.11	20.00	—	—
5	40	3.33	2.22	6.25	10.00	16.67	8.33	25.00
6	50	3.33	2.00	5.56	9.09	14.29	8.33	20.00
7	65	2.50	1.67	5.00	8.33	12.50	6.67	13.33
8	80	2.50	1.67	4.55	7.41	—	5.88	11.11
9	100	2.22	1.54	4.17	6.45	—	5.00	9.09
10	125	1.67	1.43	—	—	—	5.00	7.69
11	150	1.43	1.25	—	—	—	5.00	6.25

　　下面以排水铸铁管 De75、排水塑料管 De110 和给水钢塑复合管 DN32 为例，工程量清单列项如表 3-4 所示。

给排水管道工程量清单编制（实例）　　　　　　　　　**表 3-4**

项目编码	项目名称	项目特征	计量单位	工程量	工程量计算式
031001005001	铸铁管	1. 安装部位：室内 2. 介质：排水 3. 材质、规格：铸铁管 De75 4. 连接形式：W 型卡箍式连接 5. 压力试验及吹、洗设计要求：灌水试验 6. 其他：未尽事宜参见施工图说明、图纸答疑、招标文件及相关规范图集	m	2	以 F2a 系统为例： ① 见食堂排水系统原理图 ② 工程量：一层 2m
031001006001	塑料管	1. 安装部位：室内 2. 介质：排水 3. 材质、规格：PVC-U De110 4. 连接形式：胶粘剂粘接 5. 含管卡安装 6. 含管道预留洞及堵洞 7. 压力试验及吹、洗设计要求：灌水试验 8. 其他：未尽事宜参见施工图说明、图纸答疑、招标文件及相关规范图集	m	18.45	以 W3 系统为例： ① 见一层给水排水平面布置图和食堂排水系统原理图 ② 管道工程量：干管（1.5＋3.401）＋立管（0.75＋12.8）＝18.45m ③ 管卡（个）：地上立管 10.8×0.5（结合"成品管卡用量参考表"找到 DN100 以内塑料管立管的管卡用量，此处注意管道公称直径与外径转换）＝6 ④ 预留洞（个）：2 ⑤ 堵洞（个）：2

项目编码	项目名称	项目特征	计量单位	工程量	工程量计算式
031001006002	塑料管	1. 安装部位：室内 2. 介质：排水 3. 材质、规格：PVC-U De110 超高 4. 连接形式：胶粘剂粘接 5. 含管卡安装 6. 含阻火圈安装 7. 压力试验及吹、洗设计要求：灌水试验 8. 其他：未尽事宜参见施工图说明、图纸答疑、招标文件及相关规范图集	m	5.32	以 W3 系统为例： ① 见食堂卫生间给水排水平面布置图 3♯卫生间二、三层，给水排水平面布置图和食堂排水系统原理图 ② 管道工程量：立管 3.6＋支管二、三层(0.35＋0.07＋0.44)×2＝5.32m ③ 管卡(个)：立管 3.6×0.5＝2；支管 1.72×0.909(结合"成品管卡用量参考表"找到 DN100 以内塑料管横管的管卡用量，此处注意管道内外径转换)＝2 ④ 阻火圈(个)：2
031001007001	复合管	1. 安装部位：室内 2. 介质：给水 3. 材质、规格：钢塑复合管 DN32 4. 连接形式：丝扣连接 5. 压力试验及吹、洗设计要求：试压、水冲洗、水消毒 6. 其他：未尽事宜参见施工图说明、图纸答疑、招标文件及相关规范图集	m	4.20	① 见一层给水排水平面布置图和食堂给水系统原理图 ②工程量：J1 系统一层 1.4＋J3 系统一层 1.401＋J3 系统二层 1.4＝4.20m

2. 管道支架及套管（031002）

（1）根据现行《通用安装工程工程量计算规范》GB 50856—2013，支架及套管工程量清单项目设置、项目特征描述的内容、计量单位及工程量计算规则，应按表 3-5 的规定执行。

支架及其他（部分）   表 3-5

项目编码	项目名称	项目特征	计量单位	工程量计算规则	工作内容
031002001	管道支架	1. 材质 2. 管架形式	1. kg 2. 套	1. 以千克计量，按设计图示质量计算（支架工程量参考定额附录"室内钢管、铸铁管道支架用量参考表"，见表 3-6） 2. 以套计量，按设计图示数量计算	1. 制作 2. 安装
031002003	套管	1. 名称、类型 2. 材质 3. 规格 4. 填料材质	个	按设计图示数量计算	1. 制作 2. 安装 3. 除锈、刷油

注：1. 单件支架质量 100kg 以上的管道支吊架执行设备支吊架制作安装。
2. 成品支架安装执行相应管道支架或设备支架项目，不再计取制作费，支架本身价值含在综合单价中。
3. 套管制作安装，适用于穿基础、墙、楼板等部位的防水套管、填料套管、无填料套管及防火套管等，应分别列项。

（2）定额说明

管道安装项目中，除室内直埋塑料给水管项目中已包括管卡安装外，均不包括管道支架、管卡、脱钩等制作安装。支架工程量参考定额附录"室内钢管、铸铁管道支架用量参考表"见表 3-6。刚性防水套管和柔性防水套管安装项目中包括了配合预留孔洞及浇筑混凝土工作内容；一般套管制作安装项目均未包括预留孔洞工作，发生时按预留孔洞项目另行计算；套管制作安装项目已包含堵洞工作内容。

室内钢管、铸铁管道支架用量参考表（单位：kg/m） 表 3-6

序号	公称直径（mm 以内）	钢管			铸铁管	
		给水、采暖、空调水				
		保温	不保温	燃气	给水、排水	雨水
1	15	0.58	0.34	0.34	—	—
2	20	0.47	0.3	0.3	—	—
3	25	0.5	0.27	0.27	—	—
4	32	0.53	0.24	0.24	—	—
5	40	0.47	0.22	0.22	—	—
6	50	0.6	0.41	0.41	0.47	—
7	65	0.59	0.42	0.42	—	—
8	80	0.62	0.45	0.45	0.65	0.32
9	100	0.75	0.54	0.5	0.81	0.62
10	125	0.75	0.58	0.54	—	—
11	150	1.06	0.64	0.59	1.29	0.86
12	200	1.66	1.33	1.22	1.41	0.97
13	250	1.76	1.42	1.30	1.60	1.09
14	300	1.81	1.48	1.35	2.03	1.20
15	350	2.96	2.22	2.03	3.12	—
16	400	3.07	2.36	2.16	3.15	—

（3）食堂内给水钢塑复合管采用支架固定。现以 DN32 管道支架为例，工程量清单列项见表 3-7。

管道支架工程量清单编制（实例） 表 3-7

项目编码	项目名称	项目特征	计量单位	工程量	工程量计算式
031002001001	管道支架	1. 名称：管道支架制作及安装 2. 材质：型钢 3. 其他：未尽事宜参见施工图说明、图纸答疑、招标文件及相关规范图集	kg	1	以 DN32 管道支架为例： 工程量：管道长 4.2m×0.24kg/m（结合"室内钢管、铸铁管道支架用量参考表"找到 DN32 以内不保温管的支架用量）=1

（4）在 2 号食堂给水排水设计总说明中，套管描述如下：重力流（污废水）出户管穿墙处预留刚性防水套管，压力流（压力废水、给水）出户管穿墙处预留柔性防水套管；穿屋面时预埋防水套管。给水管道中其余套管采用一般钢套管。

下面以 DN40 一般钢套管为例，工程量清单列项见表 3-8。

套管工程量计算

套管工程量清单编制（实例）　　　　　　　表 3-8

项目编码	项目名称	项目特征	计量单位	工程量	工程量计算式
031002003001	套管	1. 名称、类型：一般钢套管 2. 材质：钢管 3. 规格：DN40 4. 填料材质：阻燃密实材料和防水油膏 5. 含预留洞 6. 其他：未尽事宜参见施工图说明、图纸答疑、招标文件及相关规范图集	个	2	以 DN40 钢套管为例： ① 工程量：J1 系统 1 个＋J3 系统 1 个＝2 ② 预留洞（个）：2

3. 管道附件（031003）

(1) 根据现行《通用安装工程工程量计算规范》GB 50856—2013，管道附件工程量清单项目设置、项目特征描述的内容、计量单位及工程量计算规则，应按表 3-9 的规定执行。

管道附件（部分）　　　　　　　　　表 3-9

项目编码	项目名称	项目特征	计量单位	工程量计算规则	工作内容
031003001	螺纹阀门	1. 类型 2. 材质 3. 规格、压力等级 4. 连接形式 5. 焊接方法	个	按设计图示数量计算	1. 安装 2. 电气接线 3. 调试
031003013	水表	1. 安装部位（室内外） 2. 型号、规格 3. 连接形式 4. 附件配置	组（个）		组装

(2) 在 2 号食堂给水排水设计总说明中，对于附件的描述如下：

1) 生活冷水系统中，DN＞50mm 时采用弹性座封不锈钢芯闸阀；DN≤50mm 时采用全铜截止阀，阀门压力等级为 1.0MPa。

2) 生活给水引入管上设带关闭弹簧的止回阀，工作压力与同位置的阀门一致；压力排水管上的阀门采用铜芯球墨铸铁外壳闸阀，止回阀采用 HQ11X-1.0 球形止回阀，工作压力 1.0MPa。

3) 生活用水水表设在室外水表井内。

下面以闸阀、截止阀、自动排气阀、水表为例，工程量清单列项见表 3-10。

管道附件工程量清单编制（实例）　　　　　　　表 3-10

项目编码	项目名称	项目特征	计量单位	工程量	工程量计算式
031003001001	螺纹阀门	1. 类型：止回阀 2. 规格、压力等级：DN20 3. 连接形式：螺纹连接 4. 其他：未尽事宜参见施工图说明、图纸答疑、招标文件及相关规范图集	个	6	以 DN20 止回阀为例： ① 见食堂卫生间给水排水平面布置图 3# 卫生间给水支管系统图 ② 工程量：JL-2 支管热水器处 3 个＋JL-3 支管热水器处 3 个＝6 个

续表

项目编码	项目名称	项目特征	计量单位	工程量	工程量计算式
031003001002	螺纹阀门	1. 类型：全铜截止阀 2. 规格、压力等级：DN25 3. 连接形式：螺纹连接 4. 其他：未尽事宜参见施工图说明、图纸答疑、招标文件及相关规范图集	个	2	以 DN25 截止阀为例： 工程量：J4 系统支管 2 个
031003001003	螺纹阀门	1. 类型：自动排气阀（含一个截止阀） 2. 规格、压力等级：DN20 3. 连接形式：螺纹连接 4. 其他：未尽事宜参见施工图说明、图纸答疑、招标文件及相关规范图集	个	8	以 DN20 自动排气阀 为例： ① 工程量：J1～J8 系统立管顶端各 1 个共 8 个 ② 截止阀：8 个
031003013004	水表	1. 安装部位：室外水表井 2. 型号、规格：DN65 3. 连接形式：螺纹连接 4. 其他：未尽事宜参见施工图说明、图纸答疑、招标文件及相关规范图集	个	1	以 DN65 水表为例： 工程量：J1 系统 1 个
031003003001	焊接法兰阀门	1. 类型：弹性座封不锈钢芯闸阀 2. 规格、压力等级：DN65 3. 连接形式：法兰连接 4. 其他：未尽事宜参见施工图说明、图纸答疑、招标文件及相关规范图集	个	1	以 DN65 闸阀为例： ① 工程量：JL-1 立管 1 个 ② 碳钢平焊法兰（副）：1

4. 卫生器具（031004）

（1）根据现行《通用安装工程工程量计算规范》GB 50856—2013，卫生器具工程量清单项目设置、项目特征描述的内容、计量单位及工程量计算规则，应按表 3-11 的规定执行。

卫生器具（部分）　　　　　　　　　　　　　　　　　　表 3-11

项目编码	项目名称	项目特征	计量单位	工程量计算规则	工作内容
031004003	洗脸盆	1. 材质 2. 规格、类型 3. 组装形式 4. 附件名称、数量	组	按设计图示数量计算	1. 器具安装 2. 附件安装
031004006	大便器				
031004007	小便器				
031004008	其他成品卫生器具				

项目编码	项目名称	项目特征	计量单位	工程量计算规则	工作内容
031004010	淋浴器	1. 材质、规格 2. 组装形式 3. 附件名称、数量	套	按设计图示数量计算	1. 器具安装 2. 附件安装
031004014	给、排水附（配）件	1. 材质 2. 型号、规格 3. 安装方式	个（组）		本体安装

注：1. 成品卫生器具项目中的附件安装，主要指给水附件包括水嘴、阀门、喷头等，排水配件包括存水弯、排水栓、下水口等以及配备的连接管。

　　2. 洗脸盆适用于洗脸盆、洗发盆、洗手盆安装。

　　3. 器具安装中若采用混凝土或砖基础，应按现行国家标准《房屋建筑与装饰工程工程量计算规范》GB 50854 相关项目编码列项。

　　4. 给、排水附（配）件是指独立安装的水嘴、地漏、地面扫出口等。

（2）结合 2 号食堂施工图纸，卫生器具有感应水嘴（水力发电）洗脸盆、连体式下排水坐便器、液压脚踏冲洗阀蹲式大便器、感应式冲洗阀壁挂式小便器、埋入式单柄混水阀淋浴器、污水池。给、排水附（配）件有地漏，清扫口。

下面结合 2 号食堂施工图纸进行卫生器具、给、排水附件工程量清单编制，清单编制见表 3-12。

卫生器具工程量清单编制（实例）　　　　　　　　　　　　　　　　表 3-12

项目编码	项目名称	项目特征	计量单位	工程量	工程量计算式
031004003001	洗脸盆	1. 名称：感应水嘴（水力发电）台下式洗脸盆 2. 材质：陶瓷制品 3. 含预留洞、堵洞 4. 其他：未尽事宜参见施工图说明、图纸答疑、招标文件及相关规范图集	组	13	① 见食堂卫生间给水排水平面布置图 1♯、2♯、3♯ 卫生间给排水平面布置详图 ② 工程量：13
031004006001	大便器	1. 名称：液压脚踏冲洗阀蹲式大便器 2. 材质：陶瓷制品 3. 含预留洞、堵洞 4. 其他：未尽事宜参见施工图说明、图纸答疑、招标文件及相关规范图集	组	24	① 见食堂卫生间给水排水平面布置图 1♯、2♯、3♯ 卫生间给排水平面布置详图 ② 工程量：24
031004006002	大便器	1. 名称：连体式下排水坐便器 2. 材质：陶瓷制品 3. 含预留洞、堵洞 4. 其他说明：详见图纸设计及其他规范要求	组	1	① 见食堂卫生间给水排水平面布置图 1♯ 卫生间给水排水平面布置详图 ② 工程量：1

续表

项目编码	项目名称	项目特征	计量单位	工程量	工程量计算式
031004007001	小便器	1. 名称：感应式冲洗阀壁挂式小便器 2. 材质：陶瓷制品 3. 含预留洞、堵洞 4. 其他：未尽事宜参见施工图说明、图纸答疑、招标文件及相关规范图集	组	9	① 见食堂卫生间给水排水平面布置图 1#、2#、3# 卫生间给水排水平面布置详图 ② 工程量：9
031004008001	其他成品卫生器具	1. 名称：污水池 2. 材质：陶瓷制品 3. 含预留洞、堵洞 4. 其他：未尽事宜参见施工图说明、图纸答疑、招标文件及相关规范图集	组	6	① 见食堂卫生间给水排水平面布置图 1#、2# 卫生间给水排水平面布置详图 ② 工程量：6
031004010001	淋浴器	1. 名称：埋入式单柄混水阀淋浴器 2. 其他：未尽事宜参见施工图说明、图纸答疑、招标文件及相关规范图集	套	6	① 见食堂卫生间给水排水平面布置图 3# 卫生间给水排水平面布置详图 ② 工程量：6
031004014001	给水排水附（配）件	1. 名称：地漏 2. 型号、规格：De110 3. 含预留洞、堵洞 4. 其他：未尽事宜参见施工图说明、图纸答疑、招标文件及相关规范图集	个	2	① 见食堂卫生间给水排水平面布置图 3# 卫生间排水支管系统图 ② 工程量：W-3a 系统 1 个＋W-4a 系统 1 个=2
031004014002	给、排水附（配）件	1. 名称：清扫口 2. 型号、规格：De110 3. 含预留洞、堵洞 4. 其他：未尽事宜参见施工图说明、图纸答疑、招标文件及相关规范图集	个	6	① 见食堂卫生间给水排水平面布置图 1# 和 2# 卫生间排水支管系统图 ② 工程量：W-1 系统 2 个＋W-2 系统 2 个＋W-1a 系统 1 个＋W-2a 系统 1 个=6

5. 管道除锈、刷油、绝热（031201）

（1）根据现行《通用安装工程工程量计算规范》GB 50856—2013，刷油工程量清单项目设置、项目特征描述的内容、计量单位及工程量计算规则，应按表 3-13 的规定执行。

刷油工程（部分）　　　　　　　　表 3-13

项目编码	项目名称	项目特征	计量单位	工程量计算规则	工作内容
031201001	管道刷油	1. 除锈级别 2. 油漆品种 3. 涂刷遍数、漆膜厚度 4. 标志色方式、品种	1. m² 2. m	1. 以 m² 计量，按设计图示表面积尺寸以面积计算 2. 以米计量，按设计图示尺寸以长度计算	1. 除锈 2. 调配、涂刷

注：1. 管道刷油以 m 计算，按图示中心线以延长米计算，不扣除附属构筑物、管件及阀门等所占长度。

　　2. 涂刷部位：指涂刷表面的部位，如设备、管道等部位。

　　3. 设备筒体、管道表面积：$S = \pi \cdot D \cdot L$，π——圆周率；D——直径；L——设备筒体高或管道延长米。

　　4. 设备筒体、管道表面积包括管件、阀门、法兰、人孔、管口凹凸部分。

（2）在 2 号食堂给水排水设计总说明中，管道除锈、刷油、绝热描述如下：埋地钢管均做三油（沥青漆）二布（玻璃丝布）加强防腐处理，埋地铸铁管外刷冷底子油一道，石油沥青两道。明装钢管除锈后刷樟丹两道，再刷银粉或面漆两道。所有暴露在外墙外侧及楼梯间的给水管道均做保温，保温厚度为 30mm，管道保温采用橡塑管壳保温，保温后刷两道调合漆。生活冷水管保温完成后，冷水给水管外刷绿色环，色环和流向箭头一并标注。

本图并未有暴露在外墙外侧及楼梯间的给水管道，故不计算保温工程量。下面以复合管 De75 除锈、刷油为例，工程量清单列项见表 3-14。

刷油工程量清单编制（实例）　　　　　　表 3-14

项目编码	项目名称	项目特征	计量单位	工程量	工程量计算式
031201001001	管道刷油	1. 部位：明装铸铁排水管 De75 超高 2. 除锈级别：轻锈 3. 油漆品种：樟丹两道、银粉两道 4. 其他：未尽事宜参见施工图说明、图纸答疑、招标文件及相关规范图集	m²	0.18	以 F1 系统为例： 工程量：3.14 × 0.075 × 管道长 0.75 = 0.18m²

6. 措施项目（031301）

（1）根据现行《通用安装工程工程量计算规范》GB 50856—2013，专业措施项目工程量清单项目设置、项目特征描述的内容、计量单位及工程量计算规则，应按表 3-15 的规定执行。

专业措施项目（部分）　　　　　　　表 3-15

项目编码	项目名称	工作内容及包含范围
031301017	脚手架搭拆	1. 场内、场外材料搬运 2. 搭、拆脚手架 3. 拆除脚手架后材料的堆放

注：1. 脚手架以"项"为计量单位，按各附录分别列项，以所有项目的综合工日为计算基数。

　　2. 脚手架搭拆费按第十册定额内所有项目的综合工日为计算基数。单独承担的室外埋地管道工程不计算脚手架费用。

（2）结合某高校 2 号食堂施工图纸，措施项目为脚手架搭拆。该项工程量清单编制见表 3-16。

脚手架工程量清单编制（实例）　　　　　　　　　　　　表 3-16

序号	项目编码	项目名称	项目特征描述	计量单位	工程量	工程量计算式
1	031301017001	脚手架搭拆		项	1	

3.1.2 电气设备安装工程

电气设备安装工程共包含 14 个分部工程，2 号食堂工程涉及的分部工程有控制设备及低压电器安装、电缆安装、防雷及接地装置、配管配线、照明器具安装、附属工程及电气调整试验 7 个分部工程。

通常我们按照下列顺序进行计算电气设备安装工程清单工程量：1. 配电箱，2. 桥架、电缆，3. 配管、配线，4. 照明器具、开关插座，5. 送配电系统调试，6. 防雷接地，7. 措施项目。

第四册定额《电气设备安装工程》规定：

（1）操作高度增加费：安装高度距离楼面或地面＞5m 时，超过部分工程量按定额人工费乘以系数 1.1 计算（已经考虑了超高因素的定额项目除外，如：小区路灯、投光灯、氙气灯、烟囱或水塔指示灯、装饰灯具），电缆敷设工程、电压等级≤10kV 架空输电线路工程不执行本条规定。

（2）在地下室内（含地下车库）、暗室内、净高＜1.6m 楼层、断面＜4m² 且＞2m² 隧道或洞内进行安装的工程，定额人工费乘以系数 1.12。

（3）在管井内、竖井内、断面≤2m² 隧道或洞内、封闭吊顶天棚内进行安装的工程（竖井内敷设电缆项目除外），定额人工费乘以系数 1.16。

根据以上规定，计算电气设备安装工程清单工程量时需将操作高度 5m 以上工程和 5m 以下工程分别列项，地下工程和地上工程分别列项，电井内工程和电井外工程分别列项。

1. 配电箱

（1）配电箱工程量清单项目设置及工程量计算规则

配电箱工程量清单项目设置、项目特征描述内容、计量单位及工程量计算规则，应按表 3-17 执行。

配电箱工程量清单项目设置及工程量计算规则　　　　　　表 3-17

项目编码	项目名称	项目特征	计量单位	工程量计算规则	工作内容
030404017	配电箱	1. 名称 2. 型号 3. 规格 4. 基础形式、材质、规格 5. 接线端子材质、规格 6. 端子板外部接线材质、规格 7. 安装方式	台	按设计图示数量计算： 1. 根据配电箱系统图、区分箱体半周长分别计算； 2. 箱体半周长＝高＋宽	1. 本体安装 2. 基础型钢制作、安装 3. 焊、压接线端子 4. 补刷（喷）油漆 5. 接地

（2）2 号食堂配电箱工程量清单编制

2 号食堂工程有-1APE1～2、-1ALZ、-1APZ、-1APKZ、1～2AT-CF1、1AP-CF1～12、1～3AP-XW 等配电箱。不同系统图的配电箱需要分别列项，下面以配电箱-1APE1～2 为例，工程量清单列项见表 3-18。

配电箱工程量清单编制（示例）　　　　　　　　　表 3-18

序号	项目编码	项目名称	项目特征描述	计量单位	工程量	工程量计算式
1	030404017001	配电箱	1. 名称：配电箱-1APE1～2 2. 安装方式：落地安装，底部抬高 300mm 3. 功率：156.5kW/297.2A 4. 箱体尺寸：600×2200×400 5. 其他：未尽事宜参见施工图说明、图纸答疑、招标文件及相关规范图集	台	2	以配电箱-1APE1～2 为例： ① 见食堂配电箱系统图（一）-1APE1～2 系统图 ② 如图纸所示：工程量为 2 台

2. 桥架、电缆

2 号食堂工程中桥架、电缆工程包括桥架、桥架支吊架、桥架防火堵洞、电力电缆及电力电缆头安装工程。

（1）桥架、电缆安装工程量清单项目设置及工程量计算规则

桥架、电缆安装工程量清单项目设置、项目特征描述内容、计量单位及工程量计算规则，应按表 3-19 执行。

桥架、电缆工程量清单项目设置及工程量计算规则　　　　　　　　　表 3-19

项目编码	项目名称	项目特征	计量单位	工程量计算规则	工作内容
030411003	桥架	1. 名称 2. 型号 3. 规格 4. 材质 5. 类型 6. 接地方式	m	按设计图示尺寸以长度计算（以图示中心线计算长度，不扣除三通、直通、四通所占的长度）	1. 本体安装 2. 接地
030413001	铁构件	1. 名称 2. 材质 3. 规格	kg	按设计图示尺寸以质量计算	1. 制作 2. 安装 3. 补刷（喷）油漆
030408008	防火堵洞	1. 名称 2. 材质 3. 规格 4. 安装方式	处	按设计图示数量计算	安装
030408001	电力电缆	1. 名称 2. 型号 3. 规格 4. 材质 5. 敷设方式、部位 6. 电压等级（kV） 7. 地形	m	按设计图示尺寸以长度计算（含预留长度及附加长度）	1. 电缆敷设 2. 揭（盖）盖板

续表

项目编码	项目名称	项目特征	计量单位	工程量计算规则	工作内容
030408006	电力电缆头	1. 名称 2. 型号 3. 规格 4. 材质、类型 5. 安装部位 6. 电压等级（kV）	个	按设计图示数量计算	1. 电力电缆头制作 2. 电力电缆头安装 3. 接地

注：铁构件适用于电气工程的各种支架、铁构件的制作安装。

桥架支吊架及电力电缆工程量计算：

① 桥架支吊架工程量计算：

工程量＝桥架支吊架个数×单个支吊架质量

根据《建筑电气工程施工质量验收规范》GB 50303—2015 规定：当设计无要求时，电缆桥架水平安装的支架间距为 1.5～3m；垂直安装的支架间距不大于 2m。单个支吊架重量需根据支吊架形式参考五金手册确定。

② 电力电缆工程量计算：

工程量＝（电缆线路长＋预留长）×（1＋2.5％）

电缆敷设长度应包括电缆水平敷设长度和垂直敷设长度，预留长度按照设计规定计算，设计无规定时按照表 3-20 规定计算。

电缆敷设预留及附加长度　　　　　　　　　　　　　　　　表 3-20

序号	项目	预留长度（附加）	说明
1	电缆敷设弛度、波形弯度、交叉	2.50％	按电缆全长计算
2	电缆进入建筑物	2.0m	规范规定最小值
3	电缆进入沟内或吊架时引上（下）预留	1.5m	规范规定最小值
4	变电所进线、出线	1.5m	规范规定最小值
5	电力电缆终端头	1.5m	检修余量最小值
6	电缆中间接头盒	两端各留 2.0m	检修余量最小值
7	电缆进控制、保护屏及模拟盘等	高＋宽	按盘面尺寸
8	高压开关柜及低压配电盘、柜	2.0m	盘下进出线
9	电缆至电动机	0.5m	从电机接线盒算起
10	厂用变压器	3.0m	从地坪起算
11	电缆绕过梁柱等增加长度	按实计算	按被绕物的断面情况计算增加长度
12	电梯电缆与电缆架固定点	每处 0.5m	范围最小值

（2）2 号食堂桥架、电缆安装工程量清单编制

2 号食堂的桥架类型有 100×100、200×100 强电桥架，300×150、800×200 耐火桥架，300×100、200×100 热浸锌槽式耐火桥架等。本教材以 2 层 200×100 强电桥架为例进行工程量清单列项。

2号食堂工程中电力电缆有 WDZ-YJY-5×16、WDZN-YJY-5×10、WDZN-YJY-5×16、WDZN-YJY-4×25+1×16 等。本书以配电箱-1ALZ 与配电箱 1AL 之间的电力电缆 WDZ-YJY-5×16［地上部分］为例进行工程量清单列项。

电缆工程量计算

2号食堂中电力电缆头有 $10mm^2$ 以下、$16mm^2$ 以下、$50mm^2$ 以下等规格，本教材以配电箱-1ALZ 与配电箱 1AL-RD 之间的电力电缆头［地上部分］$16mm^2$ 以下规格为例进行工程量清单列项。

桥架、电缆安装工程量清单见表3-21。

桥架、电缆工程量清单编制（示例）　　　　　　　　　　　　　　　　　　表3-21

序号	项目编码	项目名称	项目特征描述	计量单位	工程量	工程量计算式
1	030411003001	桥架	1. 名称：强电桥架 2. 规格：200×100 3. 材质：钢制 4. 其他：未尽事宜参见施工图说明、图纸答疑、招标文件及相关规范图集	m	98.09	以2层200×100强电桥架为例： ① 见二层配电平面图 ② 工程量＝4.765＋16.159＋11.144＋18.868＋11.905＋35.25＝98.09m
2	030413001001	铁构件	1. 名称：桥架支吊架 2. 支架形式：固定支架 3. 其他：未尽事宜参见施工图说明、图纸答疑、招标文件及相关规范图集	kg	24.28	以2层梁下300敷设200×100强电桥架支吊架为例： ① 见二层配电平面图 ② 支架个数(水平支吊架按间距2m计算)＝(4.765＋16.159)/2＝11个 单个支架重量： 竖直方向：Φ 10，两根，长1.2m/根(0.75＋0.3＋0.15)，理论质量0.617kg/m； 水平方向：∟40×4，一根，长0.3m，理论质量2.422kg/m； 单个支吊架重量＝2×1.2×0.617＋0.3×2.422＝2.2074kg 总重量＝11×2.2074＝24.28kg
3	030408008001	防火堵洞	1. 名称：桥架防火堵洞 2. 方式：电气竖井内孔洞在设备安装完毕后用不低于楼板耐火极限的不燃材料或者防火封堵材料封堵 3. 其他：未尽事宜参见施工图说明、图纸答疑、招标文件及相关规范图集	处	3	以非消防用配电桥架800×100为例： ①见电井(强电设备)布置详图及各层配电平面图 ②工程量：一、二、三层楼板各1处，共3处

续表

序号	项目编码	项目名称	项目特征描述	计量单位	工程量	工程量计算式
4	030408001001	电力电缆	1. 名称：电力电缆 2. 型号：WDZ-YJY-5×10 3. 材质：铜质 4. 电压等级(kV)：1kV 5. 其他：未尽事宜参见施工图说明、图纸答疑、招标文件及相关规范图集	m	77.85	以配电箱-1ALZ 与配电箱 1AL-RD 之间的电力电缆 WDZ-YJY-5×10[地上部分]为例： ① 见一层配电平面图 B 轴线附近 ② 工程量＝[1.8＋66.049＋3.6＋1.6＋1.5(电缆头预留长)＋(0.6＋0.8)(配电箱 1AL-RD 半周长)]×(1＋2.5%)＝77.85m
5	030408006001	电力电缆头	1. 名称：电力电缆头制作安装 2. 规格：10mm² 以下 3. 材质、类型：铜质 4. 电压等级(kV)：1kV 5. 其他：未尽事宜参见施工图说明、图纸答疑、招标文件及相关规范图集	个	1	以配电箱-1ALZ 与配电箱 1AL-RD 之间的电力电缆头[地上部分]为例： ① 见食堂配电箱系统图(一)-1ALZ 系统图 ② 如图纸所示：-1ALZ 连接 1AL-RDL 为 10mm² 电缆头，工程量为 1(-ALZ 位于地下车库，因此地上工程量为 1)

3. 配管、配线

（1）配管、配线工程量清单项目设置及工程量计算规则

配管、配线工程量清单项目设置、项目特征描述内容、计量单位及工程量计算规则，应按表 3-22 执行。

电气配线原理

配管、配线工程量清单项目设置及工程量计算规则　　　　表 3-22

项目编码	项目名称	项目特征	计量单位	工程量计算规则	工作内容
030411001	配管	1. 名称 2. 材质 3. 规格 4. 配置形式 5. 接地要求 6. 钢索材质、规格	m	按设计图示尺寸以长度计算（配管、线槽安装不扣除管路中间的接线箱（盒）、灯头盒、开关盒所占长度）	1. 电线管路敷设 2. 钢索架设（拉紧装置安装） 3. 预留沟槽 4. 接地
030411004	配线	1. 名称 2. 配线形式 3. 型号 4. 规格 5. 材质 6. 配线部位 7. 配线线制 8. 钢索材质、规格	m	按设计图示尺寸以单线长度计算（含预留长度）	1. 配线 2. 钢索架设（拉紧装置安装） 3. 支持体（夹板、绝缘子、槽板等）安装

配线工程量计算：

$$工程量＝（图示长度＋预留长）×导线根数$$

式中，当导线与配电箱相接时，预留长等于半周长，半周长＝（宽＋高）。配线进入盘、柜、箱、板时每根线的预留长度按照设计规定计算，设计无规定时按照表 3-23 规定

计算。灯具、开关、插座、按钮等预留线，不另行计算。

配线进入盘、柜、箱、板的预留线长度表　　　　　　　　　表 3-23

序号	项目	预留长度	说明
1	各种开关、柜、板	宽+高	盘面尺寸
2	单独安装（无箱、盘）的铁壳开关、闸刀开关、启动器、母线槽进出线盒	0.3m	从安装对象中心算起
3	由地面管子出口引至动力接线箱	1.0m	从管口计算
4	电源与管内导线连接（管内穿线与软、硬母线接头）	1.5m	从管口计算
5	出户线	1.5m	从管口计算

（2）2号食堂配管、配线工程量清单编制

2号食堂电气工程中配管有PC15、SC15、SC20等不同材质规格。配线有 WDZ-BYJ-2.5、WDZ-BYJ-4、WDZN-BYJ-1.5 等。本教材以 2ALE-WLE1 回路中配管配线工程为例（区分电井内及电井外）进行工程量清单列项。

配管配线
工程量计算

配管、配线工程量清单编制见表3-24。

配管、配线清单工程量编制（示例）　　　　　　　　　表 3-24

序号	项目编码	项目名称	项目特征描述	计量单位	工程量	工程量计算式
1	030411001001	配管	1. 名称：电线穿管 2. 材质：SC15 3. 配置形式：暗配 4. 其他：未尽事宜参见施工图说明、图纸答疑、招标文件及相关规范图集	m	122.17	以 ALE-WLE1 回路中 SC15 配管[电井外]为例：以电井内墙皮为界 ① 见二层照明平面图 2ALE-WLE1 回路 ② 工程量=0.667+59.7+1.42+0.563+0.907+5.078+7.692+6.847+（4.8-0.5）×8+（4.8-2.2）+（4.8-2.5）=122.17m
2	030411004001	配线	1. 名称：管内穿线 2. 配线形式：照明线路 3. 规格：WDZN-BYJ-2.5 4. 其他：未尽事宜参见施工图说明、图纸答疑、招标文件及相关规范图集	m	366.51	以 2ALE-WLE1 回路中 WDZN-BYJ-2.5 配线[电井外]为例：以电井内墙皮为界 ① 见二层照明平面图 2ALE-WLE1 回路 ② 工程量 = 122.17 × 3 =366.51m
3	030411001002	配管	1. 名称：电线穿管[电井内] 2. 材质：SC15 3. 配置形式：暗配 4. 其他：未尽事宜参见施工图说明、图纸答疑、招标文件及相关规范图集	m	4.01	以 2ALE-WLE1 回路中 SC15 配管[电井内]为例：以电井内墙皮为界 ① 见二层照明平面图 2ALE-WLE1 回路 ② 工程量=1.509+（4.8-1.5-0.8）=4.01m
4	030411004002	配线	1. 名称：管内穿线[电井内] 2. 配线形式：照明线路 3. 规格：WDZN-BYJ-2.5 4. 其他：未尽事宜参见施工图说明、图纸答疑、招标文件及相关规范图集	m	16.23	以 2ALE-WLE1 回路中 WDZN-BYJ-2.5 配线[电井内]为例：以电井内墙皮为界 ① 见二层照明平面图 2ALE-WLE1 回路 ②工程量=[4.01+（0.6+0.8）]×3=16.23m

4. 照明器具、开关插座

本项目照明器具、开关插座包括普通灯具、装饰灯、荧光灯、小电器、风扇、照明开关、插座、开关盒、接线盒、按钮等。

（1）照明器具、开关插座工程量清单项目设置及工程量计算规则

照明器具、开关插座工程量清单项目设置、项目特征描述内容、计量单位及工程量计算规则，应按表3-25执行。

照明器具、开关插座工程量清单项目设置及工程量计算规则　　表3-25

项目编码	项目名称	项目特征	计量单位	工程量计算规则	工作内容
030412001	普通灯具	1. 名称 2. 型号 3. 规格 4. 类型	套	按设计图示数量计算	本体安装
030412004	装饰灯	1. 名称 2. 型号 3. 规格 4. 安装形式			
030412005	荧光灯				
030404031	小电器	1. 名称 2. 型号 3. 规格 4. 接线端子材质、规格	个（套、台）		1. 本体安装 2. 焊、压接线端子 3. 接线
030404033	风扇				
030404034	照明开关	1. 名称 2. 型号 3. 规格 4. 安装方式	台		1. 本体安装 2. 调速开关安装
030404035	插座				
030411006	接线盒	1. 名称 2. 材质 3. 规格 4. 安装方式	个		1. 本体安装 2. 接线
030904003	按钮	1. 名称 2. 材质 3. 规格 4. 安装形式			本体安装
		1. 名称 2. 规格			1. 安装 2. 校接线 3. 编码 4. 调试

注：1. 普通灯具包括圆球吸顶灯、半圆球吸顶灯、方形吸顶灯、软线吊灯、座灯头、吊链灯、防水吊灯、壁灯等。

2. 装饰灯包括吊式艺术装饰灯、吸顶式艺术装饰灯、荧光艺术装饰灯、几何型组合艺术装饰灯、标志灯、诱导装饰灯、水下（上）艺术装饰灯、点光源艺术灯、歌舞厅灯具、草坪灯具等。

3. 接线盒数量的确定：

① 配管长超过规定限值时，必设接线盒；管长超过30m，无弯曲；有一个弯曲，管长超过20m；有两个弯曲，管长超过12m；有三个弯曲，管长超过8m。两接线盒间，对于暗配管，其直角弯曲不得超过3个，若为明配管时，其直角弯曲不得超过4个。

② 层间无分配电箱，干线分支处必须设接线盒。

③ T形配管必须设接线盒。

（2）2 号食堂照明器具、开关插座工程量清单编制

2 号食堂照明器具、开关插座工程量清单编制见表 3-26。

接线盒
工程量计算

照明器具、开关插座工程量清单编制（示例）　　　　　表 3-26

序号	项目编码	项目名称	项目特征描述	计量单位	工程量	工程量计算式
1	030412001001	普通灯具	1. 名称：吸顶灯 2. 规格：1×18W 3. 安装形式：吸顶安装 4. 其他：未尽事宜参见施工图说明、图纸答疑、招标文件及相关规范图集	套	2	以 2AL-N8 回路中吸顶灯为例： ① 见二层照明平面图 2AL-N8 回路 ② 根据图纸所示：工程量为 2 套
2	030412004001	装饰灯	1. 名称：安全出口指示灯（消防专用灯具） 2. 型号：1×3W 3. 安装形式：门上 0.1m 4. 其他：未尽事宜参见施工图说明、图纸答疑、招标文件及相关规范图集	套	2	以 2ALE-WLE1 回路中安全出口指示灯（消防专用灯具）为例： ① 见二层照明平面图 2ALE-WLE1 回路 ② 根据图纸所示：工程量为 2 套
3	030412001001	荧光灯	1. 名称：T8 双管格栅荧光灯 2. 型号：2×36W 3. 安装形式：嵌顶安装 4. 其他：未尽事宜参见施工图说明、图纸答疑、招标文件及相关规范图集	套	7	以 2AL-N1 回路中 T8 双管格栅荧光灯为例： ① 见二层照明平面图 2AL-N1 回路 ② 根据图纸所示：工程量为 7 套
4	030404031001	小电器	1. 名称：排气扇 2. 其他：未尽事宜参见施工图说明、图纸答疑、招标文件及相关规范图集	台	2	以 2AL-N9 回路中排气扇为例： ① 见二层照明平面图 2AL-N9 回路 ② 根据图纸所示：工程量为 2 台
5	030404034001	照明开关	1. 名称：双联单控翘板开关 2. 规格：250V 10A 3. 安装方式：底边距地 1.3m 暗装 4. 其他：未尽事宜参见施工图说明、图纸答疑、招标文件及相关规范图集	个	1	以 2AL-N1 回路中双联单控翘板开关为例： ① 见二层照明平面图 2AL-N1 回路 ② 根据图纸所示：工程量为 1 个
6	030404035001	插座	1. 名称：热水器插座 2. 规格：安全型 250V 10A 3. 安装方式：底边距地 2.3m 暗装 4. 其他：未尽事宜参见施工图说明、图纸答疑、招标文件及相关规范图集	个	1	以 2AL-N17 回路中插座为例： ① 见二层配电平面图 2AL-N17 回路 ② 根据图纸所示：工程量为 1 个

续表

序号	项目编码	项目名称	项目特征描述	计量单位	工程量	工程量计算式
7	030904003001	按钮	1. 名称：油烟机、风机就地控制按钮 2. 安装方式：底边距地 1.5m 暗装 3. 其他：未尽事宜参见施工图说明、图纸答疑、招标文件及相关规范图集	个	2	以 2AP-FJ4-WP1 回路中按钮为例： ① 见二层配电平面图 2AP-FJ4-WP1 回路 ② 根据图纸所示：工程量为 2 个
8	030411006001	接线盒	1. 名称：开关盒 2. 安装方式：底边距地 1.5m 暗装 3. 其他：未尽事宜参见施工图说明、图纸答疑、招标文件及相关规范图集	个	1	以 2AL-N1 回路中开关盒为例： ① 见二层照明平面图 2AL-N1 回路 ② 如图所示：开关盒 1 个
9	030411006002	接线盒	1. 名称：接线盒 2. 安装方式：底边距地 1.5m 暗装 3. 其他：未尽事宜参见施工图说明、图纸答疑、招标文件及相关规范图集	个	17	以 2ALE-WLE1 回路中接线盒为例： ① 见二层照明平面图 2ALE-WLE1 回路 ② 如图所示：该回路共有 7 处 T 形配管，灯头盒 10 个，因此工程量为 17 个

5. 送配电系统调试

（1）送配电系统调试工程量清单项目设置及工程量计算规则

送配电系统调试工程量清单项目设置、项目特征描述内容、计量单位及工程量计算规则，应按表 3-27 执行。

送配电系统调试工程量清单项目设置及工程量计算规则　　　　表 3-27

项目编码	项目名称	项目特征	计量单位	工程量计算规则	工作内容
030414002	送配电装置系统	1. 名称 2. 型号 3. 电压等级（kV） 4. 类型	系统	按设计图示系统计算	系统调试

（2）2 号食堂送配电系统调试工程量清单编制

2 号食堂送配电系统调试工程量清单见表 3-28。

送配电系统调试工程量清单编制（示例）　　　　表 3-28

序号	项目编码	项目名称	项目特征描述	计量单位	工程量	工程量计算式
1	030414002001	送配电装置系统		系统	1	工程量为 1 系统

6. 防雷接地

防雷接地系统包括避雷网、引下线、接地母线、局部等电位箱、配管配线、接地装置测试等。

（1）防雷接地工程量清单项目设置及工程量计算规则

防雷接地工程量清单项目设置、项目特征描述内容、计量单位及工程量计算规则，应按表 3-29 执行。

防雷接地工程量清单项目设置及工程量计算规则　　　　　　　　　表 3-29

项目编码	项目名称	项目特征	计量单位	工程量计算规则	工作内容
030409002	接地母线	1. 名称 2. 材质 3. 规格 4. 安装部位 5. 安装形式	m	按设计图示尺寸以长度计算（含附加长度）	1. 接地母线制作、安装 2. 补刷（喷）油漆
030409003	避雷引下线	1. 名称 2. 材质 3. 规格 4. 安装部位 5. 安装形式 6. 断接卡子、箱材质、规格			1. 避雷引下线制作、安装 2. 断接卡子、箱制作、安装 3. 利用主钢筋焊接 4. 补刷（喷）油漆
030409004	均压环	1. 名称 2. 材质 3. 规格 4. 安装形式			1. 均压环敷设 2. 钢铝窗接地 3. 柱主筋与圈梁焊接 4. 利用圈梁钢筋焊接 5. 补刷（喷）油漆
030409005	避雷网	1. 名称 2. 材质 3. 规格 4. 安装形式 5. 混凝土块标号			1. 避雷网制作、安装 2. 跨接 3. 混凝土块制作 4. 补刷（喷）油漆
030409008	等电位端子箱、测试板	1. 名称 2. 材质 3. 规格	台（块）	按设计图示数量计算	本体安装
030414011	接地装置	1. 名称 2. 类别	系统（组）	1. 以系统计量，按设计图示系统计算 2. 以组计量，按设计图示数量计算	接地电阻测试

注：1. 利用柱筋作引下线的，需描述柱筋焊接根数，不考虑附加长度。

　　2. 接地装置：6 根接地极以内以"组"为计量单位，6 根接地极以上以"系统"为计量单位。

　　3. 利用基础梁内两根主筋焊接连通作为接地母线时，不考虑附加长度。

接地母线、引下线、避雷网附加长度见表 3-30。

接地母线、引下线、避雷网附加长度（单位：m）　　　表 3-30

项目	附加长度	说明
接地母线、引下线、避雷网附加长度	3.9%	按接地母线、引下线、避雷网全长计算

防雷接地
工程量计算

（2）2 号食堂防雷接地工程量清单编制

2 号食堂照明防雷接地工程量清单编制见表 3-31。

防雷接地工程量清单编制（示例）　　　表 3-31

序号	项目编码	项目名称	项目特征描述	计量单位	工程量	工程量计算式
1	030409005001	避雷网	1. 名称：避雷网 2. 材质：热镀锌圆钢 3. 规格：$\phi10$ 4. 安装形式：采用 $\phi10$ 的热镀锌圆钢在屋面女儿墙、屋角、屋脊、屋檐和檐角等易受雷击的部位敷设，并应在整个屋面组成不大于 10m×10m 或 12m×8m 的网格，接闪带支架水平间距 1.0m，拐角处为 0.5m 5. 其他：未尽事宜参见施工图说明、图纸答疑、招标文件及相关规范图集	m	1093.48	2 号食堂工程避雷网： ① 见屋顶防雷平面图 ② 工程量＝[85.35＋(19.2－16.3)×3＋(20.55－16.3)×2＋33＋85.2＋32.833＋(18.6－16.3)＋(20.5－19.2)＋(20.5－16.3)＋(16.9－16.3)×12＋(16.6－16.3)＋85×3＋32.575×9＋9.286＋22.152＋19.574＋28.803＋23.909＋10.715＋24.96＋11.387＋30.791＋(19.2－14.4)×11＋(16.7－14.4)×2]×(1＋3.9%)＝1093.48m
2	030409003001	避雷引下线	1. 名称：避雷引下线 2. 安装形式：利用钢筋混凝土屋面、梁、柱、基础内钢筋作为引下线，建筑物所有垂直支柱均起到引下线的作用，且各部件之间均应连成电气贯通。作为防雷引下线的钢筋应符合下列要求：当钢筋直径大于或等于 16mm 时，应将两根钢筋绑扎或焊接在一起，作为一组引下线；当钢筋直径大于或等于 10mm 且小于 16mm 时，应利用四根钢筋绑扎或焊接作为一组引下线 3. 其他：未尽事宜参见施工图说明、图纸答疑、招标文件及相关规范图集	m	409.4	2 号食堂工程避雷引下线： ① 见屋顶防雷平面图，共 18 处 ② 工程量＝19.2×5＋16.3×8＋20.5＋18.6＋16.9×3＋5.3×7＋5.1×11＝409.4m (Ⓢ1～Ⓢ3轴筏板顶标高－5.100，板厚 400mm Ⓢ4～Ⓢ10轴筏板顶标高－4.900，板厚 400mm，计算至筏板中心)

序号	项目编码	项目名称	项目特征描述	计量单位	工程量	工程量计算式
3	030409002001	接地母线	1. 名称：户内接地母线 2. 材质：热镀锌扁钢 3. 规格：－40×4 4. 其他：未尽事宜参见施工图说明、图纸答疑、招标文件及相关规范图集	m	28.05	以外墙引下线引出－40×4为例： ① 见屋顶防雷平面图，共18处 ② 工程量＝1.5×18×（1＋3.9%）＝28.05m
4	030409004001	均压环	1. 名称：接地母线 2. 安装形式：将建筑物基础筏板钢筋网焊接，绑扎形成闭合接地网 3. 其他：未尽事宜参见招标文件、图纸答疑、施工图说明及相关规范图集	m	741.83	基础接地母线： ① 见基础接地平面图 ②工程量＝84.365×5＋32×10＝741.83m
5	030409008001	等电位端子箱、测试板	1. 名称：局部等电位箱 2. 其他：未尽事宜参见施工图说明、图纸答疑、招标文件及相关规范图集	台	3	以二层局部等电位箱为例： ① 见二层配电平面图卫生间内 ② 如图所示：共3台
6	030409008002	等电位端子箱、测试板	1. 电阻测试点 2.100×100×6 热镀锌扁钢 3. 其他：未尽事宜参见施工图说明、图纸答疑、招标文件及相关规范图集	块	4	地下电气工程： ① 见屋顶防雷平面图△处 ② 如图所示：共4块
7	040807003001	接地装置调试	1. 名称：接地装置调试 2. 其他：未尽事宜参见施工图说明、图纸答疑、招标文件及相关规范图集	系统	1	工程量为1系统
8	030411001010	配管	1. 名称：电线穿管 2. 材质规格：PC20 3. 配置形式：暗配 4. 其他：未尽事宜参见施工图说明、图纸答疑、招标文件及相关规范图集	m	151.1	见电气施工图设计说明（二）： ① 卫生间局部等电位联结线：采用BVR-1×4，穿PVC20暗敷 ② 将卫生间内的金属给水管、金属排水管、金属热水管、金属浴盆、燃气热水器金属外壳及电源插座 PE 线等分别用 LEB 线与 LEB 端子板相连接
9	030411004011	配线	1. 名称：管内穿线 2. 配线形式：照明线路 3. 规格：BVR-4 4. 其他：未尽事宜参见施工图说明、图纸答疑、招标文件及相关规范图集	m	151.1	

7. 措施项目

（1）本工程措施项目指脚手架搭拆费。

措施项目工程量清单项目设置、项目特征描述的内容、计量单位及工程量计算规则，应按表 3-32 的规定执行。

措施项目工程量清单项目设置及工程量计算规则（部分）　　表 3-32

项目编码	项目名称	工作内容及包含范围	计量单位	工程量计算规则
031301017	脚手架搭拆	1. 场内、场外材料搬运 2. 搭、拆脚手架 3. 拆除脚手架后材料的堆放	项	脚手架搭拆费按第四册定额内所有项目的综合工日为计算基数（不包括第十七章"电气设备调试工程"中综合工日，不包括装饰灯具安装工程中综合工日）。电压等级≤10kV 架空输电线路工程、直埋敷设电缆工程、路灯工程不单独计算脚手架费用

（2）2 号食堂措施项目工程量清单编制

2 号食堂措施项目工程量清单编制见表 3-33。

措施项目工程量清单编制（示例）　　表 3-33

序号	项目编码	项目名称	项目特征描述	计量单位	工程量	工程量计算式
1	031301017001	脚手架搭拆		项	1	工程量为 1 项

3.2　软件计算安装工程清单工程量

3.2.1　给水排水工程工程量清单软件算量

1. 任务说明

按照某高校 2 号食堂给水排水施工图，完成以下工作：

（1）对照给水排水专业图纸目录与各张 CAD 图纸，查看 CAD 电子图纸是否完整，定位分割图纸，并命名各楼层 CAD 图。

（2）根据现行《通用安装工程工程量计算规范》GB 50856—2013、《河南省通用安装工程预算定额》HA 02—31—2016 中的计算规则，结合给水排水专业工程图纸，新建给水排水专业工程中给水管道、排水管道、阀门、卫生器具、套管、管道刷油等构件信息，识别 CAD 图纸中管道、卫生器具、阀门、套管等构件。

（3）汇总计算给水排水专业工程量，结合给水排水专业工程 CAD 图纸信息，得出分类工程工程量，并按照组价的要求，设置分类工程工程量格式，得出工程量计量结果。

2. 任务分析

（1）如何查看 CAD 图纸？如何导入 CAD 图纸至安装算量软件 GQI2021 中？如何在安装算量软件中分割定位各楼层 CAD 图纸？

（2）如何结合 CAD 图纸、定额及计算规范，在软件中设置计算规则？如何对给水排水专业工程中的给水管道、排水管道、阀门、卫生器具、套管等各类构件，并结合图纸，对其属性进行修改、添加？如何识别 CAD 图纸中包括的管道、卫生器具、阀门、套管等构件？

（3）如何汇总计算整个给水排水专业及各楼层构件工程量？如何对特殊部位的构件单独提取？如何设置分类工程量的格式，得出可以用来组价的有效工程量？

3. 任务实施

软件界面主要分为菜单栏、工具栏、楼层切换栏、模块导航栏、构件列表、属性列表、状态栏、绘图区、视图显示框、图纸管理栏几个部分，如图 3-1 所示。

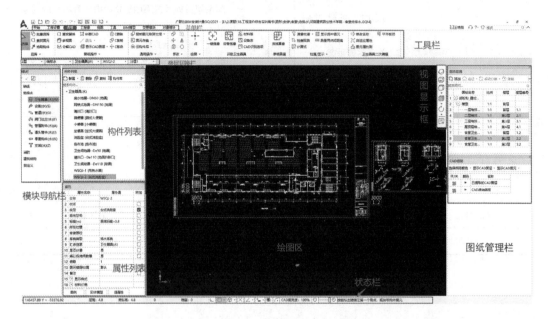

图 3-1   软件界面介绍

（1）新建工程

左键双击 **广联达BIM安装计量GQI2021**，打开 GQI 软件，出现"新建工程"界面，如图 3-2所示，完成案例工程的工程信息及编制信息。或在打开的软件界面中单击"新建向导"进入"新建工程"，编制案例工程的信息。本工程需要编制的工程信息如下：

工程名称：某高校 2 号食堂给水排水工程。

工程专业：点击"…"，选择给水排水专业，后期需要其他专业的时候再进行增加。

计算规则：工程量清单项目设置规则（2013）。

清单库、定额库：不在 GQI 软件中套定额的，选"无"；如准备在 GQI 软件中套定额时，清单库点选"工程量清单项目计量规范（2013-河南）"，定额库点选"河南省通用安装工程预算定额（2016）"。

算量模式：经典模式。

经典模式将图纸按不同楼层分割，在不同楼层分开识别，适用于普通项目。简约模式没有图纸管理的定位及分配图纸的步骤，在一个平面内实现多张图纸的识别，适用于小型项目，快速出量。

本项目选择经典模式，点击"创建工程"。

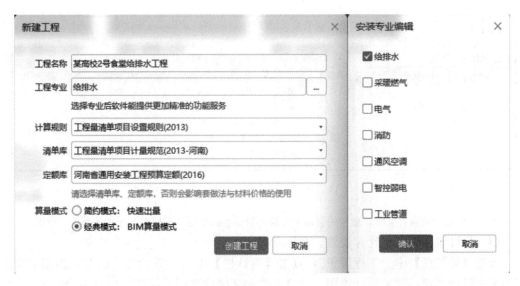

图 3-2　新建工程

注：在新建工程中，只需要对工程名称及计算规则进行明确即可，清单库及定额库可以在后期用到的时候再匹配。

（2）工程信息

点击【导航栏】中"工程设置"，点击【工具栏】中"工程信息"命令，把案例工程的工程信息输入进去，如图 3-3 所示。

图 3-3　工程信息设置

（3）楼层设置

点击【导航栏】中"工程设置"，点击【工具栏】中"楼层设置"命令，根据案例工程图纸中楼层层高信息，点击插入楼层，设置层高和相同层数信息（用于标准层），完成楼层设置如图 3-4 所示。

图 3-4　楼层信息设置

注：鼠标光标放在首层时，增加的是地上楼层，鼠标光标放在基础层时，增加的是地下楼层。

（4）设计说明信息、计算设置、其他设置

点击【导航栏】中"工程设置"，点击【工具栏】中"计算设置"命令，根据案例工程图纸中设计要求，设置设计说明、计算设置和其他设置相关信息，如图 3-5 所示。

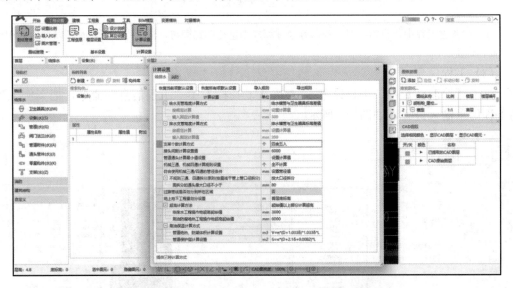

图 3-5　设置设计说明信息、计算设置和其他设置

注：GQI 软件已按照 GB 50500—2013 在计算设置和其他设置中内置了对应规则，如果项目图纸中设计方面无特殊要求，此项内容可以不修改。

（5）图纸管理

点击【导航栏】中"工程设置"，点击【菜单栏】中的"图纸管理"界面。图纸管理是将建模使用的案例图纸导入到软件中，对各平面图选择基准点进行定位后，将平面图分割到对应的楼层。软件操作主要步骤为：点击【图纸管理】添加图纸，🔲 添加→🔲 定位→🔲 手动分割，如图 3-6 所示。

1）添加图纸：点击【图纸管理】中"添加"，找到电脑中保存图纸的位置，选中图纸→点击"打开"，如图 3-7 所示。

2）定位：点击"定位"→最下侧状态栏处点击交点⊠→绘图区选中(S-1)与(S-A)轴线交

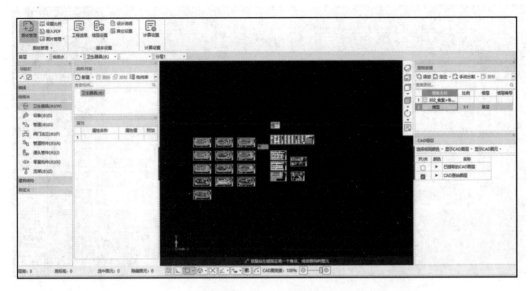

图 3-6　图纸管理界面

图 3-7　添加图纸

汇处的交线，出现红色的 ，即定位成功。每层的平面图均需定位，如图 3-8 所示。

3）手动分割：点击"手动分割"→往下方滑动鼠标滚轮，缩小图纸→拉框选择需要分割的平面图，图形变成蓝色→右键确认→选择对应的图名和楼层→点击"确定"，如图 3-9 所示。

其他楼层的平面图分割过程与此相同，可以先全部定位，再一一分割，分割完成后，点击某一层分割好的图纸，可以进入具体的楼层。

注：GQI 软件更新后，更改了命令的顺序，先分割图纸再进行定位。

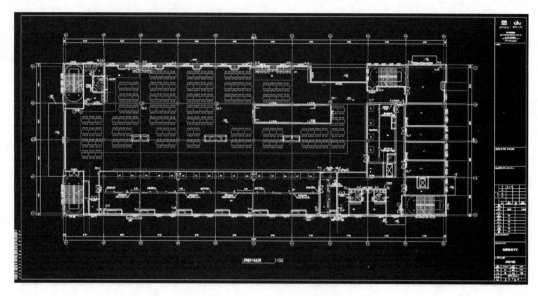

图 3-8 已定位图纸

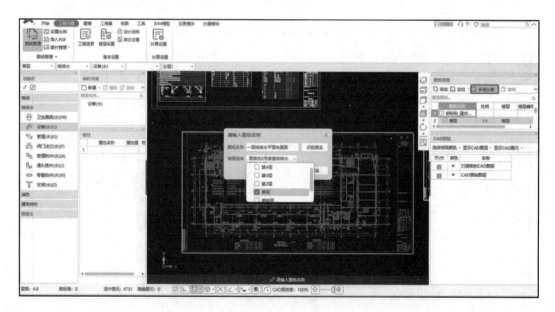

图 3-9 分割图纸

（6）设置比例

给水排水工程图纸中，平面图的比例为 1∶100，详图的比例为 1∶50，对于 1∶100 比例的图纸，不需要设置软件中图纸比例，其他比例的图纸需提前将比例设置好，建模时才可以得到正确的工程量结果。

1）选择设置比例的 CAD 图纸

点击【工具栏】中"设置比例"→拉框选择要设置比例的 CAD 图（图 3-10）→右键确认。

2）比例尺寸输入

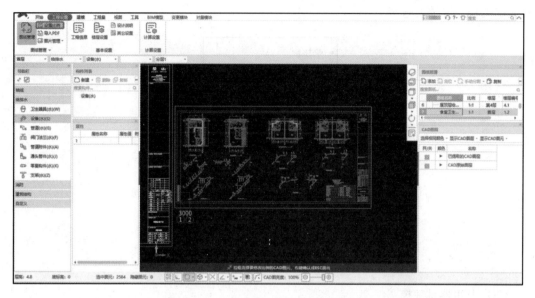

图 3-10 选择设置比例的 CAD 图纸

图中可任选一个尺寸标注，如 1♯卫生间给水排水详图中 2 轴线右侧的 200mm，左键点选第一个点，连接第二个点→右键确认→尺寸输入，输入两点间实际尺寸为 200→确定，如图 3-11 所示。

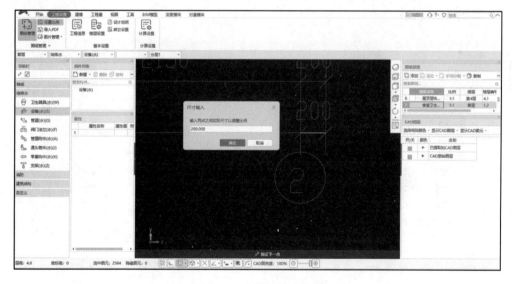

图 3-11 比例的尺寸输入

（7）建模流程

点击【菜单栏】中的"建模"界面，在该界面中，按照操作流程进行设计，先定义再识别，定义和识别的顺序为：点式构件识别→线式构件识别→其他构件识别→合法性检查→汇总计算→分类查看工程量→提量→报表预览。

点式构件包括卫生器具、设备，线性构件是管道，其他构件有阀门法兰、管道附件、通头管件、零星构件和支架，如图 3-12 所示。这些构件并不是全部都要定义、识别，需要根据工程实际需要选择。

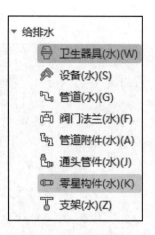

图 3-12　构件列表

（8）卫生器具建模

1）卫生器具定义

定义卫生器具有多种方法，常用的有以下两种：

① 新建"卫生器具"。【导航栏】中选中 ⊟ 卫生器具(水)(W) →在【构件列表】中点击新建"卫生器具"，会弹出卫生器具的属性栏，在【属性】中按照图纸设计要求，输入相应的属性值，如图 3-13 所示。

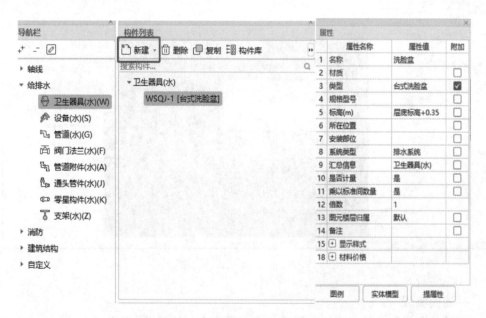

图 3-13　新建洗脸盆

【属性】中有蓝色字体，有黑色字体。蓝色字体是公有属性，在定义并识别完成构件后，修改蓝色字体，不需要提前选中构件，已经识别的全部构件对应属性均会相应修改。黑色字体是私有属性，修改黑色字体，必须先选中识别好的构件，才可以修改成功。

② 材料表。当材料表内容较为完整时，可以采用材料表定义功能，【工具栏】点选"识别卫生器具"→"材料表"（图3-14），选中需要的材料图例表（图3-15），按照设计要求，将材料表内名称、材质、类型、规格型号、标高设置完整，点击确定，卫生器具定义可以一次完成。本工程因为图例中并没有卫生器具，不适用此定义方法。

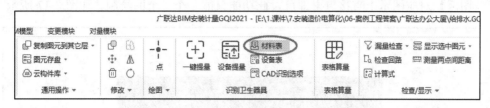

图 3-14 材料表

序号	名　称	型号及规格	单位	数量	备注
一	消防水泵房				
1	立式单级电动专用消火栓泵	XBD8.8/20G-G	台	2	一用一备
		Q=20L/S,H=88m N=37KW			
2	立式单级电动专用自动喷淋泵	XBD8.7/30G-G	台	2	一用一备

图 3-15 图例

2）卫生器具识别

卫生器具识别有多种方法，如设备提量、一键提量、手动点绘等，一键提量最为方便，但提量过程中需要检查核对，容易出错。使用较多的识别方法为设备提量和手动点绘。

① 设备提量：点击【工具栏】中"设备提量"，拾取构件图例→左键点选或拉框选择图例 和标识文字（标识文字可不选），右键确认→选中定义好的卫生器具构件→楼层选择全部楼层→确认→确定。设备提量可以一次性把具有该标识的相同图例、图元全部识别出来，还可以跨楼层选择，把整栋楼的一起识别，卫生器具识别时，优先使用"设备提量"命令，如图3-16所示。

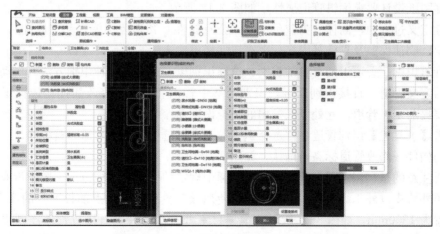

图 3-16 卫生器具设备提量

注：GQI2021版本在【构件列表】新建的模型左侧增加【未用】【已用】标识。标识范围为本层，即该模型如在本层已绘制图元，则显示【已用】。各楼层独立标记。双击【已用】构件列表的模型即可在不需要汇总计算的前提下查看工程量，点式构件同时还能显示标高等信息，检查方便。

② 手动点绘：在【构件列表】选中定义好的洗脸盆，【工具栏】左键选中插入"点"→【绘图区】对应图示上直接点上即可，此功能只能一个一个的绘制，如图3-17所示。

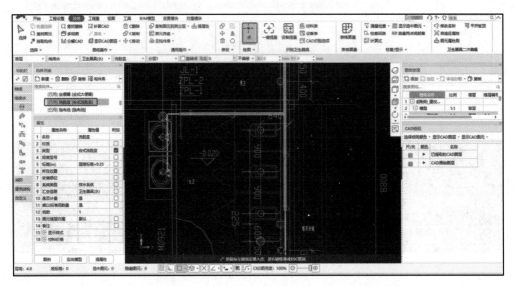

图3-17 点绘卫生器具

（9）设备建模

设备建模流程与卫生器具相同，主要针对水泵、热交换器、开水器、气压罐、消毒水箱、太阳能等设备。本项目不涉及设备建模，不再赘述。

（10）管道建模

点击【菜单栏】中"建模"界面，单击【导航栏】中 管道(水)(G)构件类型。

1）水平管建模

① 管道定义。点击【导航栏】中"管道"，点击【构件列表】中"新建"→新建管道，根据图纸设计要求编辑管道属性，如图3-18所示。

属性定义过程中，同样分为蓝色字体（公有属性）和黑色字体（私有属性），计算方法、支架、刷油保温及剔槽等内容，也在属性栏里输入。

②管道识别。管道识别有自动识别、选择识别以及绘制等多种识别方法。自动识别不需要提前定义管道，直接识别即可，识别时选中管道和标识，修改属性。选择识别和绘制，需要提前定义管道。此处以最常用的选择识别命令为例讲解。

点击【工具栏】识别管道中"选择识别"→左键选中图纸中管道→右键确认→选择要识别成的构件→修改管道标高→确认，如图3-19所示。

需要注意的是，识别引入管时要考虑定额中规定的引入管计算范围，图中没有水表井时，按照外墙皮以外1.5m计算。此时可以使用【工具栏】中"点加长度"的命令绘制，长度设置为1500mm，如图3-20所示。本项目室外有水表井，直接将管道连到水表井位置即可，不再使用"点加长度"命令。

图 3-18 新建管道

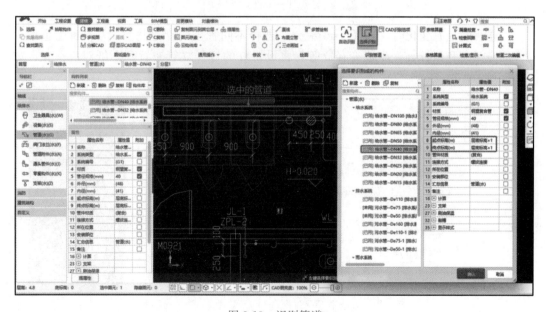

图 3-19 识别管道

图 3-20　点加长度命令

2）立管建模

① 管道定义：同水平管道定义方法。

② 管道识别：点击【菜单栏】中"建模"，【工具栏】⊙布置立管/○布置变径立管。当立管没有管径变化时，选⊙布置立管，选中对应的管道后，设置立管的底标高和顶标高，点击确定，即可将立管布置到图纸对应位置，如图 3-21 所示。

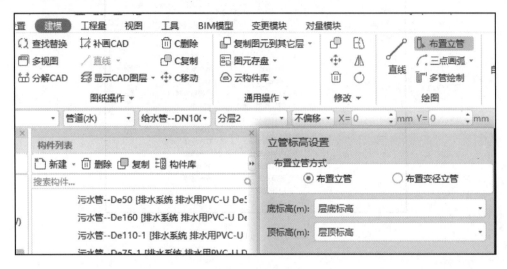

图 3-21　布置立管

当立管管径有变化时，选择○布置变径立管，选择不同管径的管道类型，每一种管道填入对应的底标高和顶标高，生成变径立管，将设置好的变径立管布置到图纸对应位置，如图 3-22所示。

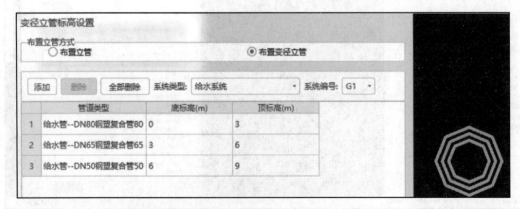

图 3-22　布置变径立管

注：任务要求：完成2号食堂项目中给水排水工程，不同楼层的管道识别，并统计管道工程量。

③ 批量选择（图 3-23）：如有某个构件私有属性设置错误，例如 DN40 给水管道，已在绘图区的多个位置识别了该管道，可以使用【工具栏】批量选择，批量选择构件图元→确定，属性中修改标注，完成这一类管道的修改。

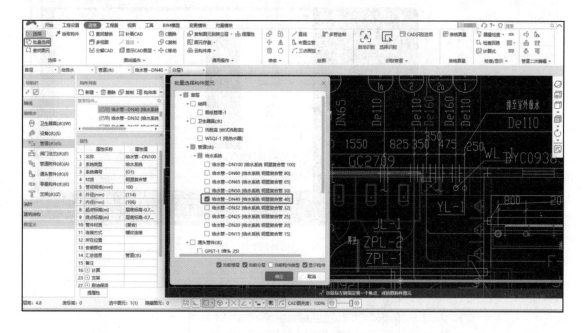

图 3-23　批量选择

（11）阀门法兰建模

阀门法兰都属于点式构件，与卫生器具的识别方法相同，特殊之处在于此类构件只能在绘制好的管道上识别。

以阀门为例，定义的方法有：

1）在【建模】界面下，点击【导航栏】★阀门法兰(水)(F)，【构件列表】中选择"新建阀门"→【属性】面板中根据设计图纸中阀门的属性，修改相应属性，如图 3-24 所示。

2）材料表定义。点击【工具栏】材料表→左键拉框选择图纸中的图例→右键确认，显示识别材料表的界面。可以通过复制、删除行和列、修改内容等功能，将对应设计内容填写到材料表中→点击确定。标高和规格型号可以不用设置，识别时会自动根据管道的标高、规格型号生成正确的内容，如图 3-25、图 3-26 所示。

图 3-24　新建阀门

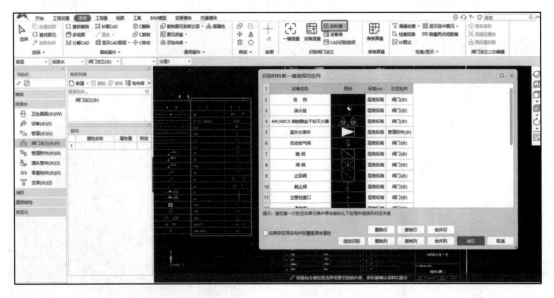

图 3-25　识别材料表

	设备名称	类型	标高(m)	对应构件
1				
2	自动排气阀	自动排气阀	层底标高	阀门(水)
3	蝶阀	蝶阀	层底标高	阀门(水)
4	闸阀	闸阀	层底标高	阀门(水)
5	止回阀	止回阀	层底标高	阀门(水)
6	截止阀	截止阀	层底标高	阀门(水)

图 3-26　已识别阀门的阀门-材料表

3）点击【工具栏】中"设备提量"选项，左键点选管道上阀门的图例 ▇▇，右键点选确认，可以通过选择楼层，生成整个给水排水工程中全部同类型的阀门，如图 3-27 所示。也可以使用【工具栏】绘图中"点"功能，将阀门点绘到图中管道上对应位置。

（12）管道附件建模

管道附件主要有各种冷水表、热水表、疏水器、阻火圈等。管道附件建模的方法，与阀门法兰相同，在此不再赘述。

（13）零星构件建模

常用的零星构件包括两项：套管及预留孔洞。套管常见的有刚性防水套管、柔性防水套管、一般钢套管和一般填料套管。

以套管为例，零星构件建模的方法如下：

1）套管定义。点击【菜单栏】建模，【导航栏】零星构件，【构件列表】中新建→新建套管→修改套管属性列表，如图 3-28 所示。

图 3-27 设备提量——选择要识别成的构件　　　　图 3-28 修改套管属性列表

2）墙体识别。套管识别前需具备自动生成条件，如本项目中规定当管道穿地下室外墙时，采用柔性防水套管保护，在定义好柔性防水套管后，生成套管前，需要将对应的墙体绘制好。在【导航栏】建筑结构中点击墙，【构件列表】"新建"→修改属性→【工具栏】选择识别→【绘图区】选中地下室外墙的两条边线→单击右键确认→选择要识别成的构件，选中地下室外墙→确认。如设置穿楼板的套管时，需在生成套管前，将对应的楼板绘制好，如图 3-29、图 3-30 所示。

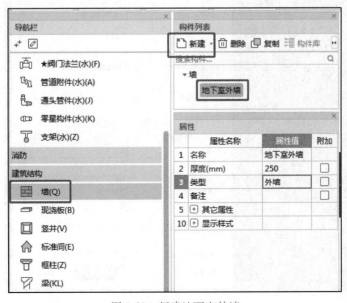

图 3-29 新建地下室外墙

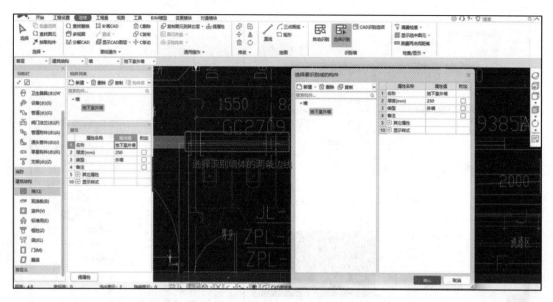

图 3-30 选择识别墙体

3）生成套管。点击【菜单栏】建模，【工具栏】 识别零星构件 下"生成套管"→修改生成设置→确定，如图 3-31 所示。

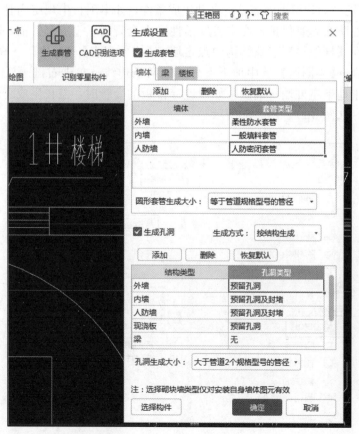

图 3-31 生成套管

注：在完成整个给水排水工程构件的绘制工作后，可以查看整栋楼的三维效果。点击【菜单栏】视图，【工具栏】 动态观察 ，右侧【视图显示框】→楼层显示→全部楼层；CAD 图层显示→关闭 CAD 原始图层→动态观察→拖动圆形轴，可以调整三维视图的方向和效果，如图 3-32 所示。

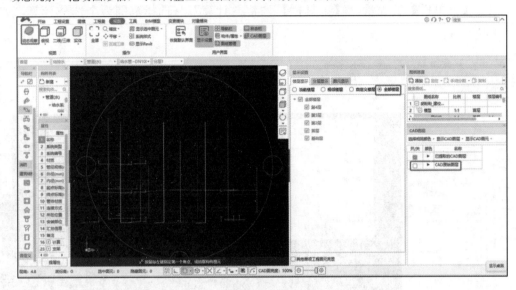

图 3-32　动态观察

（14）表格算量

表格算量是安装工程计量的另一种方式，在表格中完成构件的定义和数量的输入。

当某些构件直接绘制不够便捷，如阀门、套管等构件；或者无法在图上直接绘制时，如管道支架重量的计算。可以手工计算出工程量，采用表格算量的功能，将构件工程量输入软件，在汇总计算时，软件会将表格输入的工程量统计到总量中，以闸阀为例进行讲解。

点击【菜单栏】建模，【工具栏】"表格算量"→添加，添加阀门法兰→填写表格中的内容：楼层、名称、类型、材质等，并填入闸阀的数量，如图 3-33 所示。

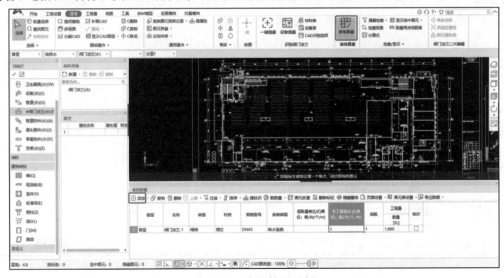

图 3-33　表格算量示例

（15）汇总计算

整个给水排水项目，所有构件均完成建模后，可以汇总计算工程量，得出需要范围的构件工程量的数量。

点击【菜单栏】工程量，【工具栏】"汇总计算"→选择范围为全选→计算，如图 3-34 所示 。

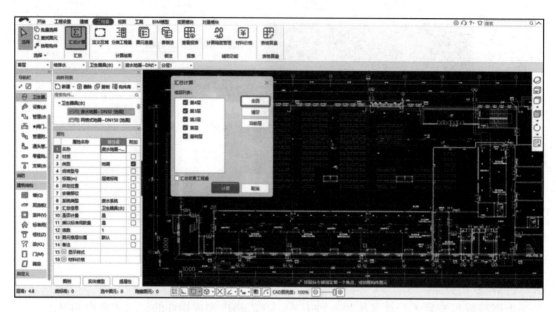

图 3-34　汇总计算

（16）分类导出工程量

工程量计算完毕后，可以按照构件的类型分类查看和导出构件的工程量。

点击【菜单栏】工程量，【工具栏】中"分类工程量"→设置分类条件及工程量输出（可以按照定额中不同构件不同组价条件的限制，来定义分类的条件）→查看分类汇总工程量→导出到 Excel 表格中，如图 3-35 所示。

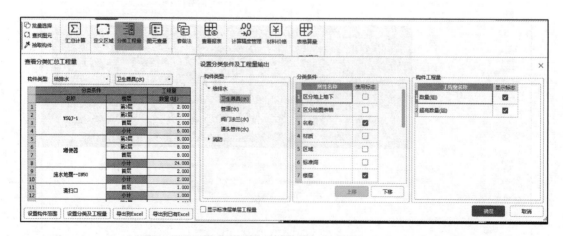

图 3-35　设置分类工程量

4. 任务总结

（1）软件算量前，要熟悉图纸，GQI2021软件中计算信息设置，一定要与项目设计要求保持一致。

（2）软件算量过程中，要根据清单规范和本地定额的规定，划分对应部位的构件，如水暖井内安装的构件，在定义构件属性时，部位填写清楚，统计时需要单独统计特殊部位的工程量。

（3）软件算量时，有个别不易绘制的构件可采用手动计算出工程量后，用表格输入的方法输入到软件，例如套管数量的统计。

（4）算量过程中，注意与实际工程相结合，如支架数量的设置，管道剔槽计算情况等。

（5）软件算量完成后，可以在GQI2021软件中套用做法，也可以在计价软件GC-CP6.0中套用做法，目前后者使用较多。

3.2.2 电气工程工程量清单软件算量

3.2.2.1 电气照明工程工程量清单软件算量

1. 任务说明

按照某高校2号食堂电气施工图，完成以下工作：

（1）识读电气照明工程整套施工图，核查图纸是否齐全。某高校2号食堂电气施工图包括以下图纸：电气施工设计说明、图例及材料表（图号：92873-302-22-1～92873-302-22-3即电施-1～电施-3）、配电干线图、系统图（图号：92873-302-22-4～92873-302-22-10即电施-4～电施-10）、照明平面图（图号：92873-302-22-13～92873-302-22-17即电施-13～电施-17）、配电平面图（图号：92873-302-22-18～92873-302-22-22即电施-18～电施-22）。

（2）查找配电干线图及配电箱系统图，看-1APE1～2、-1ALZ、-1APZ、-1APKZ、1～2AT-CF1、3AT-CF1、1～2AT-CF2、1～3AP等总配电箱下各个分配电箱的系统图是否完整，确定配电箱的安装方式、配电箱尺寸、回路、接线端子等情况。

（3）查看电气照明系统供电走向，确定电气工程电缆、电缆头、桥架、桥架支架、配管、配线的敷设方式、材质、规格、型号、配置形式。

（4）确定电气照明系统中不同类型的灯具、开关、插座、接线盒的材质、规格、型号、安装方式。

（5）确定电气调试方式。

2. 任务分析

（1）在电气照明工程图纸识读过程中，首先识读电施-5的食堂配电干线图，分析配电箱的系统走向和各配电箱的功能，查看配电箱的系统图，在平面图中找到各配电箱的位置，配电箱的尺寸、安装方式是什么？

（2）识读桥架、电缆、配管、配线、灯具、开关、插座等构件在系统图及平面图中，是如何一一对应的？

（3）识读水暖井内的桥架走向是什么？桥架在配电箱之间如何形成通路？桥架的尺寸及材质，桥架的类型是槽式的还是其他形式的？设计上是如何定义桥架支架的？

（4）识读电缆的规格、型号、芯数，两端是否连接的都是配电箱？电缆的预留长度、

163

电缆终端头的设置是什么？电缆是采用沿桥架敷设还是采用其他敷设方式？

（5）识读配管、配线在不同的配电箱中都有哪些回路？如有特殊引上引下线的回路，需重点关注。配管、配线的规格、型号、敷设方式是什么？不同规格型号的配线采用哪种接线端子？

（6）识读灯具、开关和插座都有哪些类型？采用的是明敷还是暗敷？

（7）识读电气照明工程完成后，采用什么调试方式？

3. 任务实施

电气照明工程在建模前的步骤和给排水工程一致。新建工程，选择电气专业→工程信息→楼层设置→设计说明信息、计算设置、其他设置→图纸管理（需将电气照明工程平面图、系统图和详图一一分割）→设置比例。此部分内容不再详细讲解，参考本教材 3.1.1 部分内容。

建模步骤为先绘制点式构件，再绘制线式构件。具体绘制流程为：照明灯具→开关插座→配电箱柜→桥架→电缆→配管、配线→零星构件。

（1）照明灯具、开关插座建模

照明灯具、开关插座常见建模的方式有以下两种情况：

1）点击【菜单栏】 建模 ，【导航栏】 照明灯具(电)(D) ，【工具栏】 识别照明灯具 下，材料表识别，如图 3-36 所示。

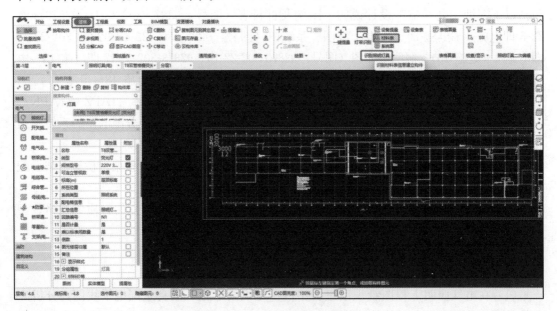

图 3-36 材料表识别位置

2）点击【菜单栏】 建模 ，【导航栏】 照明灯具(电)(D) ，【构件列表】新建→新建灯具，如图 3-37 所示。

本教材用第一种材料表识别→以设备提量的方法为例讲解照明灯具建模方法，开关插座建模方法和照明灯具相同。

1）照明灯具定义：【导航栏】中照明灯具，【工具栏】识别照明灯具下，点击

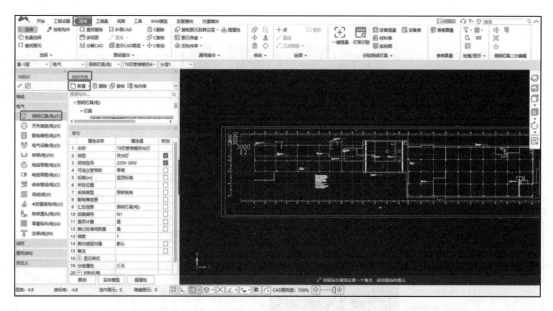

图 3-37　新建灯具

材料表→拉框选择分割好的电气施工图设计说明图纸，电施-3 中材料表第 7 项~第 46 项→编辑材料表（使用删除无用的行和列、复制列等命令，整理好的材料表如图 3-38 所示）→确定。

图例	设备名称	类型	规格型号	标高(m)	对应构件
	T8单管荧光灯	T8单管荧光灯	1X36W|其他3300~5300K,Ra≥80 带EN为密闭灯具	层底标高+3	灯具(可连多管)
	T8双管荧光灯	T8双管荧光灯	2X36W|其他3300~5300K,Ra≥80 带EN为密闭灯具	层底标高+3	灯具(可连多管)
	T8单管荧光灯	T8单管荧光灯	1X36W|其他3300~5300K,Ra≥80 带EN为密闭灯具	层底标高+2.5	灯具(可连多管)
LED	T8单管LED灯	T8单管LED灯	~220V/1X15W(cosΦ≥0.9)色温4000K,Ra≥80	层顶标高	灯具(可连多管)
LED	T8双管LED灯	T8双管LED灯	~220V/2X15W(cosΦ≥0.9)色温4000K,Ra≥80	层顶标高	灯具(可连多管)
LED	T8单管LED灯	T8单管LED灯	~220V/1X15W(cosΦ≥0.9)色温4000K,Ra≥80	层底标高+2.5	灯具(可连多管)
	T8双管格栅荧光灯	T8双管格栅荧光灯	2X36W|其他3300~5300K,Ra≥80带EN为密闭灯具	层顶标高	灯具(可连多管)
	T8三管格栅荧光灯	T8三管格栅荧光灯	3X36W|其他3300~5300K,Ra≥80 带EN为密闭灯具	层顶标高	灯具(可连多管)
UV	紫外线杀菌灯	紫外线杀菌灯	~220V/1X30W 带EN为密闭灯具	层底标高	灯具(可连多管)
	黑板灯(照射角可调)	黑板灯(照射角可调)	1X36W (自带电子镇流器)色温3300~5000K,Ra≥80	层底标高+2.8	灯具(可连多管)
LED	筒灯	筒灯	1X12W (LED光源)色温4000K,Ra≥80	层顶标高	灯具(可连多管)
	吸顶灯	吸顶灯	1X18W (LED光源)色温4000K,Ra≥80	层底标高	灯具(可连多管)
	防水防潮灯	防水防潮灯	1X12W (LED光源)色温4000K,Ra≥80 卫生间、浴室	层底标高	灯具(可连多管)
	壁灯	壁灯	1X12W (LED光源)色温4000K,Ra≥80 带EN为密闭灯具	层底标高+2.5	灯具(可连多管)
	墙上座灯	墙上座灯	1X18W (LED光源)色温4000K,Ra≥80 电、水暖井用	层底标高	灯具(可连多管)
	灯具自带蓄电池,应急时间≥90min	灯具自带蓄电池,应急时间≥90min	此标志为消防专用灯具	层顶标高	灯具(可连多管)
	双头应急灯(消防专用灯具)	双头应急灯(消防专用灯具)	~220V/2X5W(自带镍镉电池)应急时间≥90min	层底标高+2.5	灯具(可连多管)

图 3-38　编辑材料表示例

注：① 材料表各列的名称，应和构件列表中，新建照明灯具的属性表中公有属性（蓝色字体）名称保持一致，如图 3-39 所示。

② 可连立管根数：是指配管与灯具相连的时候，进入灯具和出灯具的配管是一根还是多根。墙上灯具、开关、插座一般都采用可连多立管形式，吸顶灯具单立管还是多立管没有影响，设置时均设置成可连多立管的形式。具体可依据图纸结合线路走向进行判断。

③ 仔细核对材料规格型号、标高及对应构件等信息，一旦设置出错误，影响后续建模。

属性			
	属性名称	属性值	附加
1	名称	T8双管...	
2	类型	荧光灯	☑
3	规格型号	220V 3...	☑
4	可连立管根数	多根	☐

图 3-39　照明灯具的公有属性

2）照明灯具识别：点击【工具栏】中"设备提量"→选中图中对应图例→右键确认
→点选已经定义好的灯具构件→选择楼层→全选→确认→确定，如图 3-40 所示。

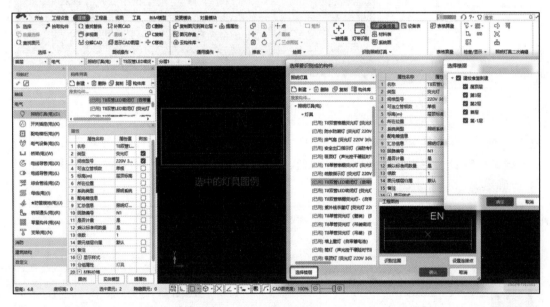

图 3-40　选择要识别成的构件

注：① 当需要指定的局部范围内识别构件时，可以采用识别范围功能，拉框选择图纸上的范围，
则软件只在框选的范围内识别。

② 为避免识别错误，在灯具识别时建议遵循先复杂图例识别后简单图例识别的顺序。

③ 需要对整个项目的照明灯具、开关、插座进行材料表定义，设备提量。

（2）配电箱柜建模

在电气照明工程软件算量过程中，配电箱属于一个特别的建模构件。每个配电箱末端
都会连接很多回路，配电箱与配电箱之间形成系统树，用线管、电线或者电缆等相连接。

配电箱建模时，定义配电箱的过程，也可以同时定义配电箱各回路的电缆、电线和
配管。

1）配电箱定义

点击【菜单栏】建模，【导航栏】中 ⟳ 电线导管(电)(X)，【工具栏】🔲系统图→提取配
电箱（图 3-41）→点选配电箱编号、参考尺寸（图 3-42）→右键确认→修改属性值里面的
标高、敷设方式、部位等信息（图 3-43）→读系统图→拉框选择图中 1ALE 的系统图

（图 3-44）→右键确认。

图 3-41 系统图中配电系统设置

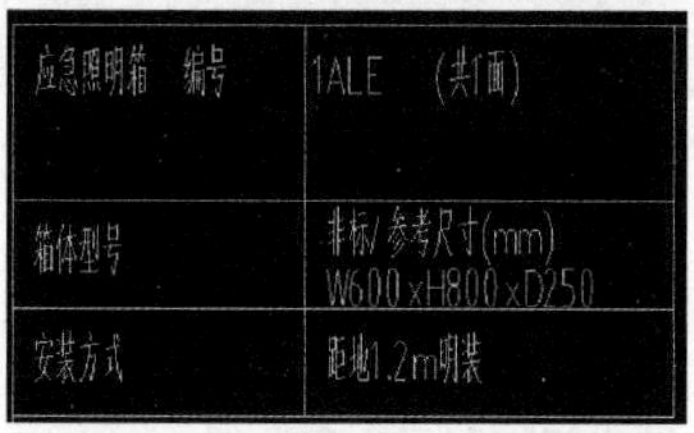

图 3-42 系统图中配电箱编号、 图 3-43 修改属性值里面的标高、
参考尺寸 敷设方式、部位等信息

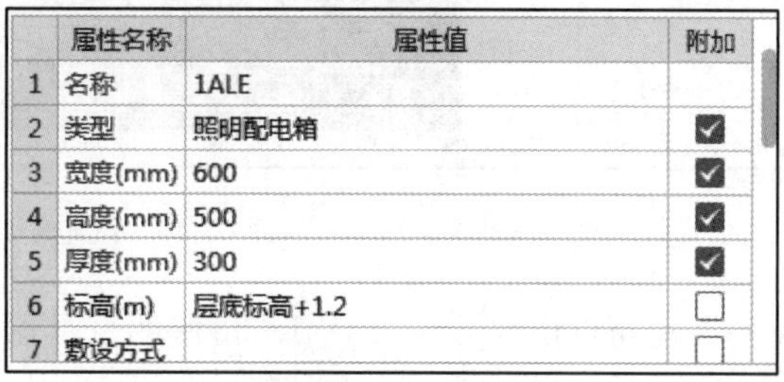

图 3-44 拉框选择图中 1ALE 的系统图

注：当无法识别拉框选中的系统图时，可以点击对应列的 ⋯ 符号，例如回路编号中的 回路编号 ⋯ ，单独选中系统图中的回路编号，或者配管配线信息，如还不识别，可以手动输入信息。

配电系统设置界面中可同时把配电箱和回路中的电缆、电线和配管信息都定义完成。

2）配电箱识别

配电箱识别在【工具栏】常用的有三种方式： 配电箱识别 、 设备提量 、 十点 。

点击【导航栏】中"配电箱柜（电）（P）"，【工具栏】中"配电箱识别"→【绘图区】左键在图纸中选择要识别的配电箱和标识→右键确认→选择楼层→确定，如图 3-45 所示。

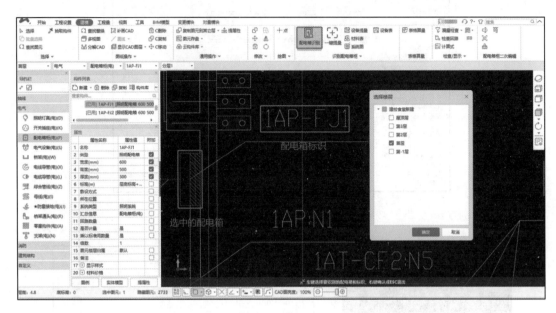

图 3-45 配电箱识别

设备提量与点识别方式与上节所讲照明灯具识别方式相同。

注：当一层平面图同时有配电平面图和照明平面图时，两张图内都有同一个配电箱，在识别时同一个配电箱会自动被识别两次，工程量计算易出现错误。这种情况下，可以选已识别且不需要计量的配电箱→【属性列表】第 12 项"是否计量"改成：否，配电箱会变成红色，如图 3-46 所示。同样的方法可以适用于其他构件。

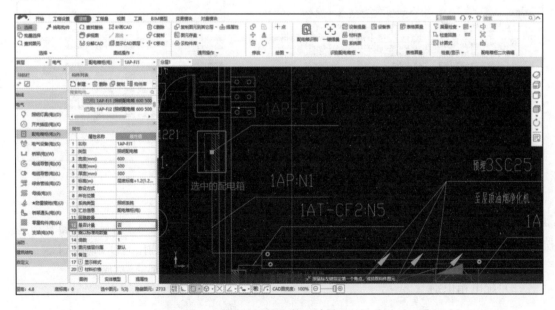

图 3-46 配电箱不计量

（3）桥架建模

1）桥架定义：点击【导航栏】桥架，【构件列表】新建桥架→根据设计内容，输入桥架的属性值，如图 3-47 所示。

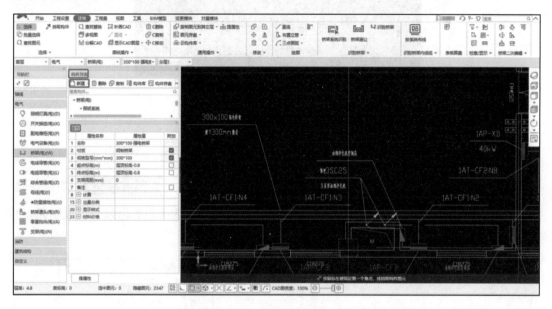

图 3-47　桥架定义

2）生成桥架通头：点击【菜单栏】工具→【工具栏】选项→其他→功能设置→生成桥架通头前打勾→确定，如图 3-48 所示。

图 3-48　生成桥架通头选项

3）绘制桥架：点击【菜单栏】建模，【工具栏】直线绘制，如图 3-49 所示。

选择【构件列表】新建桥架→【属性栏】修改桥架属性→【工具栏】**绘图**→  **直线**绘制在绘图区桥架对应位置。

图 3-49　绘制桥架

注：可以采用反向建模的方式定义和识别桥架。

识别桥架：点击【菜单栏】建模，【工具栏】**桥架系统识别**，软件出现识别桥架框（图 3-50）→【绘图区】选择桥架 CAD 线→右键→选择桥架类型**强电（消防）耐火桥架**→右键→选择规格标注→**300×150**→右键确认→自动识别→修改相应属性（图 3-51）→生成图元。

这样生成的桥架，易出现误差，需建模者认真核对。

图 3-50　识别桥架图框→识别桥架过程

图 3-51　桥架系统识别

（4）电缆建模

电缆定义过程在配电箱建模阶段，系统图设置过程中已完成。

1）单回路识别：一次可以识别某配电箱下的一个回路。

点击【菜单栏】建模，【导航栏】电缆导管，【工具栏】中"单回路"→左键点选【绘图区】回路中一段 CAD 线→右键确认→选择定义好的回路→确认，如图 3-52 所示。

2）多回路识别：一次可识别多个回路，可一个配电箱下多条回路一起识别。

点击【菜单栏】建模，【导航栏】电缆导管，【工具栏】中"多回路"→左键点选回路中一根 CAD 线及其回路编号**2AT-CF1:N1**（编号可不选），一一选中该配电箱的所有回路→右键确认→回路信息中构件名称，选择定义好的回路→确认，如图 3-53 所示。

注：此方法对于初学者易出错，建议采用单回路识别方法。

3）设置起点、选择起点。当设计图中电缆回路或电线回路一端显示从桥架处引出，

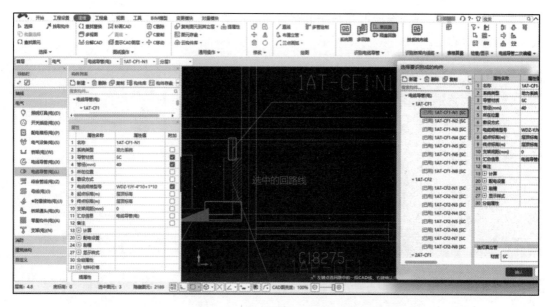

图 3-52　选择要识别的构件

回路信息					
	配电箱信息	回路编号	构件名称	管径(mm)	规格型号	备注
1	2AT-CF1	N1	2AT-CF1-N1	40	WDZ-YJY-4*10...	

图 3-53　选择定义好的回路的构件名称

桥架的另一端连着配电箱时适用该功能。

设置起点：点击【菜单栏】建模，【导航栏】桥架，【工具栏】中"设置起点"→选择竖向桥架的起点，即配电箱的顶端位置→右键确认，如图 3-54 所示。

图 3-54　设置好的起点

选择起点：点击【菜单栏】建模，【导航栏】桥架，【工具栏】识别桥架内线缆下"选择起点"→左键拉框选择与桥架相连的配管（必须选中回路与桥架相连的第一根线，一般为竖向的线，在图中显示为圆圈形状）→右键确认→点击设置好起点的配电箱位置，软件会连成通路，计算路径为绿色，设置选择起点的桥架呈黄色，如图 3-55所示。

4）桥架配线 ▨ 桥架配线 。该功能适用于配电箱与配电箱之间，通过桥架连通回路时电缆的敷设，本项目无此情况。

点击【菜单栏】建模，【导航栏】桥架，【工具栏】

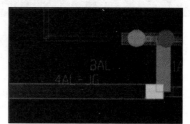

图 3-55　选择起点时连通的计算路径

桥架配线（图 3-56）→选择配电箱与配电箱之间的桥架→右键→选择配线（图 3-57）→选中对应电缆后确定。

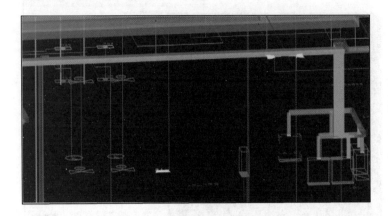

图 3-56 选中的桥架配线通路　　　　　　　　图 3-57 选择具体的桥架
配线示例

注：选中后的桥架为绿色，桥架可跨层选择。

跨层视图方法如下：点击【菜单栏】视图，【工具栏】动态观察→拖动圆形方向条，可以在三维视图状态下任意改换视图方位；【视图显示框】显示设置 🔲→全部楼层/自定义楼层，可以任意选择需要三维视图的楼层，详情见本教材 3.1.1。

（5）配管配线建模

在配电箱建模阶段，使用系统图功能已完成导管和电线的定义过程。

导管和电线的识别过程，采用单回路、多回路、设置起点与选择起点功能可以实现，详见电缆建模过程（图 3-58）。

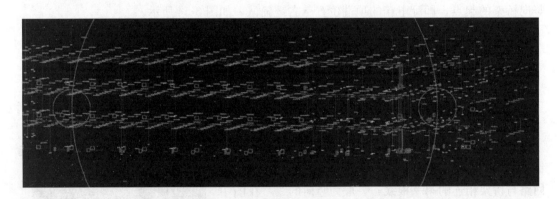

图 3-58 某高校 2 号食堂电气工程整栋楼的三维视图效果

（6）零星构件建模

本项目中常见的零星构件有两类：接线盒、开关盒，两类构件定义和识别步骤相同，以接线盒为例。

定义：点击【菜单栏】建模，【导航栏】中"零星构件"，【构件列表】新建→新建接线盒→【属性】修改名称为接线盒（图 3-59）。

识别：【工具栏】生成接线盒→选择构件，接线盒→确认→选中各层的照明灯具、电线导管、电缆导管、开关插座需要用开关盒（图 3-60）→确定。

图 3-59　修改接线盒属性

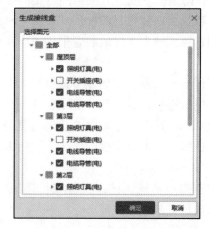

图 3-60　生成接线盒

4. 任务总结

（1）工程需要建模的构件较多，建模前一定要熟悉图纸。配电箱、电线导管和电缆导管建模过程为重难点，要按照不同配电箱分类建模。

（2）电气工程在软件算量过程中，要根据清单规范和本地定额的规定，划分对应部位的构件，如电井内安装的构件，需要单独统计工程量；地上部分和地下部分也要分开统计工程量。

（3）软件算量时，有个别不易绘制的构件可采用手工计算工程量后，用表格输入的方法输入到软件会更加便捷。

3.2.2.2　防雷接地工程工程量清单软件算量

1. 任务说明

按照某高校 2 号食堂电气施工图，完成以下任务：

（1）识读防雷接地工程整体施工图，核查图纸是否齐全。某高校 2 号食堂防雷接地施工图包括以下图纸：电气施工设计说明、图例及材料表（图号：92873-302-22-1～92873-302-22-3 即电施-1～电施-3）；基础接地平面图（图号：92873-302-22-29 即电施-29，⑮～㉖轴处为食堂项目），屋顶防雷平面图（图号：92873-302-22-30 即电施-30）。

（2）查看图中避雷网、避雷引下线、接地装置采用的是建筑物内原有的钢筋，还是人工设置？

（3）查看测试卡子、等电位连接、端子箱各自的配置形式和使用的材料规格型号等。

（4）防雷接地项目施工完成后，需要进行防雷接地系统调试。

2. 任务分析

（1）在防雷接地工程的图纸识读前，先查看设计说明中有关防雷接地的内容，分析防雷接地的具体做法，然后对照基础接地平面图和屋面防雷平面图，找到需要建模构件的具体位置。

（2）避雷网/接闪器采用φ10热镀锌圆钢，沿女儿墙、屋面四周敷设。

（3）避雷引下线一共为18处，采用建筑物剪力墙内两根不小于Φ16或4根不小于Φ10的主筋作防雷引下线，上端与圆钢接闪带可靠焊接，下端与基础接地极焊接。

（4）本项目接地装置有两种形式，第一种采用建筑物基础筏板钢筋网焊接，绑扎形成闭合接地网；第二种人工接地装置采用40×4的热镀锌扁钢，如电井接地、地库设备间接地等。

（5）测试卡子。预埋接地端子板材料为100×100×6热镀锌扁钢，共4处。

（6）等电位连接：设置有总等电位端子箱、等电位端子箱，距地0.5m明装。建筑物内金属装置与防雷装置做防雷等电位连接，等电位连接的做法为使用PC20塑料管，管内配BVR-4mm²线。

（7）防雷接地系统调试：工程项目连成一个母网时，按照一个系统计算测试工程量。

3. 任务实施

（1）避雷网/接闪器建模

1）定义：点击【菜单栏】建模，【导航栏】中防雷接地，【构件列表】中新建→新建避雷网→按图纸修改属性列表（图3-61）。

2）识别：【楼层切换栏】屋顶层→【工具栏】识别防雷接地→回路识别→选中图中避雷网回路（图3-62）→右键确认→选择构件→避雷网→确认（图3-63）。

图3-61　修改避雷网属性列表

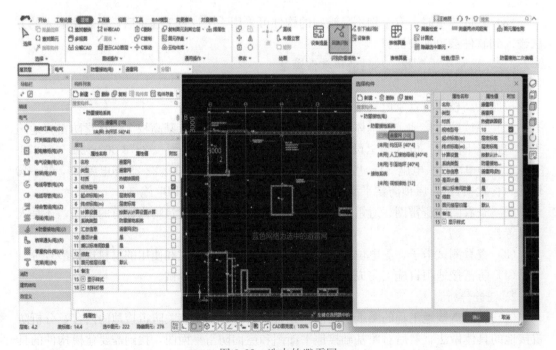

图3-62　选中的避雷网

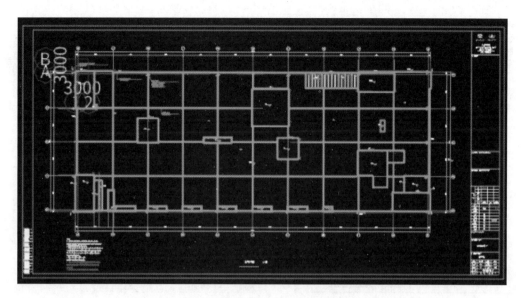

图 3-63　识别后的屋面避雷网

（2）避雷引下线建模

1）定义：点击【菜单栏】建模，【导航栏】 ⚡ 防雷接地(电)(J)，【构件列表】新建→
新建避雷引下线→按图纸修改属性列表（图 3-64）。

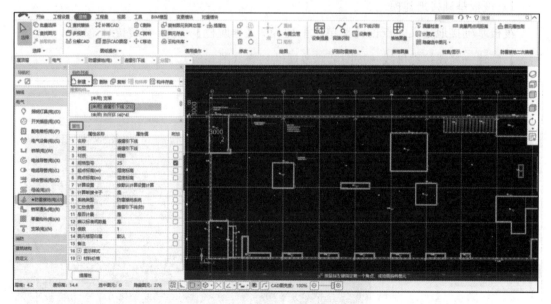

图 3-64　修改避雷引下线属性值

注：此处可不设置起点标高和终点标高，在引下线识别过程中设置即可。

2）识别：【工具栏】识别防雷接地→ ⚡引下线识别 →选中图中引下线符号 ⚡ LP →右键
确认→选择构件→选择避雷引下线（图 3-65）→确认→立管标高设置（图 3-66）→确定。

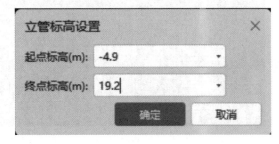

图 3-65　选择避雷引下线　　　　　　　　　　图 3-66　立管标高设置

注：从建筑图纸上可以看出屋顶有多个标高，避雷引下线长度为从基础筏板顶至屋面，此处以屋顶
19.2m 为例；对不同高度的避雷引下线建模时，可以使用布置立管的功能分开识别。

（3）接地装置建模

1）筏板基础接地建模

筏板基础接地定义。点击【菜单栏】建模，【导航栏】 **防雷接地(电)(J)**，【构件
列表】新建→新建接地母线→按图纸修改属性列表（图 3-67）。

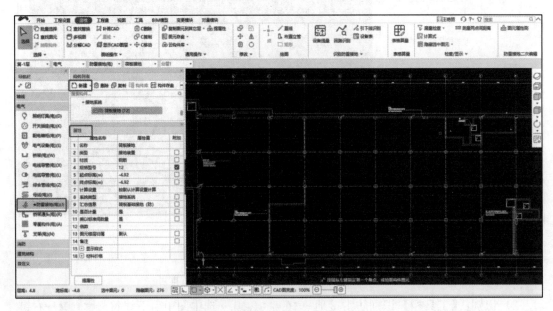

图 3-67　筏板接地修改属性列表

筏板基础接地识别。【楼层切换栏】 基础层 →【工具栏】识别防雷接地→回路识别→选中图中回路线段 →右键确认→选择构件→筏板接地→确认。

注：筏板接地和避雷引下线，采用建筑物内钢筋时，均以2根为一组，在计算长度时，不需要×2，主材价格在建筑与装饰工程造价中已经计算，不用再增加主材的价格。

2）人工接地装置建模

人工接地装置定义：点击【菜单栏】建模，【导航栏】 ⚡ 防雷接地(电)(J)，【构件列表】新建→新建接地母线→按图纸修改属性列表（图3-68）。

人工接地装置识别（图3-69）：点击【构件列表】中新建的人工接地装置，【工具栏】绘图界面下点击直线→点加长度值设置为1500mm→在该避雷引下线位置绘制直线为人工接地装置，余同。

（4）等电位连接建模

1）端子箱建模

端子箱分总等电位端子箱和局部等电位端子箱，两类端子箱建模方法相同，在此以总等电位端子箱为例。

总等电位端子箱定义。点击【菜单栏】建模，【导航栏】 ⚡ 防雷接地(电)(J)，【构件列表】新建→新建等电位端子箱→按图纸修改属性列表（图3-70）。

图3-68　修改属性列表

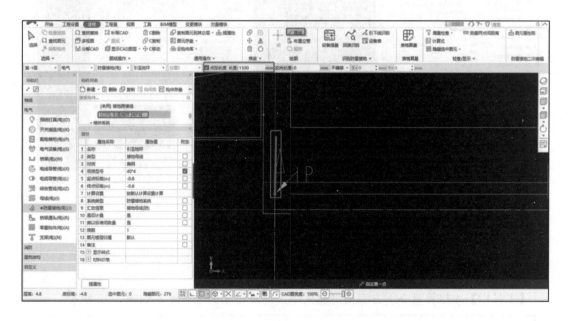

图3-69　人工接地装置识别

总等电位端子箱识别（图3-71）。点击【工具栏】 设备提量 →左键点选图上总等电位端子箱图例MEB→右键确认→选择要识别成的构件→总等电位端子箱→确认。

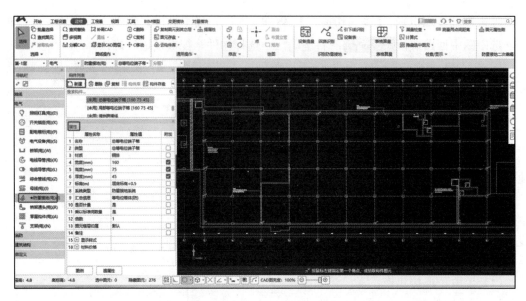

图 3-70　修改总等电位端子箱属性列表

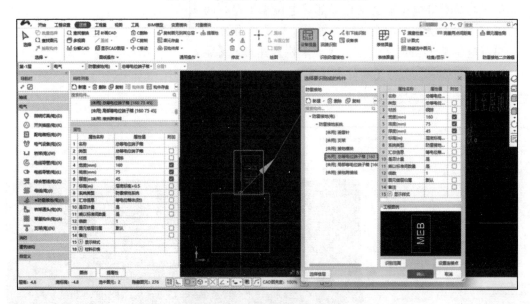

图 3-71　识别总等电位端子箱

2）等电位连接线建模

等电位连接线采用 PC20 的管子和 BVR-4 的线，采用表格算量的方式将计算结果输入软件。

【工具栏】表格算量→下方表格中输入手工计算得出的工程量，如图 3-72 所示。

	楼层	名称	类型	材质	规格型号	系统类型	提取量表达式(单位：套/台/根/个/m)	手工量表达式(单位：套/台/根/个/m)	倍数	工程量 数量 [SL]	核对
1	屋顶层	PC20	等电位连接线	PC	20	防雷接地系统		151.10	1	151.100	☐
2	屋顶层	BVR-4	等电位连接线	BVR	4	防雷接地系统		151.10	1	151.100	☐

图 3-72　表格输入等电位连接线的工程量

(5) 测试卡子、接地系统调试建模

测试卡子个数在图纸上有标示，接地系统调试按1个系统进行调试，采用表格算量的方式将工程量输入软件。

【工具栏】表格算量→下方表格中输入手工计算的工程量，如图3-73所示。

表格算量

添加 · 复制 删除 上移 · 过滤 · 排序 · 提标识 数数量 · 图元反查 删除标记 隐藏窗体 页面设置 · 单元格设置 · 导出数据 ·

	楼层	名称	类型	材质	规格型号	系统类型	提取量表达式(单位：套/台/根/个/m)	手工量表达式(单位：套/台/根/个/m)	倍数	工程量	核对
										数量[SL]	
1	基础层	测试卡子	电阻测试点	扁钢	100*100*6	防雷接地系统		4	1	4.000	☐
2	基础层	接地系统调试	系统调试			防雷接地系统		1	1	1.000	☐

图3-73　表格输入测试卡子及接地系统调试的工程量

4. 任务总结

防雷接地系统建模过程中，等电位联结的内容为学习的薄弱点。除了掌握图纸设计要求外，同学们还需要学习等电位联结安装图集、定额及清单规范中对应的计算规则。

3.2.2.3　汇总计算及分类导出工程量

1. 任务说明

(1) 对电气照明工程及防雷接地工程进行模型检查，包括漏量检查、漏项检查、属性检查、检查回路、合法性检查。

(2) 汇总工程量：汇总计算电气照明工程及防雷接地工程的工程量。

(3) 分类导出工程量：按照不同分项工程导出工程量结果。

2. 任务分析

(1) 对于模型检查出现问题，需要反查定位到具体构件查看存在问题，判断是否需要进行修改。

(2) 分类工程量设置导出形式时，按照定额中对构件的分类设置，更易于后期的计价。

3. 任务实施

(1) 模型检查

1) 漏项检查

点击【菜单栏】建模，【工具栏】检查/显示→漏项检查→检查，如图3-74所示。

漏项检查可以检查出某构件在哪一层存在有漏项情况，检查出来后，将楼层显示栏调整到该层，再进行漏量检查，找出对应构件，进行相应处理。

2) 漏量检查

以设备为例，点击【菜单栏】建模，【工具栏】检查/显示→漏量检查→图形类型为设备→检查（图3-75）→双击出现的某图形，回到绘图区，对需绘制且未绘制的构件重新绘制，如出现绘图人名字等不需绘制的内容，不用处理。

图 3-74　漏项检查示例

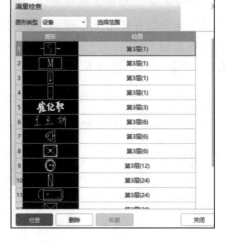

图 3-75　漏量检查示例

3）属性检查/设计规范检查

依据规范对构件图元的属性检查，与对其他内容进行检查的方法一致，下面以属性检查为例进行介绍。

点击【菜单栏】建模，【工具栏】漏量检查→属性检查▣▾→检查（图 3-76）→双击出现的某构件，回到绘图区，对需删除的构件删除处理，对需延长长度的构件进行拉伸处理。

图 3-76　属性检查示例

4）检查回路

检查回路功能适用于对线式构件进行检查，以电气照明回路为例简单讲解。

点击【菜单栏】建模，【工具栏】检查/显示→检查回路 ⌕ →点击需检查的回路线路检查→该回路以彩色流动的线显示，方便检查回路是否正确，如图 3-77 所示。

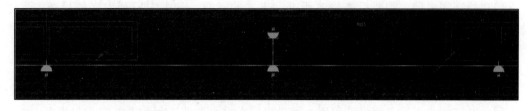

图 3-77　回路检查示例

5）合法性检查

点击【菜单栏】建模，【工具栏】检查/显示→合法性检查 ✔ **合法性** →双击存在错误的构件，回到绘图区对应位置，根据提示修改，如图 3-78 所示。

构件名称	所属楼层	错误描述
100*100 强电桥架	第3层	100*100 强电桥架不能与300*100 强电桥架重叠布置
300*100 强电桥架	第3层	300*100 强电桥架不能与100*100 强电桥架重叠布置

错误--双击构件名称选择出错构件

图 3-78　合法性检查示例

（2）汇总计算工程量

所有构件均采用绘制或表格算量的方式输入完成，汇总计算工程量，得出需要范围的构件工程量的数量。

点击【菜单栏】工程量，【工具栏】中"汇总计算"→选择范围 全选 →计算。

（3）分类导出工程量

工程量计算完毕后，可以按照构件的类型分类查看和导出构件的工程量。

点击【菜单栏】工程量，【工具栏】分类工程量→设置分类条件及工程量输出（图 3-79），按照定额中不同构件组价条件的限制，来定义分类的条件→查看分类汇总工程量→导出到 Excel 表格中。

图 3-79　设置分类工程量条件

4. 任务小结

各项检查完成后，需要反查修改所查询出来的问题。除书中罗列出来的检查方法之外，还有计算式、图元查量、批量选择等多项功能有助于编辑和检查各类构件。

3.2.3 通用安装工程工程量提取

1. 任务说明

对汇总后的工程量集中套用做法，并添加清单项目特征描述，形成完整的给水排水专业工程、电气专业工程工程量清单表，并导出给水排水专业工程和电气专业工程Excel工程量清单表。

2. 任务分析

(1) 计量模型中清单工程量的提取有两种方法。第一种是在计量模型中直接添加清单项，并匹配项目特征；第二种是在计价软件中列出清单项，将计量软件中的清单工程量输入计价软件。

(2) 分析给水排水工程清单项目编码是如何表示的？各类构件的项目特征描述如何添加？如何预览报表并导出给水排水专业Excel工程量清单表格？

(3) 分析电气专业工程中清单项目编码是如何表示的？各类构件的项目特征描述如何添加？

3. 任务实施

(1) 计量软件中套用工程量清单

计量软件新建工程时若没有选择对应清单库和定额库的，套做法之前，需要在【菜单栏】工程设置，【工具栏】工程信息设置中，选择对应的清单和定额，电脑中必须安装计价软件后才可以选择清单库和定额库（图3-80）。

清单库	工程量清单项目计量规范(2013-河南)
定额库	河南省通用安装工程预算定额(2016)

图3-80 清单库及定额库选择

以电气工程为例，工程量汇总计算完成后，点击【菜单栏】工程量，【工具栏】套做法→自动套用清单→匹配项目特征（图3-81）→导出命名为"某高校2号食堂工程"的Excel文件到对应位置（图3-82）。

图3-81 自动套用清单、匹配项目特征

	编码	类别	名称	项目特征	表达式	单位	工程量	备注
1	◆ 70°防火阀 荧光灯 220V 36W					个	5.000	
2	030412005001	项	荧光灯	1. 名称: 70°防火阀 2. 型号: 220V 36W	SL+CGSL	套	5.000	
3	◆ LEB箱 荧光灯 220V 36W					个	6.000	
4	030412005002	项	荧光灯	1. 名称: LEB箱 2. 型号: 220V 36W	SL+CGSL	套	6.000	
5	◆ T8单管格栅荧光灯 荧光灯 220V 36W					个	6.000	
6	030412005003	项	荧光灯	1. 名称: T8单管格栅荧光灯 2. 型号: 220V 36W	SL+CGSL	套	6.000	
7	◆ T8单管荧光灯(壁装) 荧光灯 220V 36W					个	11.000	
8	030412005004	项	荧光灯	1. 名称: T8单管荧光灯(壁装) 2. 型号: 220V 36W	SL+CGSL	套	11.000	
9	◆ T8单管荧光灯(壁装带蓄电池) 荧光灯 220V 36W					个	2.000	
10	030412005005	项	荧光灯	1. 名称: T8单管荧光灯(壁装带蓄电池) 2. 型号: 220V 36W	SL+CGSL	套	2.000	
11	◆ T8单管荧光灯(壁装带蓄电池)-1 荧光灯 220V 36W					个	1.000	
12	030412005006	项	荧光灯	1. 名称: T8单管荧光灯(壁装带蓄电池)-1 2. 型号: 220V 36W	SL+CGSL	套	1.000	
13	◆ T8单管荧光灯(壁装带蓄电池)-2 荧光灯 220V 36W					个	6.000	
14	030412005007	项	荧光灯	1. 名称: T8单管荧光灯(壁装带蓄电池)-2 2. 型号: 220V 36W	SL+CGSL	套	6.000	
15	◆ T8单管荧光灯 (吊装) 荧光灯 220V 36W					个	40.000	

图 3-82 导出表格的部分内容

（2）计价软件中套用工程量清单

1）新建工程

双击计价图标打开"广联达云计价平台 GCCP6.0"软件，或单击【开始】菜单→进入"所有程序"→单击【广联达建设工程造价管理整体解决方案】→单击 广联达云计价平台GCCP6.0，弹出新建工程对话框→单击【新建预算】，进入"新建预算"界面→单击【招标项目】，并在【项目名称】后输入某高校 2 号食堂安装工程，如图 3-83 所示，信息确认无误后，单击 立即新建，进入工程"编辑"界面。

招	投	项	清	定
招标项目	投标项目	定额项目	单位工程/清单	单位工程/定额

项目名称 某高校2号食堂安装工程

项目编码 001

地区标准 郑州市数据标准接口

提示：电子招投标工程请选择对应的地区标准！

定额标准 河南省2016序列定额

价格文件 [   ] 浏览

计税方式 增值税(一般计税方法)

立即新建

图 3-83 新建招标项目

在工程"编辑"界面单击【单项工程】，重命名为：2 号食堂项目；光标在 2 号食堂项目上单击右键→快速新建单位工程选项→单击【安装工程】，如图 3-84 所示。

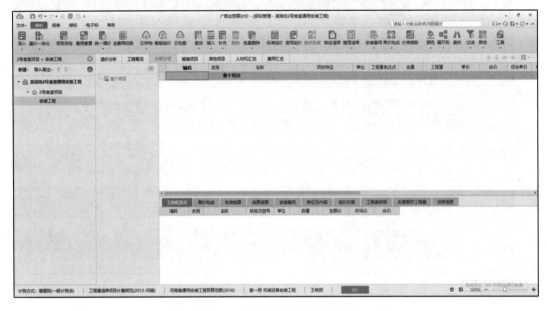

图 3-84　招标控制价编辑界面

2）建立子分部工程

在编辑区域右键点击【整个项目】→插入两个子分部→将子分部重命名为给水排水工程和电气工程（图 3-85）。

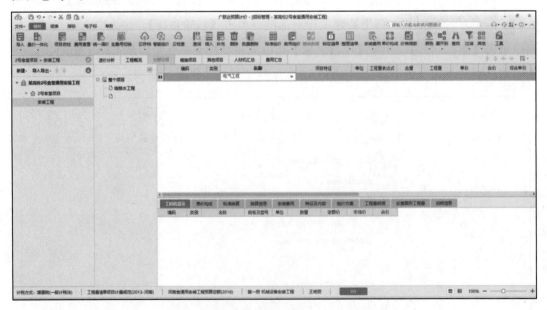

图 3-85　安装工程下建立给水排水工程和电气工程子分部

3）建立分项工程

以给水排水工程为例，建立给水、排水两个分项工程。

右键点击【给水排水】→依次插入两个子分项→将子分项重命名分别为给水和排水（图 3-86）。

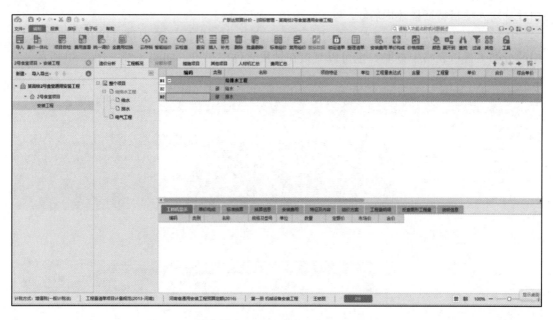

图 3-86   给水排水工程下建立给水和排水两个分项

4）导入工程量

以给水管道复合管为例，右键点击【给水】→插入清单→项目编码列双击选择清单项→双击选择复合管清单，即将该项清单添加至给水分项清单中，如图 3-87 所示。

图 3-87   查询清单项

5）完善清单各项内容

根据规范要求和图纸设计内容，将项目特征描述填写完整。【项目特征】列→双击空白处→输入项目特征描述内容。

工程量表达式列中填入DN100复合管管道安装的工程量，工程量可以在计量软件导出的分类工程量表格中查取，也可以直接在计量软件中得出，如图3-88、图3-89所示。

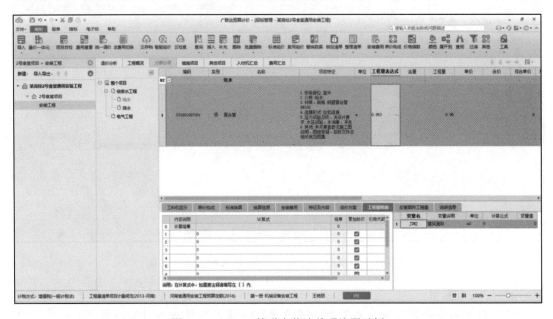

图3-88 DN100管道安装清单项编写示例

查看分类汇总工程量

构件类型 给排水 管道(水)

	分类条件		工程量	
	名称	管径规格	长度(m)	超高长度(m)
10		小计	161.731	103.150
11	给水管—DN100	100	0.953	0.000
12		小计	0.953	0.000
13	给水管—DN15	15	10.309	0.000
14		小计	10.309	0.000
15	给水管—DN20	20	34.648	6.400
16		小计	34.648	6.400
17	给水管—DN25	25	11.766	0.000
18		小计	11.766	0.000
19	给水管—DN32	32	4.201	0.000
20		小计	4.201	0.000
21	给水管—DN40	40	21.590	4.300

设置构件范围 设置分类及工程量 导出到Excel 导出到已有Excel 显示小计 退出

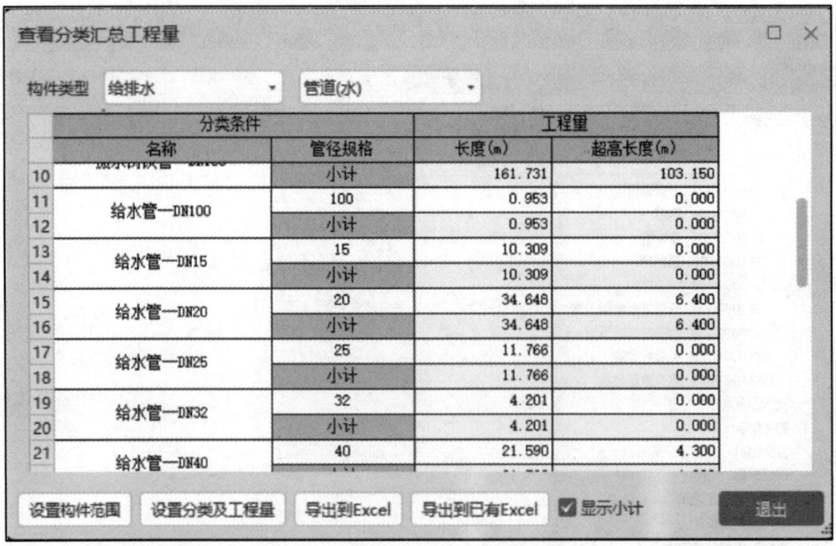

图3-89 计量软件中查看具体的工程量

单价措施费清单项目列项在【编制】-【措施项目】菜单下，列项方法同【分部分项】菜单下清单列项。

用同样的方法，列出其他清单项，清单列项方法详见本教材3.2节。列好所有的清单项后，在报表中选择"批量导出Excel"→选中工程量清单→全选→导出选择表。某高校2号食堂安装工程工程量清单导出成功。

4. 任务总结

两种清单工程量提取的方法，第一种在计量软件中直接套做法，自动套做清单项并匹配项目特征的方法比较简单，但是清单套用结果易出错，项目特征描述容易缺失，可在同学们练习时使用；第二种在计价软件中根据计量软件分类工程量导出的结果，一一选择清单和工程量的匹配，手动输入项目特征描述，全部清单项输入完毕后，导出工程量清单表，是目前造价行业中常用的方法。

任务4 某高校2号食堂招标控制价编制

能力目标

通过综合单价分析的案例学习，结合某高校2号食堂招标控制价的编制示例，了解招标控制价编制流程和内容，能够进行综合单价分析和分部分项工程量清单的组价，能够进行措施项目的编制以及人材机价格的调整，并熟练掌握广联达GCCP6.0计价软件的常用操作，并能够进行完整的招标控制价编制。

思政元素

招标控制价编制是在前期工程量计算的基础上进行组价、调价等形成的最终价格文件。其编制工作需要严格按照工程实际和甲方要求，严格遵循相应的价格文件。教材中通过软件操作依据和价格文件的使用调整等，培养学生精益求精、严谨守法的工匠精神，教育学生践行职业精神，保证建设工程造价的合理性及合法性。

招标控制价的编制过程是需要土建、安装等专业配合工作的，在文件编制汇总过程中也要培养学生与人交流、与人合作的能力，同时详细的示例讲解与适当的练习有助于培养学生的自学能力和创新能力。

思维导图

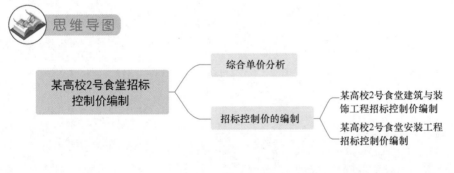

4.1 综合单价分析

综合单价是完成一个规定计量单位的分部分项工程或措施清单项目所需的人工费、材料和工程设备费、施工机具使用费和企业管理费、利润以及一定范围内的风险费用。依据《河南省房屋建筑与装饰工程预算定额》HA 01-31-2016、《河南省通用安装工程预算定额》HA 02-31-2016、河南省第十期价格指数（2021年7—12月）、郑州市建筑材料价格信息（2021年第四季度信息价）及相关文件等对某高校2号食堂进行综合单价分析。

【案例1】某高校2号食堂建筑与装饰工程平整场地工程量清单见表4-1，试按毕业设计任务书要求进行综合单价分析。

某高校 2 号食堂建筑与装饰工程平整场地工程量清单　　　　　表 4-1

序号	项目编码	项目名称	项目特征描述	计量单位	工程量	金额（元）		
						综合单价	合价	其中
								暂估价
1	010101001001	平整场地	1. 土壤类别：综合（由投标人根据地勘报告、现场情况决定报价） 2. 其他说明：详见相关设计图纸、要求及规范	m²	2775.11			

案例分析：经查询，河南省第十期价格指数如下：房屋建筑与装饰工程人工价格指数 1.269，机械价格指数 1.194，管理费价格指数 1.924。《郑州市建筑工程材料基准价格信息》（2021 年第四季度信息价）柴油单价 7.24 元/kg，每 100m² 机械场地平整履带式推土机功率（75kW）组成见表 4-2。

每 100m² 机械场地平整履带式推土机功率（75kW）组成　　　　　表 4-2

类别	名称		规格及型号	单位	含量	数量	定额价	合价
机	履带式推土机		功率 75kW	台班	0.15	0.15	857	128.55
机	其中	折旧费		元	93.86	14.079	0.85	11.97
机		检修费		元	38.27	5.7405	0.85	4.88
机		维护费		元	99.5	14.925	0.85	12.69
机		机械人工		工日	2	0.3	134	40.2
机		柴油		kg	56.5	8.475	6.94	58.82

解：单价　人工费 $= 7.4 + 7.4 \times (1.269/1.370 - 1) = 6.85$ 元　　材料费 $= 0$ 元

机械费 $= 128.55 + 0.3 \times 134 \times (1.194/1 - 1) + 8.475 \times (7.24 - 6.94)$

$= 138.89$ 元

管理费和利润 $= 3.69 + 3.69 \times (1.924/1 - 1) \times 6\% + 3.06 = 6.95$ 元

合价　人工费 $= 6.85 \times 0.01 = 0.07$ 元　　材料费 $= 0$ 元

机械费 $= 138.89 \times 0.01 = 1.39$ 元

管理费和利润 $= 6.95 \times 0.01 = 0.07$ 元

综合单价 $=$ 人工费 $+$ 材料费 $+$ 机械费 $+$ 管理费和利润 $= 0.07 + 1.39 + 0.07 = 1.53$ 元

平整场地综合单价分析表详见表 4-3。

表 4-3

平整场地综合单价分析表

工程名称：某高校 2 号食堂建筑与装饰工程

项目编码	01010100100 1	项目名称	平整场地	计量单位	m²	工程量	2775.11

清单综合单价组成明细

定额编号	定额名称	定额单位	数量	单价（元）				合价（元）			
				人工费	材料费	机械费	管理费和利润	人工费	材料费	机械费	管理费和利润
1-124	机械场地平整	100m²	0.01	6.85	0	138.89	6.95	0.07	0	1.39	0.07
人工单价				小计							
普工 87.1 元/工日				未计价材料费							
				清单项目综合单价				1.53			

材料费明细

主要材料名称、规格、型号	单位	数量	单价（元）	合价（元）	暂估单价（元）	暂估合价（元）

【案例2】某高校2号食堂建筑与装饰工程砌块墙工程量清单见表4-4，试按毕业设计任务书要求进行综合单价分析。

砌块墙工程量清单　　　　　　　　　　　　　表4-4

序号	项目编码	项目名称	项目特征描述	计量单位	工程量	金额（元）			
						综合单价	合价	其中	
								暂估价	
1	010402001001	砌块墙	1. 砖品种、规格、强度等级：A3.5加气混凝土砌块 2. 墙体厚度：≤150mm 3. 砂浆强度等级、配合比：M7.5预拌砂浆 4. 高度：3.6m以上 5. 其他说明：详见相关设计图纸、要求及规范	m³	4.98				

案例分析：经查询，河南省第十期价格指数如下：房屋建筑与装饰工程人工价格指数1.269，机械价格指数1.194，管理费价格指数1.924。《郑州市建筑工程材料基准价格信息》（2021年第四季度信息价）水5.46元/m³，蒸压粉煤灰加气混凝土砌块（600×120×240）259.59元/m³，预拌砌筑砂浆（干拌）DM M7.5 412.038元/m³，电0.54元/kW·h，每10m³蒸压加气混凝土砌块墙墙厚≤150mm砂浆中干混砂浆罐式搅拌机公称储量20000L机械组成见表4-5。

每10m³蒸压加气混凝土砌块墙墙厚≤150mm砂浆中　　　　　　表4-5
干混砂浆罐式搅拌机公称储量20000L机械组成

类别	名称		规格及型号	单位	含量	数量	定额价	合价
机	干混砂浆罐式搅拌机		公称储量20000L	台班	0.071	0.071	197.4	14.02
机	其中	折旧费		元	26.82	1.90422	0.85	1.62
机		检修费		元	4.42	0.31382	0.85	0.27
机		维护费		元	8.62	0.61202	0.85	0.52
机		安拆费及场外运费		元	10.62	0.75402	0.9	0.68
机		机械人工		工日	1	0.071	134	9.51
机		电		kW·h	28.51	2.02421	0.7	1.42

解：单价　人工费$=1.3×[1258.94+1258.94×(1.269/1.370-1)]=1515.97$元

材料费$=2439.63+9.77×(259.59-235)+0.71×(412.038-180)+0.4×(5.46-5.13)=2844.75$元

机械费$=14.02+0.071×134×(1.194/1-1)+28.51×0.071×(0.54-0.7)=15.54$元

管理费和利润$=231.33+231.33×(1.924/1-1)×6\%+158.02=402.17$元

合价　人工费$=1515.97×0.1=151.6$元

材料费$=2844.75×0.1=284.48$元

机械费$=15.54×0.1=1.55$元

管理费和利润$=402.17×0.1=40.22$元

综合单价$=$人工费$+$材料费$+$机械费$+$管理费和利润$=151.6+284.48+1.55+40.22=477.85$元

砌块墙综合单价分析表详见表4-6。

工程名称：某高校2号食堂建筑与装饰工程

砌块墙综合单价分析表

表 4-6

项目编码	010402001001	项目名称	砌块墙	计量单位	m³	工程量

清单综合单价组成明细

定额编号	定额名称	定额单位	数量	单价（元）				合价（元）			
				人工费	材料费	机械费	管理费利润	人工费	材料费	机械费	管理费利润
4-43换	蒸压加气混凝土砌块 墙厚≤150mm 砂浆 墙体砌筑层高超过3.6m时，其超过部分工程量定额人工×1.3 换为【预拌砌筑砂浆（干拌）DM M7.5】	10m³	0.1	1515.97	2844.75	15.54	402.17	151.6	284.48	1.55	40.22
人工单价		小计						151.6	284.48	1.55	40.22
高级技工 201元/工日；普工 87.1元/工日；一般技工 134元/工日		未计价材料费									
		清单项目综合单价						477.85			

材料费明细	主要材料名称、规格、型号	单位	数量	单价（元）	合价（元）	暂估单价（元）	暂估合价（元）
	水	m³	0.04	5.46	0.22		
	预拌砌筑砂浆（干拌）DM M7.5	m³	0.071	412.038	29.25		
	蒸压粉煤灰加气混凝土砌块 600×120×240	m³	0.977	259.59	253.62		
	砂子 中粗砂	m³	1.3827	1	1.38		
	材料费小计			—	284.47		

【案例3】某高校2号食堂建筑与装饰工程水泥砂浆楼地面（地1）工程量清单见表4-7，试按毕业设计任务书要求进行综合单价分析。

水泥砂浆楼地面（地1）工程量清单　　　　　　　表4-7

序号	项目编码	项目名称	项目特征描述	计量单位	工程量	金额（元）		
						综合单价	合价	其中 暂估价
1	011101001001	水泥砂浆楼地面（地1）	1. 部位：泵房、风机房、储藏室、走道、风井 2. 做法： （1）20厚1：2水泥砂浆抹平压光 （2）刷水泥砂浆一道（内掺建筑胶） （3）LC7.5轻骨料混凝土垫层 3. 面层做法要求：参见12YJ1 楼102 4. 其他说明：详见相关设计图纸、要求及规范	m²	295.51			

案例分析：经查询，河南省第十期价格指数如下：房屋建筑与装饰工程人工价格指数1.269，机械价格指数1.194，管理费价格指数1.924。《郑州市建筑工程材料基准价格信息》（2021年第四季度信息价）水5.46元/m³，干混地面砂浆 DSM20　443.898元/m³，电0.54元/kW·h，LC7.5轻骨料混凝土566.37元/m³，每100m²水泥砂浆楼地面混凝土或硬基层上20mm中干混砂浆罐式搅拌机公称储量20000L机械组成见表4-8。

每100m²水泥砂浆楼地面 混凝土或硬基层上20mm中干混砂浆　　表4-8
罐式搅拌机公称储量20000L机械组成

类别	名称		规格及型号	单位	含量	数量	定额价	合价
机	干混砂浆罐式搅拌机		公称储量20000L	台班	0.34	0.34	197.4	67.12
机	其中	折旧费		元	26.82	9.1188	0.85	7.75
机		检修费		元	4.42	1.5028	0.85	1.28
机		维护费		元	8.62	2.9308	0.85	2.49
机		安拆费及场外运费		元	10.62	3.6108	0.9	3.25
机		机械人工		工日	1	0.34	134	45.56
机		电		kW·h	28.51	9.6934	0.7	6.79

解：1. 水泥砂浆楼地面 混凝土或硬基层上20mm

单价　人工费＝1471.36＋1471.36×(1.269/1.370－1)＝1362.89 元

材料费＝385.67＋2.04×(443.898－180)＋3.6×(5.46－5.13)

＝925.21 元

机械费＝67.12＋0.34×134×(1.194/1－1)＋ 28.51×0.34×(0.54－

0.7)＝74.41 元

管理费和利润＝211.54＋211.54×(1.924/1－1)×6％＋121.65

＝344.92 元

合价　人工费＝1362.89×0.01＝13.63 元

材料费＝925.21×0.01＝9.25 元

机械费＝74.41×0.01＝0.74 元

管理费和利润＝344.92×0.01＝3.45 元

2. 轻骨料混凝土 LC7.5 垫层

单价　人工费＝468.75＋468.75×(1.269/1.370－1)＝434.19 元

材料费＝2054.30＋10.1×(566.37－200)＋3.95×(5.46－5.13)＋2.31×

(0.54－0.7)＝ 5755.57 元

机械费＝0 元

管理费和利润＝123.91＋123.91×(1.924/1－1)×6％＋72.06

＝202.84 元

合价　人工费＝434.19×0.01＝4.34 元

材料费＝5755.57×0.01＝57.56 元

机械费＝0 元

管理费和利润＝202.84×0.01＝2.03 元

综合单价＝人工费＋材料费＋机械费＋管理费和利润

＝13.63＋4.34＋9.25＋57.56＋0.74＋3.45＋2.03＝91 元

水泥砂浆楼地面综合单价分析表详见表 4-9。

工程名称：某高校 2 号食堂建筑与装饰工程

表 4-9

水泥砂浆楼地面综合单价分析表

项目编码	01110100001001		项目名称		水泥砂浆楼地面				计量单位	m²		工程量	295.51

			清单综合单价组成明细										
定额编号	定额名称	定额单位	数量	单价（元）				合价（元）					
				人工费	材料费	机械费	管理费和利润	人工费	材料费	机械费	管理费和利润		
11-6	水泥砂浆楼地面 混凝土或硬基层上 20mm	100m²	0.01	1362.89	925.21	74.41	344.92	13.63	9.25	0.74	3.45		
5-1	轻骨料混凝土 LC7.5 垫层	10m³	0.01	434.19	5755.57	0	202.84	4.34	57.56	0	2.03		
人工单价			小计					17.97	66.81	0.74	5.48		
高级技工 201 元/工日；普工 87.1 元/工日；一般技工 134 元/工日			未计价材料费										

	清单项目综合单价							

材料费明细	主要材料名称、规格、型号	单位	数量	单价（元）	合价（元）	暂估单价（元）	暂估合价（元）
	干混地面砂浆 DS M20	m³	0.0204	443.898	9.06		
	水	m³	0.0755	5.46	0.41		
	塑料薄膜	m³	0.4778	0.26	0.12		
	电	kW·h	0.0231	0.54	0.01		
	轻骨料混凝土 LC7.5	m³	0.101	566.37	57.20		
	材料费小计			—	66.80		

【**案例 4**】2 号食堂电气专业 PC15 配管项目工程量清单见表 4-10。试依据《河南省通用安装工程预算定额》HA 02-31-2016、河南省第十期价格指数（2021 年 7—12 月）、郑州市建筑材料价格信息（2021 年第四季度信息价）及相关文件等对该项目进行综合单价分析。除安装主材及水、电、油等材料价格调整外，其他辅材按照定额基价计算。

电气配管 PC15 项目工程量清单　　　　　　　　表 4-10

序号	项目编码	项目名称	项目特征描述	计量单位	工程量	金额（元）		
						综合单价	合价	其中
								暂估价
1	030411001001	配管	1. 名称：电线穿管 2. 材质规格：PC15 3. 配置形式：暗配 4. 其他：未尽事宜参见施工图说明、图纸答疑、招标文件及相关规范图集	m	199.09			

案例分析：通过对该清单项项目特征分析，该清单综合单价构成需要分析定额 4-12-132 子目（刚性阻燃管敷设 砖、混凝土结构暗配 外径 16mm）。经查询，河南省第十期通用安装工程价格指数如下：人工价格指数 1.274，机械价格指数 1.194，管理费价格指数 2.019。经查询《郑州市建筑工程材料基准价格信息》（2021 年第四季度信息价），刚性阻燃管 PC15 单价为 1.34 元/m。综合单价分析见表 4-11。

解：定额 4-12-132 子目单价、合价分析如下：

（1）刚性阻燃管敷设砖、混凝土结构暗配外径 16mm 每 10m 单价

人工费＝定额基价＋指数调差部分＝61.53＋61.53×(1.274/1.332−1)×1
　　　＝58.85 元

材料费＝已计价材料费＋未计价材料费

已计价材料费＝定额基价＋单价调差＝2.48＋0＝2.48 元

机械费＝定额基价＋指数调差（机上人工）＋单价调差＝0 元

管理费和利润＝12.97＋12.97×(2.019/1−1)×6%＋6.67＝20.43 元

（2）将数量调整为 1/10＝0.1，单价数量相乘得刚性阻燃管敷设砖、混凝土结构暗配外径 16mm 每 1m 合价

（3）刚性阻燃管敷设 砖、混凝土结构暗配 外径 16mm 每 1m 合价

人工费＝58.85×0.1＝5.89 元

已计价材料费＝2.48×0.1＝0.25 元

未计价材料费＝0.1×10.60×1.34＝1.42 元

机械费＝0 元

管理费和利润＝20.43×0.1＝2.04 元

综合单价＝人工费＋材料费＋机械费＋管理费和利润＝5.89＋0.25＋1.42＋0＋2.04
　　　＝9.60 元

综合单价分析表

表 4-11

工程名称：2号食堂电气工程　　　　标段：　　　　　　　　　　　　　　　　第 1 页　共 1 页

项目编码	030411001001	项目名称	配管	计量单位	m	工程量	199.09

清单综合单价组成明细

定额编号	定额名称	定额单位	数量	单价（元）				合价（元）			
				人工费	材料费	机械费	管理费和利润	人工费	材料费	机械费	管理费和利润
4-12-132	刚性阻燃管敷设 砖、混凝土结构暗配 外径16mm	10m	0.1	58.85	2.48	0	20.43	5.89	0.25	0	2.04
人工单价		小计						5.89	0.25	0	2.04
高级技工 201元/工日；普工 87.1元/工日；一般技工 134元/工日		未计价材料费							1.42		
清单项目综合单价								9.6			

材料费明细	主要材料名称、规格、型号	单位	数量	单价（元）	合价（元）	暂估单价（元）	暂估合价（元）
	刚性阻燃管 PC15	m	1.06	1.34	1.42		
	其他材料费	元	0.0044	1	—		
	镀锌铁丝 φ1.2~2.2	kg	0.007	5.32	0.04		
	钢锯条	条	0.01	0.5	0.01		
	粘合剂	kg	0.001	30.5	0.03		
	难燃塑料管接头 15	个	0.2583	0.66	0.17		
	材料费小计			—	1.67		

4.2　广联达计价软件 GCCP6.0 应用

4.2.1　某高校 2 号食堂建筑与装饰工程招标控制价编制

某高校 2 号食堂建筑与装饰工程招标控制价的编制主要包括工程概况、分部分项、措施项目、人材机汇总、费用汇总、报表六部分。重点内容如下：分部分项中主要进行定额组价和人工费、材料费、管理费指数调整，措施项目中主要进行定额组价，人材机汇总中进行机械、材料价的调整。

前面章节已经完成工程量清单的编制，直接打开"某高校 2 号食堂 .GBQ6.0"文件进行组价。

4.2.1.1　分部分项工程定额组价

选择"某高校 2 号食堂建筑与装饰工程"文件进行组价。

（1）组价示例——010101001001 平整场地

1）组价分析

平整场地工程量清单结合项目特点及常规施工方案套用（1-124）机械平整场地，平整场地工程量清单计算规则与河南省 2016 定额计算规则相同，平整场地定额工程量与清单工程量相等。

2）软件操作步骤

① 选择目标清单行，点击右键选择【插入子目】，或点击【插入】→【插入子目】，如图 4-1 插入定额行所示。

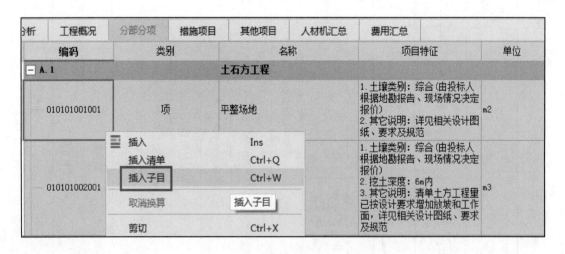

图 4-1　插入定额行

② 在编码列直接录入定额编码 1-124，回车键确认，如图 4-2 所示录入定额编码。

（2）组价示例——010402001001 砌块墙

1）组价分析

根据项目特征，图纸等资料可知，该砌块墙厚度≤150mm，套用（4-43）定额子目，定额基价中砌筑砂浆按干混预拌砂浆 DM M10 编制，墙体砌筑层高按 3.6m 编制。河南省

析 工程概况 分部分项 措施项目 其他项目 人材机汇总 费用汇总				
编码	**类别**	**名称**	**项目特征**	**单位**
⊟ 010101001001	项	平整场地	1.土壤类别：综合（由投标人根据地勘报告、现场情况决定报价） 2.其它说明：详见相关设计图纸、要求及规范	m²
1-124 〔...〕	定	自动提示：请输入子目简称		
010101002001	项	挖一般土方	1.土壤类别：综合（由投标人根据地勘报告、现场情况决定报价） 2.挖土深度：6m内 3.其它说明：清单土方工程量已按设计要求增加放坡和工作面，详见相关设计图纸、要求及规范	m³

图 4-2　录入定额编码

2016 定额第四章砌筑工程说明中指出，设计中砌筑砂浆种类和强度等级与定额所列不同时，应做调整换算；若砌筑高度超高 3.6m 时，其超过部分，工程量的定额人工乘以系数 1.3。砌块墙工程量清单计算规则与河南省 2016 定额计算规则相同，砌块墙定额工程量与清单工程量相等。

2）软件操作步骤

① 选择目标清单行 010402001001 砌块墙，点击【查询】→【查询定额】，如图 4-3 查询定额库所示。

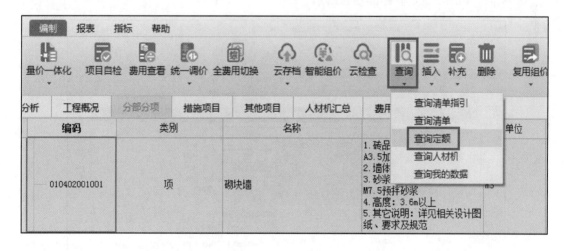

图 4-3　查询定额库

② 在弹出的【查询】界面，【定额】页签下，按照章节查找，鼠标左键点击"第四章砌筑工程"前的右向三角→"砌块砌体"，选中要插入的子目（4-43），点击【插入】或双击鼠标左键添加，如图 4-4 插入定额子目所示。

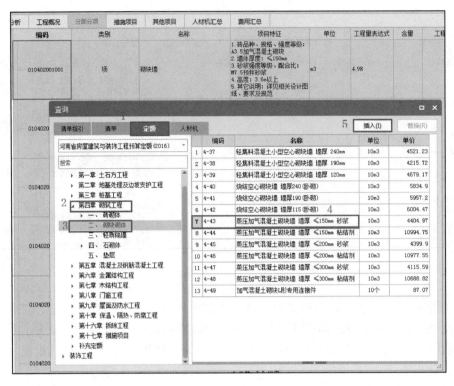

图 4-4　插入定额子目

③ 在弹出的【蒸压加气混凝土砌块墙 墙厚≤150mm 砂浆】换算界面中，选择对应的"换算内容"，如图 4-5 定额标准换算所示。

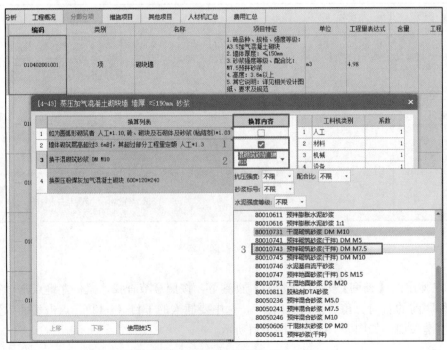

图 4-5　定额标准换算

④ 换算完成后，单击"确定"按钮，如图 4-6 所示完成定额标准换算。

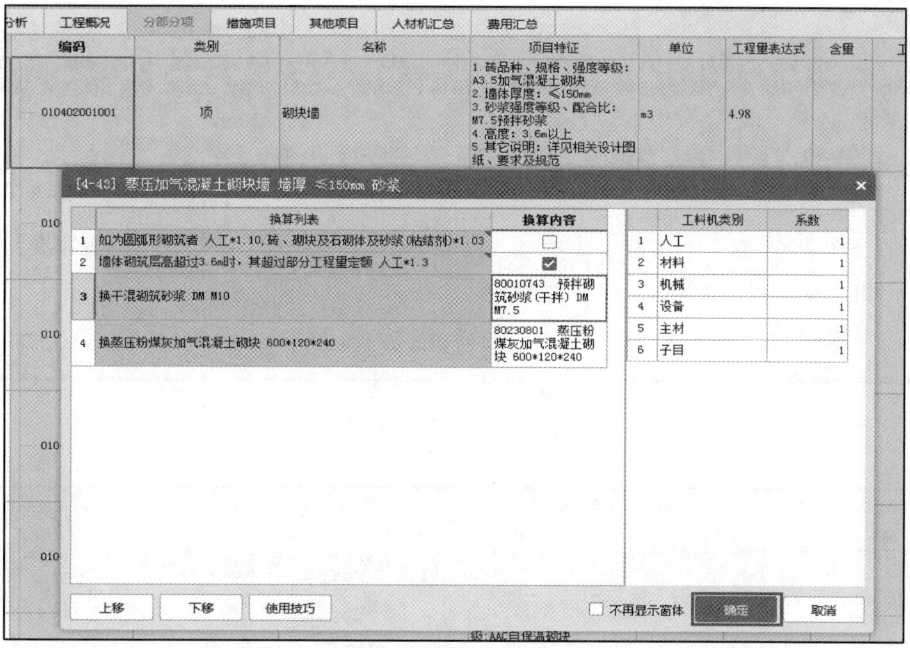

图 4-6　完成定额标准换算

（3）组价示例——010501004001 满堂基础

1）组价分析

根据项目特征，图纸等资料可知，该满堂基础由混凝土工程、模板工程两部分组成，结合项目特点及常规施工方案，套用（5-8）、（5-195）、（5-87）定额子目。

①（5-8）现浇混凝土满堂基础无梁式，定额基价中混凝土按预拌细石混凝土 C20 编制，河南省 2016 定额第五章混凝土工程说明中指出，混凝土按常用强度等级考虑，设计强度等级不同时可以换算，混凝土各种外加剂统一在配合比中考虑，图纸设计要求增加的外加剂另行计算。项目特征中混凝土强度等级为 C35、P6，应进行换算。满堂基础工程量清单计算规则与河南省 2016 定额计算规则相同，满堂基础定额工程量与清单工程量相等。

②（5-195）河南省 2016 定额第五章混凝土工程工程量计算规则，现浇混凝土构件模板，除另有规定者外，均按模板与混凝土的接触面积计算。模板工程量由算量软件提出。

③（5-87）工程量为包括损耗的混凝土用量，工程量表达式中选择清单商品混凝土数量。

2）软件操作步骤

① 选择目标清单行 010501004001 满堂基础，点击【查询】→【查询定额】，如图 4-7 查询定额所示。

② 查询【定额】，按照章节查找，找到目标定额（5-8）后，双击鼠标左键添加或点击【插入】，如图 4-8 插入"满堂基础　无梁式"定额所示。

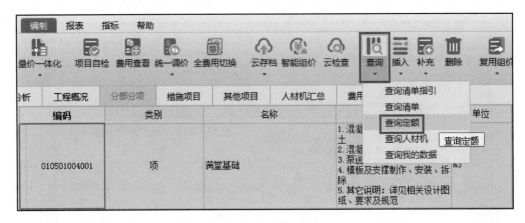

图 4-7　查询定额

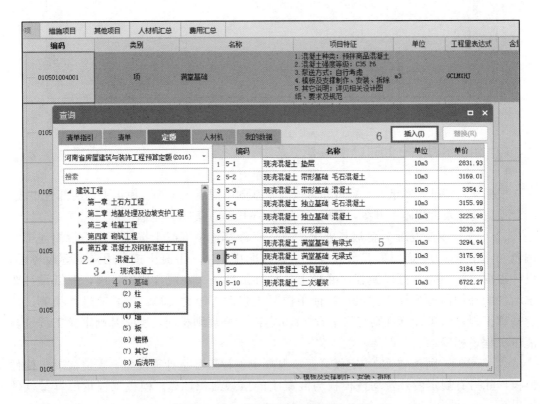

图 4-8　插入"满堂基础 无梁式"定额

③ 在弹出的【5-8 现浇混凝土 满堂基础 无梁式】换算对话框,不进行标准换算,单击"确定"按钮(未进行换算),如图 4-9 定额换算(未换算)所示。

④ 关闭查询对话框,如图 4-10 所示。

⑤ 鼠标默认选择定额子目(5-8)行,鼠标点击【工料机显示】,修改"预拌混凝土规格及型号 C20"为"预拌混凝土规格及型号 C35 P6",见图 4-11 "满堂基础 无梁式"工料机显示、图 4-12 工料机显示中换算预拌混凝土强度等级。

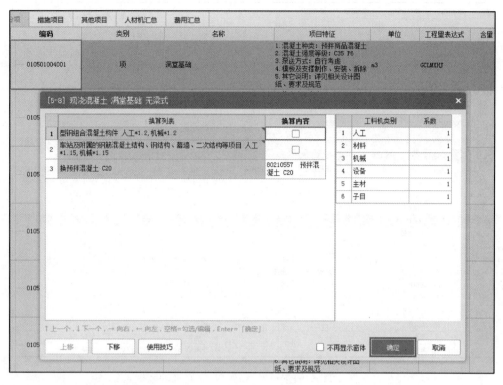

图 4-9　定额换算（未换算）

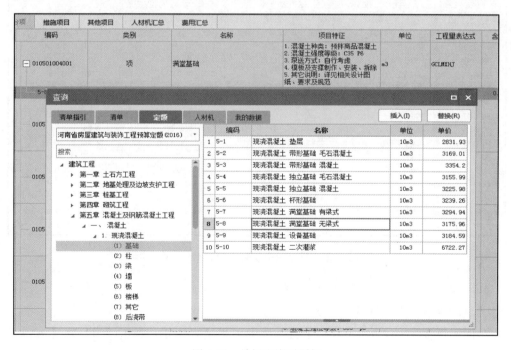

图 4-10　关闭查询对话框

编码	类别	名称	项目特征	单位	工程量表达式
⊟ 010501004001	项	满堂基础	1. 混凝土种类：预拌商品混凝土 2. 混凝土强度等级：C35 P6 3. 泵送方式：自行考虑 4. 模板及支撑制作、安装、拆除 5. 其它说明：详见相关设计图纸、要求及规范	m3	GCLJXHJ
5-8	定	现浇混凝土 满堂基础 无梁式		10m3	QDL
010502001001	项	矩形柱	1. 柱高度：高度4.85m 2. 混凝土种类：预拌商品混凝土 3. 混凝土强度等级：C30 4. 泵送方式：自行考虑 5. 模板及支撑制作、安装、拆除	m3	GCLJXHJ

工料机显示　单价构成　标准换算　换算信息　特征及内容　组价方案　工程量明细　反查图形工程量　说明信息

编码	类别	名称	规格及型号	单位	损耗率	含量	数量	定额价	市场价	合价	是否暂估	锁定数量
00010101	人	普工		工日		0.761	120.767···	87.1	87.1	10518.86		☐
00010102	人	一般技工		工日		1.522	241.535···	134	134	32365.73		☐
00010103	人	高级技工		工日		0.254	40.308784	201	201	8102.07		☐
80210557	商砼	预拌混凝土	C20	m3		10.1	1602.8296	260	260	416735.7	☐	☐
02090101	材	塑料薄膜		m2		25.095	3982.47···	0.26	0.26	1035.44	☐	☐
34110117	材	水		m3		1.52	241.21792	5.13	5.27	1237.45	☐	☐
34110103	材	电		kW·h		2.31	366.58776	0.7	0.68	256.61	☐	☐
⊞ 990617010	机	混凝土抹平机	功率5.5kW	台班		0.03	4.76088	22.81	22.34	108.6		
GLF	管	管理费		元		85.06	13498.6···	1	1	13498.68		
LR	利	利润		元		49.47	7850.69···	1	1	7850.69		
ZHGR	其他	综合工日		工日		2.54	403.08784	1	1	0		
AWF	安	安文费		元		28.71	4556.16···	1	1	4556.16		
GF	规	规费		元		35.6	5849.5778	1	1	5849.58		
QTCSF	措	其他措施费		元		13.21	2096.37···	1	1	2096.37		☐

图 4-11　"满堂基础 无梁式"工料机显示

工料机显示　单价构成　标准换算　换算信息　特征及内容　组价方案　工程量明细　反查图形工程量　说明信息

	编码	类别	名称	规格及型号	单位	损耗率	含量	数量	定额价	市场价	合价	是否暂估
1	00010101	人	普工		工日		0.761	120.767···	87.1	87.1	10518.86	
2	00010102	人	一般技工		工日		1.522	241.535···	134	134	32365.73	
3	00010103	人	高级技工		工日		0.254	40.308784	201	201	8102.07	
4	80210557@1	商砼	预拌混凝土	C35 P6	m3		10.1	1602.8296	260	260	416735.7	☐
5	02090101	材	塑料薄膜		m2		25.095	3982.47···	0.26	0.26	1035.44	☐
6	34110117	材	水		m3		1.52	241.21792	5.13	5.27	1237.45	☐
7	34110103	材	电		kW·h		2.31	366.58776	0.7	0.68	256.61	☐
8	⊞ 990617010	机	混凝土抹平机	功率5.5kW	台班		0.03	4.76088	22.81	22.34	108.6	
14	GLF	管	管理费		元		85.06	13498.6···	1	1	13498.68	
15	LR	利	利润		元		49.47	7850.69···	1	1	7850.69	
16	ZHGR	其他	综合工日		工日		2.54	403.08784	0	0	0	
17	AWF	安	安文费		元		28.71	4556.16···	1	1	4556.16	
18	GF	规	规费		元		35.6	5649.5776	1	1	5649.58	
19	QTCSF	措	其他措施费		元		13.21	2096.37···	1	1	2096.37	

图 4-12　工料机显示中换算预拌混凝土强度等级

⑥ 同操作步骤①录入（5-195）子目，在"工程量表达式"中输入工程量 136.54，如图 4-13 直接录入工程量所示。

⑦ 同操作步骤①录入（5-87）子目，选中工程量表达式，点击 ⋯ ，在【编辑工程量表达式】对话框，双击"SPTSL1（清单商品砼数量）"代码行，如图 4-14 选择泵送混凝土工程量代码所示。

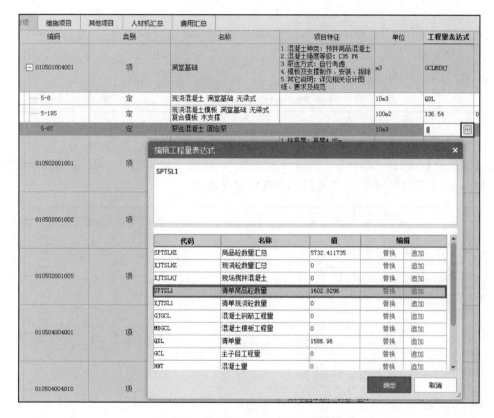

图 4-13　直接录入工程量

图 4-14　选择泵送混凝土工程量代码

4.2.1.2　人材机汇总

1. 人工、机械、管理费调整

在分部分项工程量清单编制界面（【编制】→【分部分项】），点击【价格指数】，在弹出的"批量设置价格指数"界面，选择"第 10 期价格指数（2021 年 7—12 月）"，点击【确定】，如图 4-15 第 10 期价格指数（2021 年 7—12 月）所示。

2. 材料调差

（1）信息价调差

本项目按照郑州市建筑材料价格信息（2021 年第四季度信息价）进行调整。

1）下载信息价

点击【人材机汇总】页签，在人材机汇总界面选择【材料表】，在【广材信息服务】

图 4-15　第 10 期价格指数（2021 年 7—12 月）

点击【信息价】，选择"郑州""2021 年四季度"，点击下载郑州市 2021 年第四季度信息价，如图 4-16 下载郑州市 2021 年第四季度信息价所示。

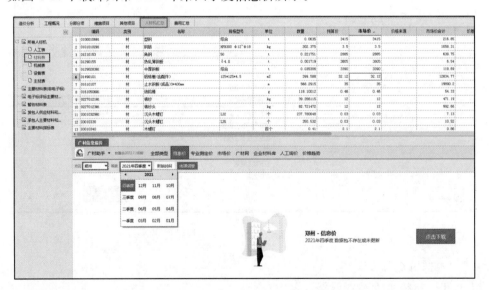

图 4-16　下载郑州市 2021 年第四季度信息价

2）材料调差

① 点击选中需要调差材料所在行（以型钢为例），【广材信息服务】中显示全部型钢材料的价格。

② 选择对应的材料行（型钢 综合），双击即可，如图 4-17 选择型钢信息价所示。

（2）其他调差

建设项目建筑材料种类繁多，郑州市建筑材料价格信息中列出了常用材料价格，未涉及的材料，可以参考软件中"专业测定价""市场价"等进行调整，方法与信息价调差相

图 4-17　选择型钢信息价

同，或者进行市场询价，确定好材料价格后，选择目标材料，直接在对应的"市场价"列输入该材料价格。

3. 机械调差

机械调差方法同材料调差。

4.2.1.3　费用汇总

点击【费用汇总】页签对分部分项、措施费用、其他项目以及调差部分费用及其明细进行查看，软件默认按照工程计价程序表（一般计税方法）进行计算，如图4-18计价程序表所示。

图 4-18　计价程序表

4.2.1.4　报表导出及打印

根据需要选择需要导出和打印的报表，进行招标控制价的打印和装订。如图 4-19 批量打印所示。

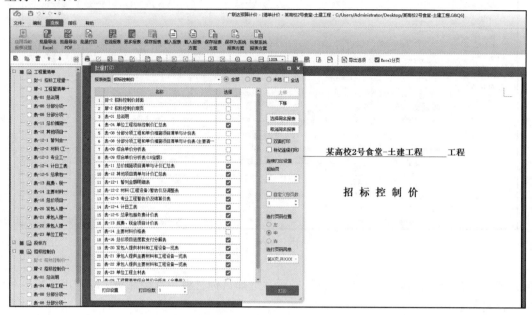

图 4-19　批量打印

4.2.2　建筑水电安装工程招标控制价编制

4.2.2.1　分部分项工程费编制

双击打开"某高校 2 号食堂安装工程.GBQ6.0"文件进行组价。

软件编制招标
控制价——
新建工程

工程量清单导入后需要进行组价。工程量清单组价主要有软件组价和手工组价两类。结合软件功能，工程量清单组价可以使用【智能组价】、【复用组价】等功能实现高效组价。【智能组价】可以依据自有数据和网络数据根据需要进行快速高效组价，但超高降效等关联子目不能自动带出，且特殊清单项目无法进行组价，组价完成后需逐项清单进行核实。智能组价界面如图 4-20 所示。【复用组价】在已有计价成果的基础上可以提取或复用组价过程。

为更好进行组价示例，本节主要以给排水工程手动组价为主，选取常见项目进行组价分析和软件操作演示。

（1）组价示例——040101002001 挖沟槽土方

1）清单组价分析

软件编制招标
控制价——
分部分项工程量
清单编制与计价

依据《河南省通用安装工程预算定额》HA 02-31-2016 第十册册说明，"本册凡涉及管沟、工作坑及井类的土方开挖、回填、运输、垫层、基础、砌筑、地沟盖板预制安装、路面开挖及修复、管道混凝土支墩的项目，以及混凝土管道、水泥管道安装执行《河南省市政工程预算定额》相关定额项目"。该管道挖土方使用清单为市政专业的清单编码，依据项目特征描述需要借用《河南省市政工程预算定额》第一册人工挖沟槽土方项目"1-1-10"，人工挖沟槽土方工程量清单计算规则与定额计算规则相同，人工挖沟槽土方定额工程量与清单工程量相等。

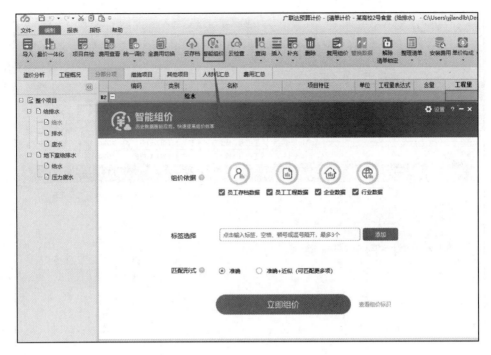

图 4-20　智能组价界面

2）软件操作步骤

选定清单项后点击【插入-插入子目】，在子目行双击弹出查询对话框，选择【定额】，选定"河南省市政工程预算定额（2016）"，选择子目"1-1-10"，最后点击【插入】。软件主要操作步骤如图 4-21 所示。插入子目后弹出对话框如图 4-22 所示，根据需要进行系数

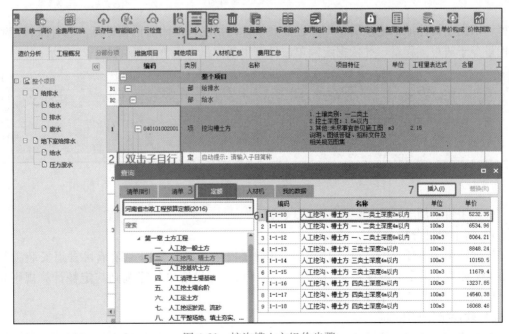

图 4-21　挖沟槽土方组价步骤

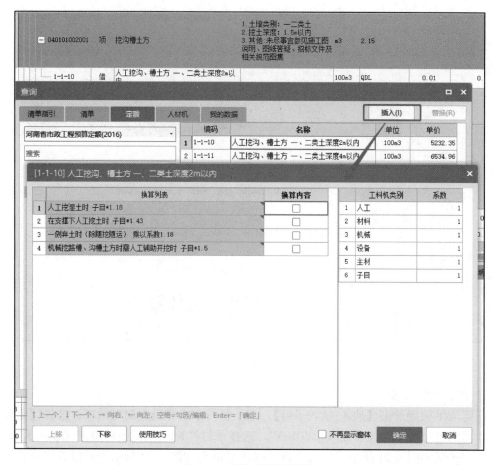

图 4-22　系数换算对话框

换算，依据项目特征描述该清单不存在需要换算的情况，关闭对话框即可。软件默认定额工程量等于清单工程量，并依据定额单位计算出工程量，组价结果如图 4-23 所示。

图 4-23　挖沟槽土方组价结果

（2）组价示例——031001007002 复合管

1）清单组价分析

依据清单项 031001007002 复合管项目特征描述，需要套用定额子目管道安装项目 10-1-434 和管道消毒冲洗项目 10-11-143。各项目工程量清单计算规则与定额计算规则相同，定额工程量与清单工程量相等。

2）软件操作步骤

点击【插入-插入子目】两次，插入两条子目行。双击子目行后查询定额，选择"河南省通用安装工程预算定额（2016）"，选择子目"10-1-434"，最后点击【插入】，步骤如图 4-24 所示。

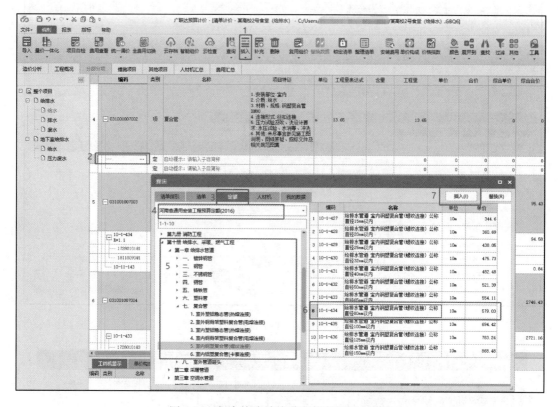

图 4-24　复合管清单管道安装定额插入步骤

　　子目"10-1-434"插入后，弹出对话框 1 如图 4-25"10-1-434 未计价材料"所示，此时可以输入相应未计价材料费，也可以选择所有分部分项清单组价完成后统一输入调整材料费。此处选择后一种处理方案，关闭未计价材料对话框。系统弹出对话框 2 如图 4-26"10-1-434 子目换算选择"所示，依据项目特征不存在需要换算的情况直接关闭对话框。系统弹出对话框 3 如图 4-27"10-1-434 的关联子目"所示，选择管道消毒冲洗，勾选消毒冲洗关联子目 10-11-143，点击确定，清单项 031001007002 复合管项目组价完成如图 4-28 所示。该项清单中管道消毒冲洗项目定额子目插入也可以通过查询定额的方法进行插入。可以看到，在定额与清单计算规则一致的情况下，定额插入完成后的清单项目相应定额含量及工程量软件已经自动依据定额单位生成，其中未计价材料单价为 0 元，在后续人材机汇总时统一进行调整即可，此时工料机显示可以显示选中的整个清单或某个定额的工料机分析。

　　注：对话框可根据需要通过勾选"不再显示窗体"避免弹出。

　　（3）组价示例——031001007003 复合管

　　1）清单组价分析

　　清单项 031001007003 为复合管超高部分，依据项目特征需要组合管道安装 10-1-434 和管道消毒冲洗两个子目，并需要对管道安装项目计算给排水操作高度增加费。依据《河

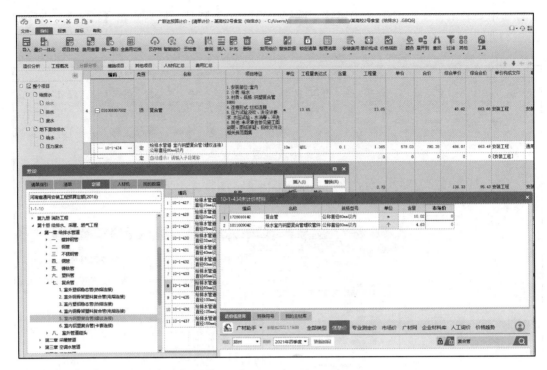

图 4-25　对话框 1 "10-1-434 未计价材料"

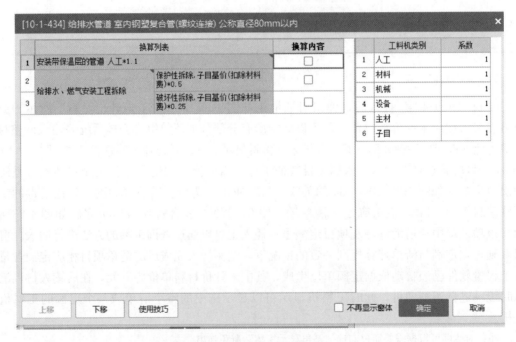

图 4-26　对话框 2 "10-1-434 子目换算选择"

南省通用安装工程预算定额》HA 02-31-2016 第十册册说明，操作物高度在 3.6～10m 间，超过部分工程量按定额人工费乘以系数 1.1 计算，需要对该项目进行人工费系数调整。各项目工程量清单计算规则与定额计算规则相同，定额工程量与清单工程量相等。

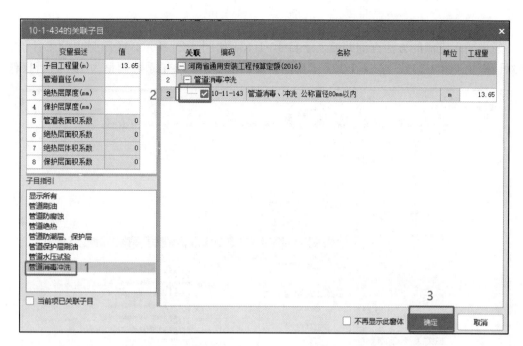

图 4-27　对话框 3 "10-1-434 的关联子目"

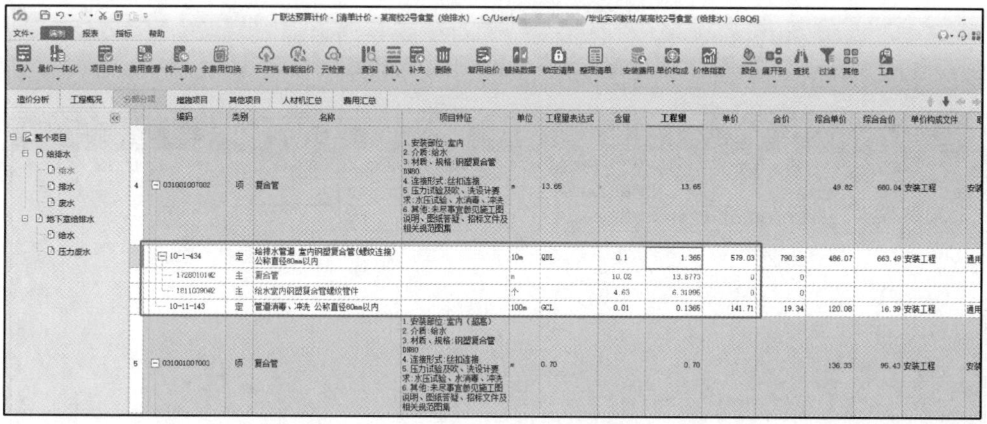

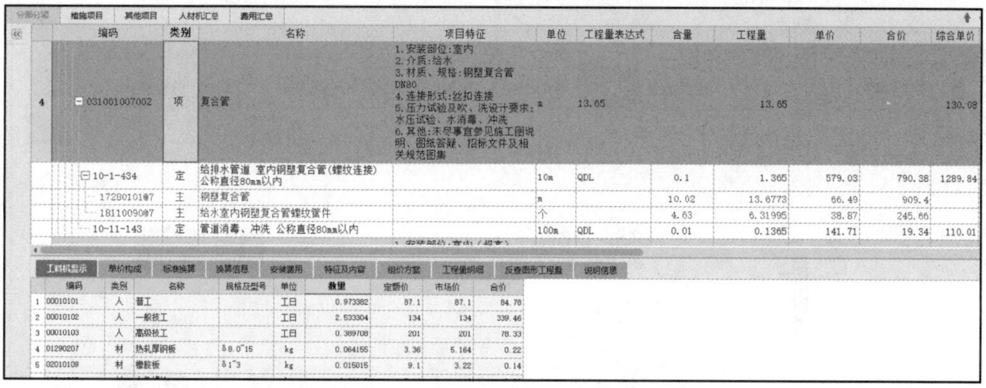

图 4-28　清单项 031001007002 复合管组价结果示例

2）软件操作步骤

通过插入定额的方法查询并插入子目 10-1-434 如图 4-29 所示，关闭弹出的未计价材料对话框 1（图 4-30）；在 10-1-434 子目换算对话框 2 中将人工系数调整为 1.1 进行操作

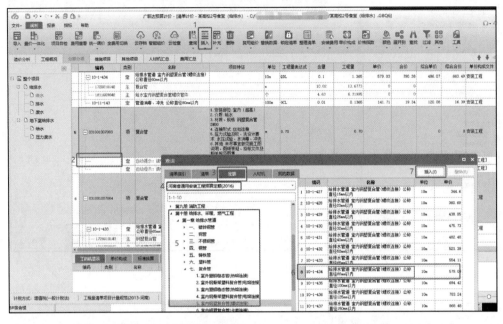

图 4-29　复合管（超高部分）管道安装定额插入步骤

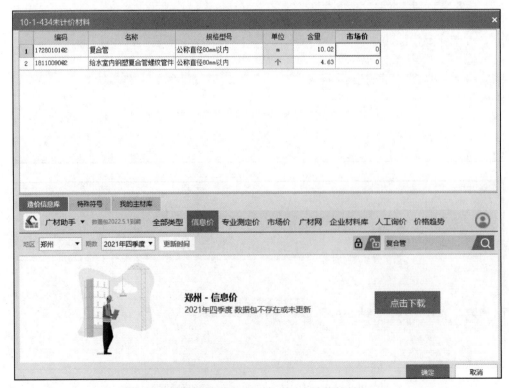

图 4-30　对话框 1 "10-1-434 未计价材料"

高度增加费（操作物超高增加费）的计取，如图 4-31 所示；最后在对话框 3 选择 10-1-434 的关联子目消毒冲洗或者重新查询消毒冲洗子目并套用，如图 4-32 所示。清单项 031001007003 复合管超高部分组价结果如图 4-33 所示，工程量已经根据清单量自动计算，未计价材料费待分部分项工程量清单组价完成后统一在人材机汇总中进行调整。其中，操作物超高增加费也可以在定额套用完成后在定额子目下的标准换算中调整系数计取，如图 4-34 所示。

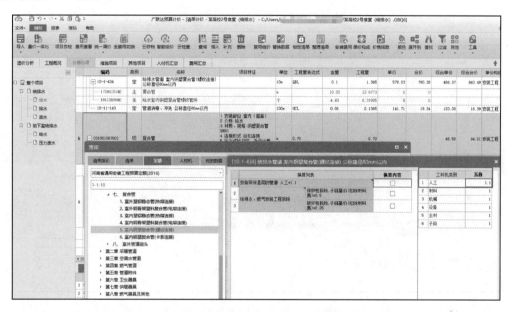

图 4-31　对话框 2 中进行人工系数换算

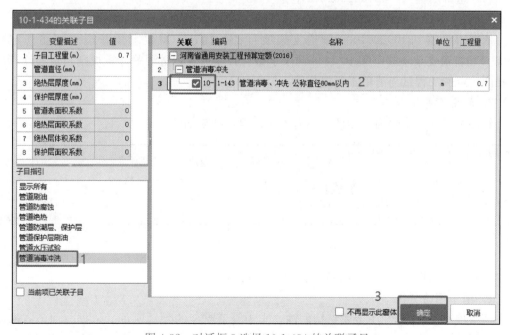

图 4-32　对话框 3 选择 10-1-434 的关联子目

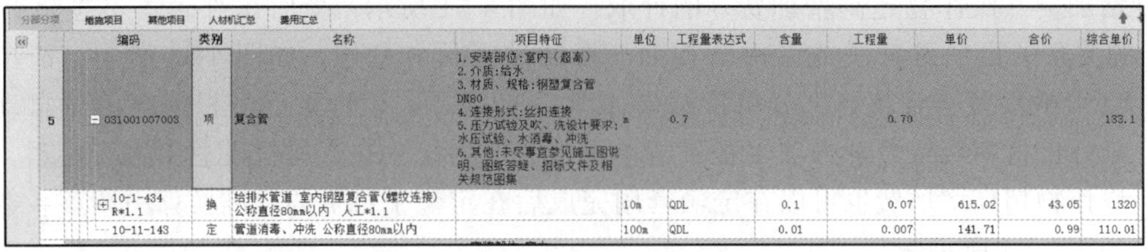

	编码	类别	名称	项目特征	单位	工程量表达式	含量	工程量	单价	合价	综合单价
5	031001007003	项	复合管	1. 安装部位：室内（超高） 2. 介质：给水 3. 材质、规格：钢塑复合管 DN80 4. 连接形式：丝扣连接 5. 压力试验及吹、洗设计要求：水压试验、水消毒、冲洗 6. 其他：未尽事宜参见施工图说明、图纸答疑、招标文件及相关规范图集	m	0.7		0.70			133.1
	10-1-434 R*1.1	换	给排水管道 室内钢塑复合管(螺纹连接) 公称直径80mm以内 人工*1.1		10m	QDL	0.1	0.07	615.02	43.05	1320
	10-11-143	定	管道消毒、冲洗 公称直径80mm以内		100m	QDL	0.01	0.007	141.71	0.99	110.01

图 4-33　复合管超高部分组价结果

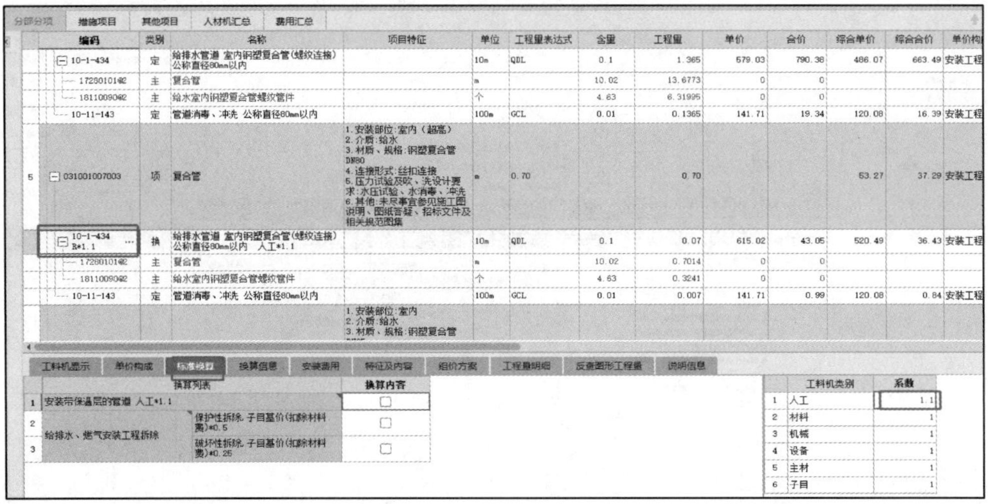

	编码	类别	名称	项目特征	单位	工程量表达式	含量	工程量	单价	合价	综合单价	综合合价	单价构
	10-1-434	定	给排水管道 室内钢塑复合管(螺纹连接) 公称直径80mm以内		10m	QDL	0.1	1.365	579.03	790.38	486.07	663.49	安装工程
	1728010102	主	复合管		m		10.02	13.6773	0	0			
	1811009002	主	给水室内钢塑复合管螺纹管件		个		4.63	6.31995	0	0			
	10-11-143	定	管道消毒、冲洗 公称直径80mm以内		100m	GCL	0.01	0.1365	141.71	19.34	120.08	16.39	安装工程
5	031001007003	项	复合管	1. 安装部位：室内（超高） 2. 介质：给水 3. 材质、规格：钢塑复合管 DN80 4. 连接形式：丝扣连接 5. 压力试验及吹、洗设计要求：水压试验、水消毒、冲洗 6. 其他：未尽事宜参见施工图说明、图纸答疑、招标文件及相关规范图集	m	0.70		0.70			53.27	37.29	安装工程
	10-1-434 R*1.1	换	给排水管道 室内钢塑复合管(螺纹连接) 公称直径80mm以内 人工*1.1		10m	QDL	0.1	0.07	615.02	43.05	520.49	36.43	安装工程
	1728010102	主	复合管		m		10.02	0.7014	0	0			
	1811009002	主	给水室内钢塑复合管螺纹管件		个		4.63	0.3241	0	0			
	10-11-143	定	管道消毒、冲洗 公称直径80mm以内		100m	GCL	0.01	0.007	141.71	0.99	120.08	0.84	安装工程
				1. 安装部位：室内 2. 介质：给水 3. 材质、规格：钢塑复合管									

	换算列表		换算内容
1	安装带保温层的管道 人工*1.1		☐
2	给排水、燃气安装工程拆除	保护性拆除，子目基价(扣除材料费)*0.5	☐
3		破坏性拆除，子目基价(扣除材料费)*0.25	☐

	工料机类别	系数
1	人工	1.1
2	材料	1
3	机械	1
4	设备	1
5	主材	1
6	子目	1

图 4-34　标准换算中调整系数计取操作物超高增加费

（4）组价示例——031002001001 管道支架

1）清单组价分析

依据清单项 031002001001 管道支架项目特征描述，需要套用管道支架制作定额 10-11-1和管道支架安装定额 10-11-6 两个子目。各项目工程量清单计算规则与定额计算规则相同，定额工程量与清单工程量相等。

2）软件操作步骤

软件主要操作步骤为定额插入不再赘述，组价结果如图 4-35 所示。

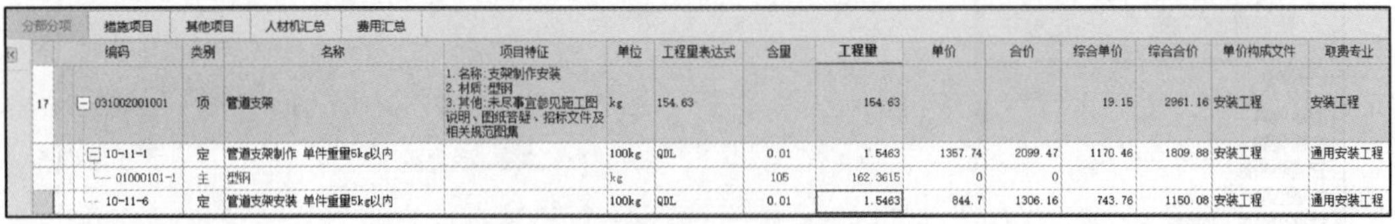

	编码	类别	名称	项目特征	单位	工程量表达式	含量	工程量	单价	合价	综合单价	综合合价	单价构成文件	取费专业
17	031002001001	项	管道支架	1. 名称：支架制作安装 2. 材质：型钢 3. 其他：未尽事宜参见施工图说明、图纸答疑、招标文件及相关规范图集	kg	154.63		154.63			19.15	2961.16	安装工程	安装工程
	10-11-1	定	管道支架制作 单件重量5kg以内		100kg	QDL	0.01	1.5463	1357.74	2099.47	1170.46	1809.88	安装工程	通用安装工程
	01000101-1	主	型钢		kg		105	162.3615	0	0				
	10-11-6	定	管道支架安装 单件重量5kg以内		100kg	QDL	0.01	1.5463	844.7	1306.16	743.76	1150.08	安装工程	通用安装工程

图 4-35　管道支架清单组价示例

（5）组价示例——031201003001 金属结构刷油

1）清单组价分析

清单项 031201003001 金属结构刷油，实为管道支架的除锈刷油。依据《河南省通用安装工程预算定额（2016）》第十二册册说明，“一般钢结构：除大型型钢和管廊以外的其他钢结构，如：平台、栏杆、梯子、管道支吊架及其他金属构件等，均以 100kg 为计量单位"，依据该清单项目特征需要组合一般钢结构手工除轻锈 12-1-5、一般钢结构刷红丹防锈漆第一遍 12-2-49 和增一遍 12-2-50、一般钢结构刷调和漆第一遍 12-2-58 和增一遍 12-2-59 共 5 项定额子目。各项目工程量清单计算规则与定额计算规则相同，定额工程量与清单工程量相等。

2）软件操作步骤

软件主要操作步骤为定额插入，不再赘述，组价结果如图 4-36 所示。

图 4-36　管道支架刷油清单组价示例

（6）组价示例——031003001001 螺纹阀门

1）清单组价分析

清单项 031003001001 为螺纹阀门，依据项目特征描述，套用螺纹阀门安装 10-5-6 定额即可。该项目工程量清单计算规则与定额计算规则相同，定额工程量与清单工程量相等。

2）软件操作步骤

软件主要操作步骤为定额插入，不再赘述，组价结果如图 4-37 所示。

图 4-37　螺纹阀门清单组价示例

（7）组价示例——031003003001 焊接法兰阀门

1）清单组价分析

清单项 031003003001 为焊接法兰阀门，依据《河南省通用安装工程预算定额（2016）》第十册第五章章节说明，"法兰阀门、法兰式附件安装项目均不包括法兰安装，应另行套用相应法兰安装项目"，结合该清单项目特征，需要组合法兰阀门安装定额子目 10-5-40 和管道上碳钢平焊法兰项目 10-5-140，该项目工程量清单计算规则与定额计算规则相同，定额工程量与清单工程量相等。

2）软件操作步骤

软件主要操作步骤为定额插入不再赘述，组价结果如图 4-38 所示。

分部分项	措施项目	其他项目	人材机汇总	费用汇总										
	编码	类别	名称	项目特征	单位	工程量表达式	含量	工程量	单价	合价	综合单价	综合合价	单价构成文件
19	031003003001	项	焊接法兰阀门	1.名称：截止阀 2.规格、压力等级：DN65 3.连接形式：法兰连接 4.安装部位：室内 5.其他：未尽事宜参见施工图 说明、图纸答疑、招标文件及 相关规范图集	个	3		3			307.05	921.15	安装工程
	10-5-40	定	法兰阀门安装　公称直径65mm以内		个	QDL	1	3	80.18	240.54	170.55	511.65	安装工程
	1900020141	主	截止阀		个		1	3	101.04	303.12			
	10-5-140	定	碳钢平焊法兰安装　公称直径65mm以内		副	QDL	1	3	95.14	285.42	136.5	409.5	安装工程
	2001032741	主	碳钢平焊法兰		片		2	6	27.01	162.06			

图 4-38　焊接法兰阀门清单组价示例

（8）组价示例——套管

1）清单组价分析

套管清单常见有一般钢套管、防水套管（含刚性防水套管和柔性防水套管）。套管规格在选用定额时以介质管道直径确定。

2）软件操作步骤

软件主要操作步骤为定额插入不再赘述，一般钢套管组价及柔性防水套管组价示例如图 4-39 所示，其中套管主材费未计，可在人材机汇总中进行统一调整。

分部分项	措施项目	其他项目	人材机汇总	费用汇总										
	编码	类别	名称	项目特征	单位	工程量表达式	含量	工程量	单价	合价	综合单价	综合合价	单价构成文件
30	031002003004	项	套管	1.名称、类型：穿墙、楼板钢 套管 2.规格：介质管道公称直径 DN40 3.填料及封堵 4.其他：未尽事宜参见施工图 说明、图纸答疑、招标文件及 相关规范图集	个	2		2			29.73	59.46	安装工程
	10-11-27	定	一般钢套管制作安装　介质管道公称直径 50mm以内		个	QDL	1	2	34.39	68.78	29.73	59.46	安装工程
	17010241…	主	穿墙、楼板钢套管		m		0.318	0.636	0	0			
31	031002003005	项	套管	1.名称、类型：柔性防水套管 2.规格：介质管道DN100 3.填料材料：套管与管道之间 缝隙应用遇湿膨胀型实材料K防水 油膏填实，端面光滑 4.其他：未尽事宜参见施工图 说明、图纸答疑、招标文件及 相关规范图集	个	1		1			616.91	616.91	安装工程
	10-11-47	定	柔性防水套管制作　介质管道公称直径 100mm以内		个	QDL	1	1	575.61	575.61	510.19	510.19	安装工程
	17070309…	主	柔性防水套管		m		0.424	0.424	0	0			
	10-11-59	定	柔性防水套管安装　介质管道公称直径 100mm以内		个	QDL	1	1	118.37	118.37	106.72	106.72	安装工程

图 4-39　套管组价示例

（9）组价示例——塑料管

1）清单组价分析

结合清单 031001006004 项目特征描述，塑料管项目需要组合管道安装 10-1-366 和成品管卡安装 10-11-15 两个子目，同时考虑管道超高需要计取操作高度增加费。需要注意的是，管道安装定额与清单计算规则一致，定额工程量同清单量。成品管卡安装工程量则需要依据定额计算规则计算后组入清单中。

2）软件操作步骤

软件主要操作步骤为定额插入不再赘述，需要注意的是，计算出的成品管卡工程量填入后或列出工程量表达式，软件才能根据管卡工程量结果计算含量等信息，塑料管组价示例如图 4-40 所示。

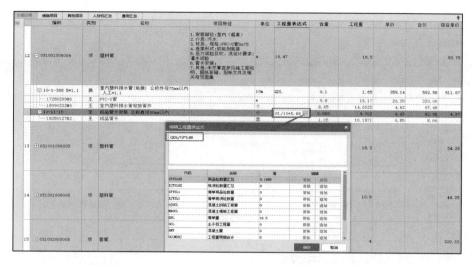

图 4-40　塑料管清单组价示例

4.2.2.2　安装费用计取

安装费用计取包括操作高度增加费、建筑物超高费、在地下室内进行安装的工程、脚手架搭拆费、系统调整费、安装与生产同时进行增加费、在有害身体健康的环境中施工增加费等。

1. 安装费用批量计取

软件编制招标控制价——措施项目费、其他项目费等计价

上文已经介绍单个定额子目系数换算，下面以电气工程为例介绍在地下室进行安装的工程如何批量进行安装费用系数调整。依据《河南省通用安装工程预算定额（2016）》第四册册说明，"在地下室内（含地下车库）、暗室内、净高＜1.6m 楼层、断面＜4m² 且＞2m² 隧道或洞内进行安装的工程，定额人工费乘以系数 1.12。"电气工程计价区分地上项目和地下项目，地下工程项目计价时均需要定额人工费乘以系数 1.12。因此，在建立单位工程时，将电气工程地上部分和地下部分建立为两个分部，对地下电气分部整体计取系数时选中地下室电气分部，点击【安装费用-计取安装费用】，在弹出对话框中选择"在地下室内进行安装的工程"，选中对应第四册定额规则，点击确定。软件操作步骤如图 4-41 所示，完成电气工程地下室系数批量计取后界面如图 4-42 所示。

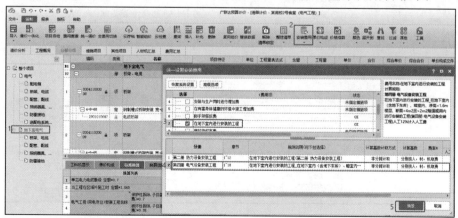

图 4-41　电气工程地下室系数批量计取步骤

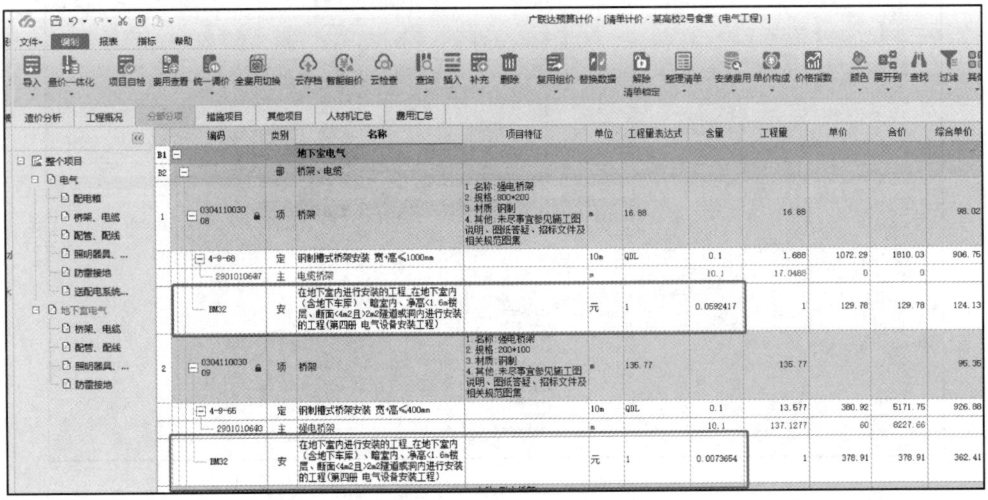

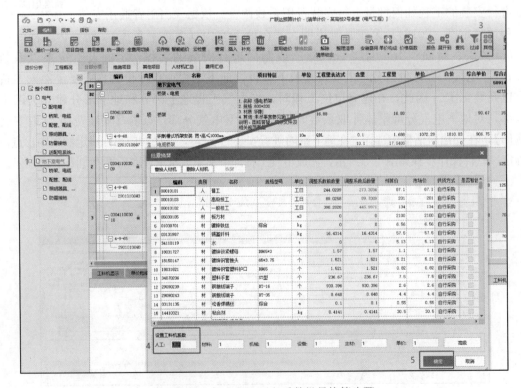

图 4-42 电气工程地下室系数批量计取结果

　　地下室系数计取还可以通过选中地下室电气分部后点击【其他-批量换算】实现，在批量换算对话框中将人工系数调整为 1.12，点击确定。软件操作步骤如图 4-43 所示，完成电气工程地下室系数批量换算后界面如图 4-44 所示。

2. 措施项目费用计取

　　安全文明施工费、其他措施费（费率类）等非单价类措施费，软件根据取费依据自动

图 4-43 电气工程地下室系数批量换算步骤

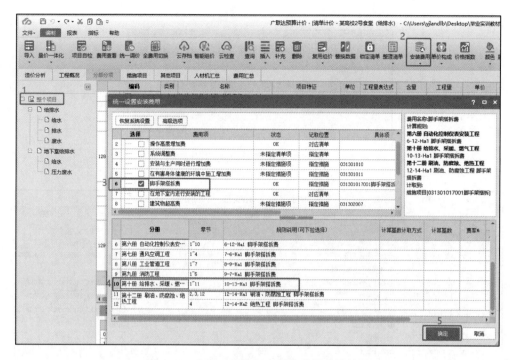

图 4-44　电气工程地下室系数批量换算结果

计算生成。脚手架搭拆费作为单价类措施费，在安装工程中一般属于必须计取的项目。给排水工程分部分项工程量清单组价完成后，需要对整个项目计取脚手架搭拆费。脚手架搭拆费计取步骤如图 4-45 所示，计取成功后弹出对话框如图 4-46 所示，费用计取完成后脚手架搭拆费自动生成子目到措施项目费如图 4-47 所示。

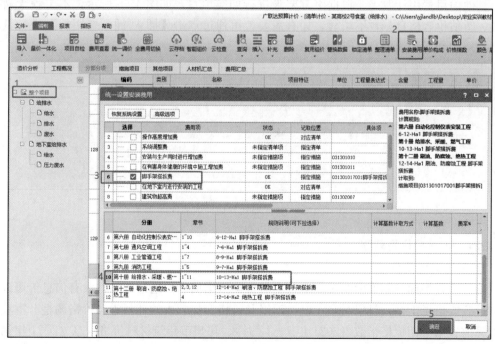

图 4-45　脚手架搭拆费计取步骤

图 4-46 脚手架搭拆费计取成功提示对话框

序号	类别	名称	单位	项目特征	工程量	组价方式	计算基数
		措施项目					
	一	总价措施费					
1		031302001001 安全文明施工费	项		1	计算公式组价	FBFX_AQWMSGF+DJCS_AQWMSG
2	01	其他措施费（费率类）	项		1	子措施组价	
3		031302002··· 夜间施工增加费	项		1	计算公式组价	FBFX_QTCSF+DJCS_QTCSF
4		031302004··· 二次搬运费	项		1	计算公式组价	FBFX_QTCSF+DJCS_QTCSF
5		031302005··· 冬雨季施工增加费	项		1	计算公式组价	FBFX_QTCSF+DJCS_QTCSF
6	02	其他（费率类）	项		1	计算公式组价	
	二	单价措施费					
7		031301017001 脚手架搭拆	项		1	可计量清单	
	10-13-HA1 安	脚手架搭拆费	100···		6.3173		
	12-14-HA1 安	刷油、防腐蚀工程 脚手架搭拆费	100···		0.02981		

图 4-47 脚手架搭拆费计取结果

4.2.2.3 其他项目费用计取

其他项目费用计取需要根据甲方要求进行如实填写，如图 4-48 所示，本工程无暂列金额、暂估价等信息，暂不填写。如有需要，可通过点击【插入-插入费用行】进行其他项目费用的新增和编辑。

	序号	名称	计算基数	费率(%)	金额	费用类别	不可竞争费	不计入合价	备注
		其他项目			0				
	1	暂列金额	暂列金额		0	暂列金额			
	2	专业工程暂估价	专业工程暂估价		0	暂估价			
	2.1	材料（工程设备）暂估价	ZGJCLMJ		938801.32	材料暂估价		✓	
	2.2	专业工程暂估价	专业工程暂估价		0	专业工程暂估价		✓	
	3	计日工	计日工		0	计日工			
	4	总承包服务费	总承包服务费		0	总承包服务费			

图 4-48 其他项目费用计取界面

4.2.2.4 人材机价格调整

1. 主材费用调整

安装工程招标控制价编制过程中，主材价格依据信息价进行调整，没有信息价可以进行询价获取市场价格，且仅对水、电、油以及价格变化较大的辅材进行价格调整。本项目依据河南省第十期价格指数（2021 年 7—12 月）、郑州市建筑材料价格信息（2021 年第四季度信息价）进行价格调整。

主材费用调整步骤如图 4-49 所示。

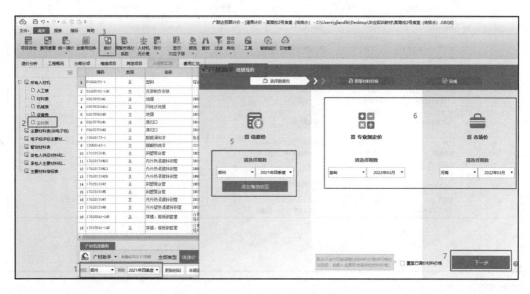

图 4-49 主材费用调整步骤

2. 价格指数调整

材料价格调整后，需要对整个项目进行价格指数调整。在分部分项工程编制界面点击【价格指数】，选择"第 10 期价格指数（2021 年 7—12 月）"，点击确定即可，操作步骤如图 4-50 所示。

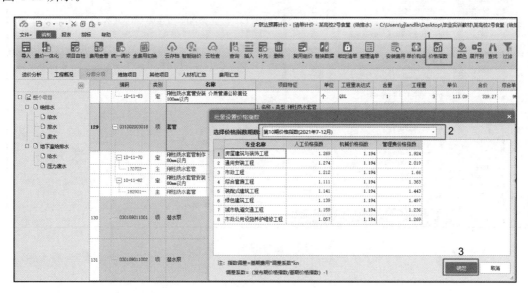

图 4-50 价格指数调整步骤

4.2.2.5 规费、税金计取及报表打印

在费用汇总中，软件已经按照政策文件进行费用计取，如图 4-51 所示。

根据需要选择导出和打印相应报表，进行预算书的打印和装订，如图 4-52 所示。

	序号	费用代号	名称	计算基数	基数说明	费率(%)	金额	费用类别	备注
1	1	A	分部分项工程	FBFXHJ	分部分项合计		460,510.41	分部分项工程费	
2	2	B	措施项目	CSXMHJ	措施项目合计		14,056.10	措施项目费	
3	2.1	B1	其中: 安全文明施工费	AQWMSGF	安全文明施工费		7,442.66	安全文明施工费	
4	2.2	B2	其他措施费 (费率类)	QTCSF + QTF	其他措施费+其他 (费率类)		3,556.72	其他措施费	
5	2.3	B3	单价措施费	DJCSHJ	单价措施合计		3,056.72	单价措施费	
6	3	C	其他项目	C1 + C2 + C3 + C4 + C5	其中: 1) 暂列金额+2) 专业工程暂估价+3) 计日工+4) 总承包服务费+5) 其他		0.00	其他项目费	
7	3.1	C1	其中: 1) 暂列金额	ZLJE	暂列金额		0.00	暂列金额	
8	3.2	C2	2) 专业工程暂估价	ZYGCZGJ	专业工程暂估价		0.00	专业工程暂估价	
9	3.3	C3	3) 计日工	JRG	计日工		0.00	计日工	
10	3.4	C4	4) 总承包服务费	ZCBFWF	总承包服务费		0.00	总承包服务费	
11	3.5	C5	5) 其他				0.00		
12	4	D	规费	D1 + D2 + D3	定额规费+工程排污费+其他		9,585.60	规费	不可竞争费
13	4.1	D1	定额规费	FBFX_GF + DJCS_GF	分部分项规费+单价措施规费		9,585.60	定额规费	
14	4.2	D2	工程排污费				0.00	工程排污费	据实计取
15	4.3	D3	其他				0.00		
16	5	E	不含税工程造价合计	A + B + C + D	分部分项工程+措施项目+其他项目+规费		484,152.11		
17	6	F	增值税	E	不含税工程造价合计	9 ▼	43,573.69	增值税	一般计税方法
18	7	G	含税工程造价合计	E + F	不含税工程造价合计+增值税		527,725.80	工程造价	

图 4-51 费用汇总界面

图 4-52 预算书导出界面

任务 5　某高校 2 号食堂工程结算编制

能力目标

　　熟练掌握工程结算的编制，本部分以某高校 2 号食堂工程预付款、进度款、竣工结算、最终结清的整个结算流程为例，让学生熟练掌握利用手工以及软件进行工程结算的计算和编制，以及熟练运用工程结算相关软件。

思政元素

　　行业中流传一句俗语"干得好、不如算得好"，所谓"算得好"实际就是工程结算办得好，利用好了合同、价格工具，争取企业最大利益，引出工程结算对造价人员的要求，不仅要有坚实的理论基础和熟练的专业技能，还得具备诚实守信的职业操守、精益求精的工匠精神和工程结算的能力。本章在竣工结算编制时，根据不同单位工程进行分组结算，培养学生严谨、细致、踏实的职业素养、良好的团队协作精神、精益求精的工匠精神，树立家国情怀。

思维导图

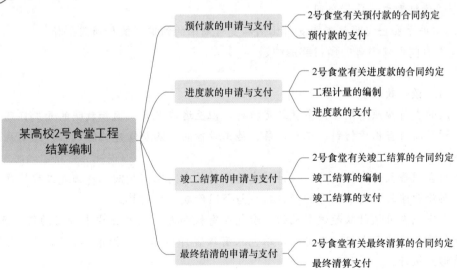

5.1　预付款的申请与支付

5.1.1　2 号食堂有关预付款的合同约定

1. 专用合同条款中有关预付款的约定

12.2　预付款

预付款的申请
与支付

12.2.1　预付款的支付

预付款支付比例或金额：合同签约价款（扣除暂列金额）的10％ 。

预付款支付期限：合同签订的后7个工作日内 。

预付款扣回的方式：主体工程结束前分5次平均扣回 。

12.2.2　预付款担保

承包人提交预付款担保的期限：时间与工期相同。

预付款担保的形式为：见索即付保函 。

根据施工合同规定

1. 签约合同价为：

人民币（大写）叁仟伍佰伍拾玖万叁仟叁佰伍拾伍元肆角陆分 （￥35593355.46 元）；

其中：

（1）安全文明施工费：

人民币（大写）伍拾玖万捌仟零壹拾伍元肆角捌分（￥598015.48 元）；

（2）材料和工程设备暂估价金额：

人民币（大写）叁佰玖拾柒万捌仟壹佰肆拾元叁角贰分（￥3978140.32 元）；

（3）专业工程暂估价金额：

人民币（大写）柒拾贰万元整（￥720000.00 元）；

（4）暂列金额：

人民币（大写）贰佰陆拾万元整（￥2600000.00 元）。

2. 合同价格形式：单价合同。

6.1.6　关于安全文明施工费支付比例和支付期限的约定：执行通用条款

2. 通用合同条款中有关预付款的约定

12.2　预付款

12.2.1　预付款的支付

预付款的支付按照专用合同条款约定执行，但至迟应在开工通知载明的开工日期7天前支付。预付款应当用于材料、工程设备、施工设备的采购及修建临时工程、组织施工队伍进场等。

除专用合同条款另有约定外，预付款在进度付款中同比例扣回。在颁发工程接收证书前，提前解除合同的，尚未扣完的预付款应与合同价款一并结算。

发包人逾期支付预付款超过7天的，承包人有权向发包人发出要求预付的催告通知，发包人收到通知后7天内仍未支付的，承包人有权暂停施工，并按第16.1.1项〔发包人违约的情形〕执行。

12.2.2　预付款担保

发包人要求承包人提供预付款担保的，承包人应在发包人支付预付款7天前提供预付款担保，专用合同条款另有约定除外。预付款担保可采用银行保函、担保公司担保等形式，具体由合同当事人在专用合同条款中约定。在预付款完全扣回之前，承包人应保证预付款担保持续有效。

发包人在工程款中逐期扣回预付款后，预付款担保额度应相应减少，但剩余的预付款担保金额不得低于未被扣回的预付款金额。

6.1.6　安全文明施工费

安全文明施工费由发包人承担，发包人不得以任何形式扣减该部分费用。因基准日期后合同所适用的法律或政府有关规定发生变化，增加的安全文明施工费由发包人承担。

承包人经发包人同意采取合同约定以外的安全措施所产生的费用，由发包人承担。未经发包人同意的，如果该措施避免了发包人的损失，则发包人在避免损失的额度内承担该措施费。如果该措施避免了承包人的损失，由承包人承担该措施费。

除专用合同条款另有约定外，发包人应在开工后 28 天内预付安全文明施工费总额的 60%，其余部分与进度款同期支付。发包人逾期支付安全文明施工费超过 7 天的，承包人有权向发包人发出要求预付的催告通知，发包人收到通知后 7 天内仍未支付的，承包人有权暂停施工，并按第 16.1.1 项〔发包人违约的情形〕执行。

3. 有关预付款的计算

（1）合同约定预付款支付的额度为：

（35593355.46－2600000）×10%＝3299335.55 元

（2）预付款的扣回：3299335.55÷5＝659867.11 元

（3）安全文明施工费的支付情况：598015.48×60%＝358809.29 元

5.1.2　预付款的支付程序

1. 承包人按照合同约定在指定银行办理了预付款的保函。

根据合同条款附 9，具体保函如下：

预付款担保

××××××学院（发包人名称）：

根据×××××公司（承包人名称）（以下简称"承包人"）与＿＿×××××学院（发包人名称）（以下简称"发包人"）于20××年4月15日签订的×××××学院二期工程 2 号食堂项目（工程名称）《建设工程施工合同》，承包人按约定的金额向你方提交一份预付款担保，即有权得到你方支付相等金额的预付款。我方愿意就你方提供给承包人的预付款为承包人提供连带责任担保。

1. 担保金额人民币（大写）<u>叁佰陆拾伍万捌仟壹佰肆拾肆元捌角肆分</u>（¥3658144.84 元）。

2. 担保有效期自预付款支付给承包人起生效，至你方签发的进度款支付证书说明已完全扣清止。

3. 在本保函有效期内，因承包人违反合同约定的义务而要求收回预付款时，我方在收到你方的书面通知后，在 7 天内无条件支付。但本保函的担保金额，在任何时候不应超过预付款金额减去你方按合同约定在向承包人签发的进度款支付证书中扣除的金额。

4. 你方和承包人按合同约定变更合同时，我方承担本保函规定的义务不变。

5. 因本保函发生的纠纷，可由双方协商解决，协商不成的，任何一方均可提请××××××仲裁委员会仲裁。

6. 本保函自我方法定代表人（或其授权代理人）签字并加盖公章之日起生效。

担保人：＿×××××银行＿（盖单位章）

法定代表人或其委托代理人：×××（签字）

地　　址：＿×××××××××××＿

邮政编码：＿　450000　＿

电　　话：＿×××××××××××＿

传　　真：×××××××××××

20××年 4 月 15 日

2. 承包人现场造价员×××（经承包人代表项目经理×××签字同意）在签订合同后 7 日内（20××年 4 月 16 日）向发包人（监理人）提出预付款支付申请（核准表），见表 5-1。

3. 20××年 4 月 16 日，监理人按照合同审定预付款事项，符合合同约定支付预付款事项，被授权的监理工程师×××在申请书上签字并转交授权的造价工程师×××审核金额。

4. 20××年 4 月 17 日，造价工程师×××审核过程中，发现发包人计算的预付款有误，申请金额没有按照合同约定计算，复核预付款＝（35593355.46－2600000）×10％＝3299335.55 元，复核前签署了正确金额并签字，交发包人代表×××审核。

5. 20××年 4 月 18 日，发包人代表×××审核申请表，确认无误后，签署同意支付的意见。

预付款支付申请（核准）表　　　　　　表 5-1

工程名称：××××学院二期工程 2 号食堂　　　　标段：　　　　　　编号

致××××学院，
　　我方根据施工合同的约定，现申请支付工程预付款金额（大写）叁佰玖拾壹万捌仟壹佰肆拾肆元捌角肆分（小写3918144.84 元），请予核准。

序号	名称	申请金额（元）	校核金额（元）	备注
1	已签约合同价款金额	35593355.46	35593355.46	
2	其中：安全文明施工费	598015.48	598015.48	
3	应支付预付款	3559335.55	3299335.55	
4	应支付的安全文明施工费	358809.29	358809.29	
5	合计应支付的预付款	3918144.84	3658144.84	

承包人：（章）（略）

编制人员：×××　　　承包人代表：×××　　　日期：20××年 4 月 16 日

复核意见： □与合同约定不相符，修改意见见附件； ☑与合同约定相符，具体金额由造价工程师复核。 　　　　　　　　监理工程师：××× 　　　　　　　　日期：20××年 4 月 17 日	复核意见： 　　你方提出的支付申请经复核，应支付预付款金额为（大写）（叁佰陆拾伍万捌仟壹佰肆拾肆元捌角肆分（小写3658144.84 元）。 　　　　　　　　一级造价工程师：××× 　　　　　　　　日期：20××年 4 月 17 日

审核意见：
□不同意
☑同意，支付时间为本表签发后的 15 日内。

发包人：（章）略
发包人代表：×××
日期：20××年 4 月 18 日

6. 20××年4月19日，发包人财务人员按照审核确认的金额通过银行将预付款3658144.84元划拨到承包人指定的账户。

5.2　进度款的申请与支付

进度款的申请
与支付

5.2.1　2号食堂进度款的合同约定

1. 专用合同条款中有关进度款的规定

12.4　工程进度款支付

12.4.1　付款周期

关于付款周期的约定：

1. 施工合同签订，施工单位进场一周内，支付合同价款的10%；

2. 地下室筏板施工完毕，经验收合格双方核准后，拨付乙方已完工程造价的80%；

3. 结构施工完成±0.000时，经验收合格双方核准后，拨付乙方已完工程造价的80%；

4. 施工完成一层时，经验收合格双方核准后，拨付乙方已完工程造价的80%；

5. 施工完成二层时，经验收合格双方核准后，拨付乙方已完工程造价的80%；

6. 施工完成三层时，经验收合格双方核准后，拨付乙方已完工程造价的80%；

7. 二次结构及内外粉完成后支付已完工程造价的80%；

8. 工程竣工验收合格后，拨付乙方到合同价的85%；

9. 完成竣工结算；乙方配合建设单位完成竣工备案，提交质监站备案出具报告后，拨付乙方到竣工计算价的97%；

10. 剩余的3%质保金，待质保期满后无息拨付。

12.4.2　进度付款申请单的编制（略）

12.4.3　进度付款申请单的提交（略）

12.4.4　进度款审核和支付

（1）监理人审查并报送发包人的期限：执行通用条款。

发包人完成审批并签发进度款支付证书的期限：执行通用条款。

（2）发包人支付进度款的期限：执行通用条款。

发包人逾期支付进度款的违约金的计算方式：　／　。

每次付款时，发包人有权要求提前缴纳或者结清承包人现场发生的水电费、其他应扣款项（违约金、损失赔偿金等）。

每次付款前，承包人需提供合规合法的全额发票。若承包人不能提供，发包人有权拒绝付款，由此产生的后果由承包人承担。

2. 通用合同条款中有关进度款的规定

12.4.4　进度款审核和支付

（1）除专用合同条款另有约定外，监理人应在收到承包人进度付款申请单以及相关资料后7天内完成审查并报送发包人，发包人应在收到后7天内完成审批并签发进度款支付证书。发包人逾期未完成审批且未提出异议的，视为已签发进度款支付证书。

发包人和监理人对承包人的进度付款申请单有异议的，有权要求承包人修正和提供补充资料，承包人应提交修正后的进度付款申请单。监理人应在收到承包人修正后的进度付款申请单及相关资料后 7 天内完成审查并报送发包人，发包人应在收到监理人报送的进度付款申请单及相关资料后 7 天内，向承包人签发无异议部分的临时进度款支付证书。存在争议的部分，按照第 20 条〔争议解决〕的约定处理。

（2）除专用合同条款另有约定外，发包人应在进度款支付证书或临时进度款支付证书签发后 14 天内完成支付，发包人逾期支付进度款的，应按照中国人民银行发布的同期同类贷款基准利率支付违约金。

（3）发包人签发进度款支付证书或临时进度款支付证书，不表明发包人已同意、批准或接受了承包人完成的相应部分的工作。

5.2.2 进度计量文件的编制

进度计量主要解决施工过程中进度报量、期中结算业务。这里以某高校 2 号食堂为例，应用 GCCP6.0 软件进行进度计量的编制。

1. 新建进度计量文件

新建进度计量文件有三种方式。

（1）方式一：打开 GCCP6.0 软件→云计价平台菜单栏→选择"进度计量"→点击"浏览"，选择对应的预算文件→点击"立即新建"，如图 5-1 所示。

图 5-1 新建进度计量文件方式一

（2）方式二：打开 GCCP6.0 软件→打开预算文件→打开菜单栏"文件"并下拉→选择"转为进度计量"，如图 5-2 所示。

（3）方式三：打开 GCCP6.0 软件→云计价平台菜单栏→点击"最近文件"→右键点击招投标文件，选择"转为进度计量"，如图 5-3 所示。

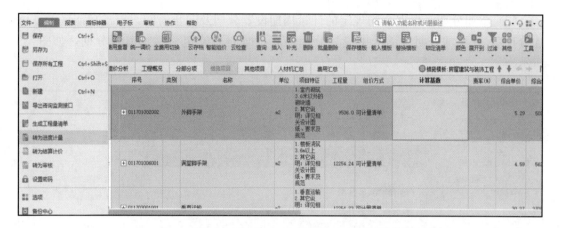

图 5-2 新建进度计量文件方式二

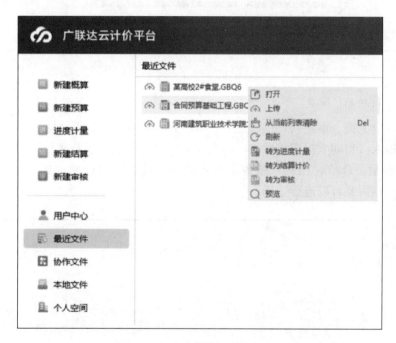

图 5-3 新建进度计量文件方式三

2. 上报分部分项工程、措施项目和其他项目工程量

（1）新建并描述分期形象进度。在功能区选择当前期，软件默认是"当前第 1 期"，设置当前时间→点击"形象进度"→进行形象进度描述，如图 5-4 所示。

图 5-4 新建并描述分期形象进度

（2）添加分期。根据合同规定的计量周期设置分期及起止时间，点击功能区的"添加分期"，在添加分期对话框中设置分期的起止时间并确定→添加其他分期，如图 5-5 所示。

图 5-5　添加分期

（3）输入当前期量

①软件区分上报、审定列，供施工方、审定方分别填写；②手动输入完成量，也可直接按照比例输入（当期上报完成后，再将当前文件交由审定方进行审核）（图 5-6）；③累计数据（工程量、合价、比例）按各期审定值自动计算，累计完成超 100％红色预警。④显示选项根据需要可以进行选择。

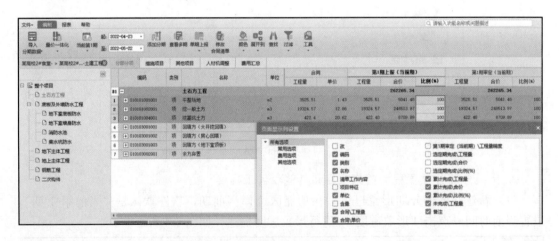

图 5-6　输入当期工程量或比例

（4）批量设置当期比例。选择当前期工程量单元格→单击鼠标右键→批量设置当期比例，如图 5-7 所示。

（5）提取未完工程量。根据所选范围自动提取剩余合同工程量，如图 5-8 所示。

（6）查看多期。在功能区选择"查看多期"→勾选需要查看的分期，点击"确定"完成多期查看设置，如图 5-9 所示。

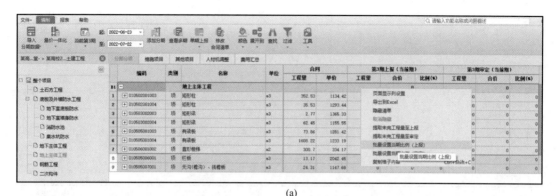

(a)

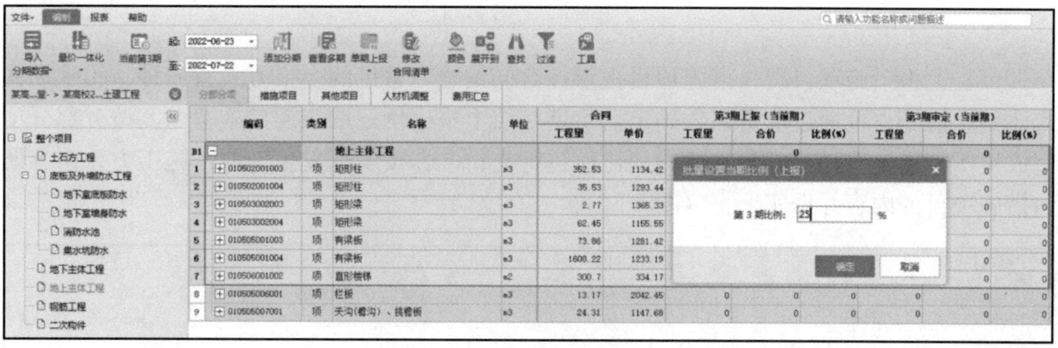

(b)

图 5-7　批量设置当前比例

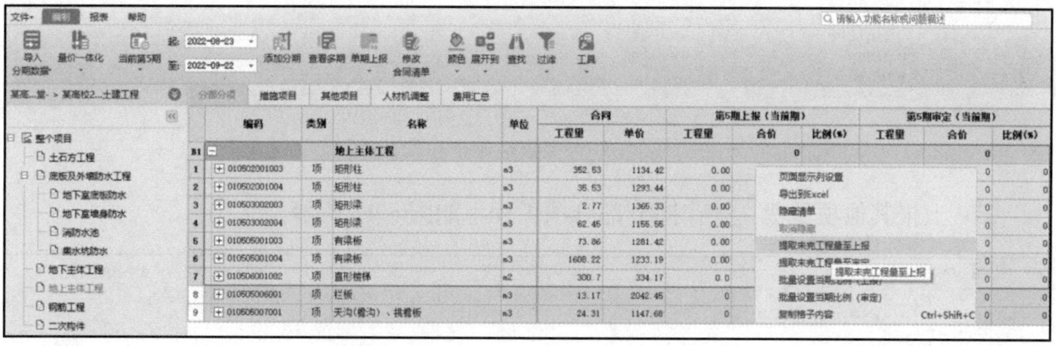

(a)

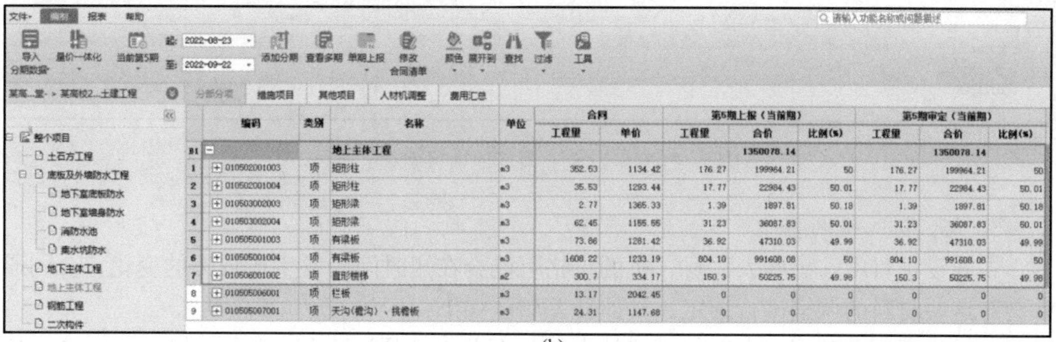

(b)

图 5-8　提取未完工程量

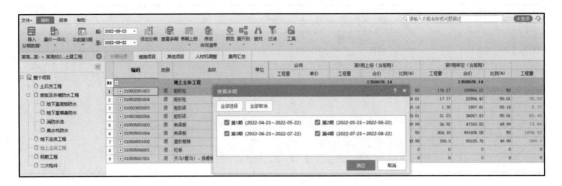

图 5-9　查看多期

（7）上报措施项目费。措施项目报量按合同约定，常见的上报方式有三种。①手动输入比例。措施总价通过取费系数确定，每期按照上报比例记取当期措施费。②按分部分项完成比例。措施费随分部分项的完成比例进行支付。③按实际发生记取。施工方列出分期内措施项目的内容并据实上报（图 5-10）。

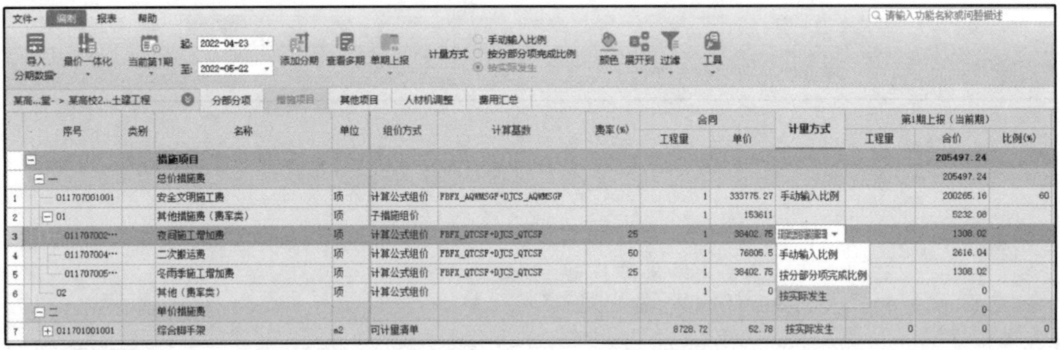

图 5-10　上报措施项目费

（8）上报其他项目费。操作同分部分项工程，如图 5-11 所示。

图 5-11　上报其他项目费

3. 人、材、机调差

在建设项目中，一些人、材、机的价格可能会在短时间内发生比较大的变化，合同通常会对这些材料的调整进行约定。具体调差顺序如下：

（1）设置调差范围。在功能区"从人材机汇总中选择"→可勾选人材机分类，也可按关键字查找，在所选取人、材、机前打勾→选择需要的人、材、机后点击"确定"，如

图 5-12所示。也可以根据需要点击"自动过滤调差材料"缩小选择范围进行选择，如图 5-13所示。

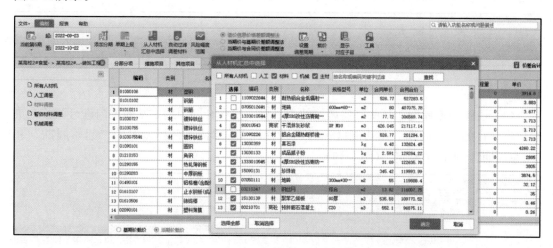

图 5-12　设置调差范围

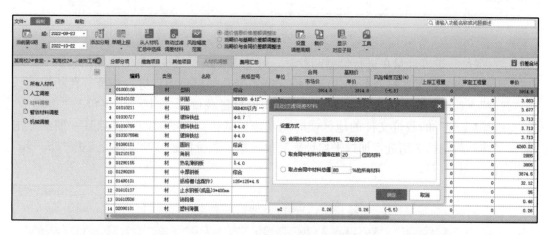

图 5-13　自动过滤调差材料

（2）设置风险度范围。建设项目在合同中会对需要调差的人材机的价格风险范围进行规定，按合同约定进行调整。在功能区选择"风险幅度范围"→输入风险幅度范围→点击"确定"，如图 5-14 所示。

图 5-14　设置风险度范围

（3）选择调差方法。合同中约定的价差调整方法是结算价减合同价超出风险幅度范围时进行调差。在功能区选择"当期价与基期价差额调整法"，如图 5-15 所示。

图 5-15　选择调差方法

（4）设置调差周期。某些需要调差的人、材、机在合同中约定某周期内进行调整或贯穿建设项目的几个周期。在功能区选择"设置调差周期"→选择调差的"起始周期"和"结束周期"，点击"确定"（图 5-16）。

图 5-16　设置调差周期

（5）载价。进度计量在进行价差调整时，可能需要载入某些材料的某期信息价（市场价），还可能需要将某些材料各期的信息价（市场价）加权平均后进行载价。在功能区选择"载价"→选择"当期价批量载价"或"基期价批量载价"，选择"信息价""市场价"或"专业测定价"的载价文件的地区或时间，选择载价文件的时间可以点某一期或点击"加权平均"后选择多期进行加权平均计算载价价格，载价信息选择完成后点击"下一步"完成载价（图 5-17）。

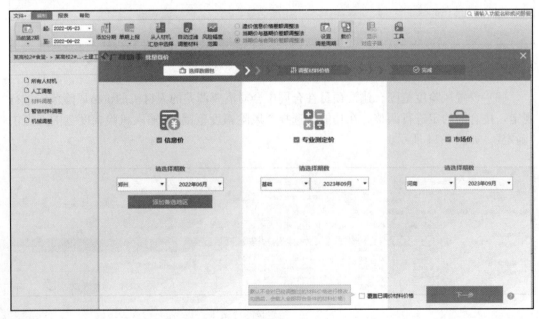

(a)

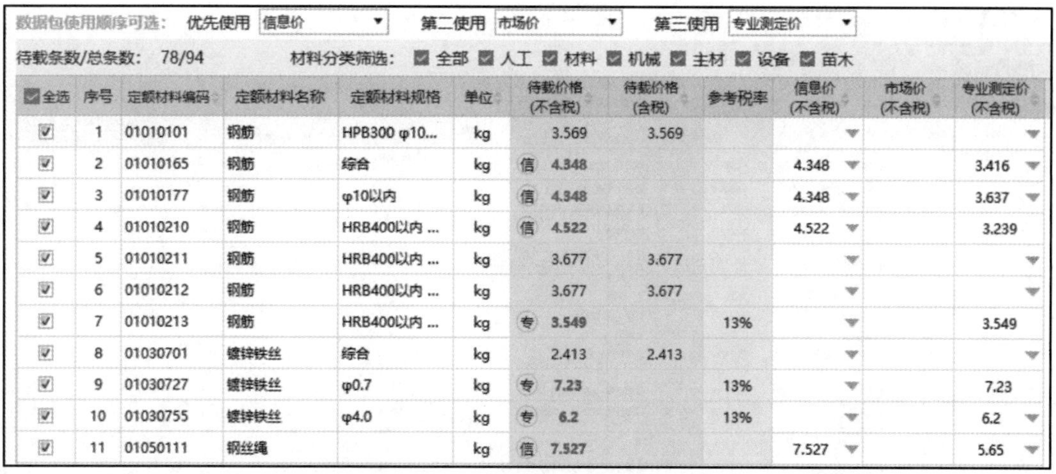

全选	序号	定额材料编码	定额材料名称	定额材料规格	单位	待载价格(不含税)	待载价格(含税)	参考税率	信息价(不含税)	市场价(不含税)	专业测定价(不含税)
☑	1	01010101	钢筋	HPB300 φ10...	kg	3.569	3.569				
☑	2	01010165	钢筋	综合	kg	信 4.348			4.348		3.416
☑	3	01010177	钢筋	φ10以内	kg	信 4.348			4.348		3.637
☑	4	01010210	钢筋	HRB400以内 ...	kg	信 4.522			4.522		3.239
☑	5	01010211	钢筋	HRB400以内 ...	kg	3.677	3.677				
☑	6	01010212	钢筋	HRB400以内 ...	kg	3.677	3.677				
☑	7	01010213	钢筋	HRB400以内 ...	kg	专 3.549		13%			3.549
☑	8	01030701	镀锌铁丝	综合	kg	2.413	2.413				
☑	9	01030727	镀锌铁丝	φ0.7	kg	专 7.23		13%			7.23
☑	10	01030755	镀锌铁丝	φ4.0	kg	专 6.2		13%			6.2
☑	11	01050111	钢丝绳		kg	信 7.527			7.527		5.65

(b)

图 5-17　进度计量载价

(6) 手动调价。根据实际情况可进行手动调价，直接在“单价”中进行输入，如图 5-18所示。

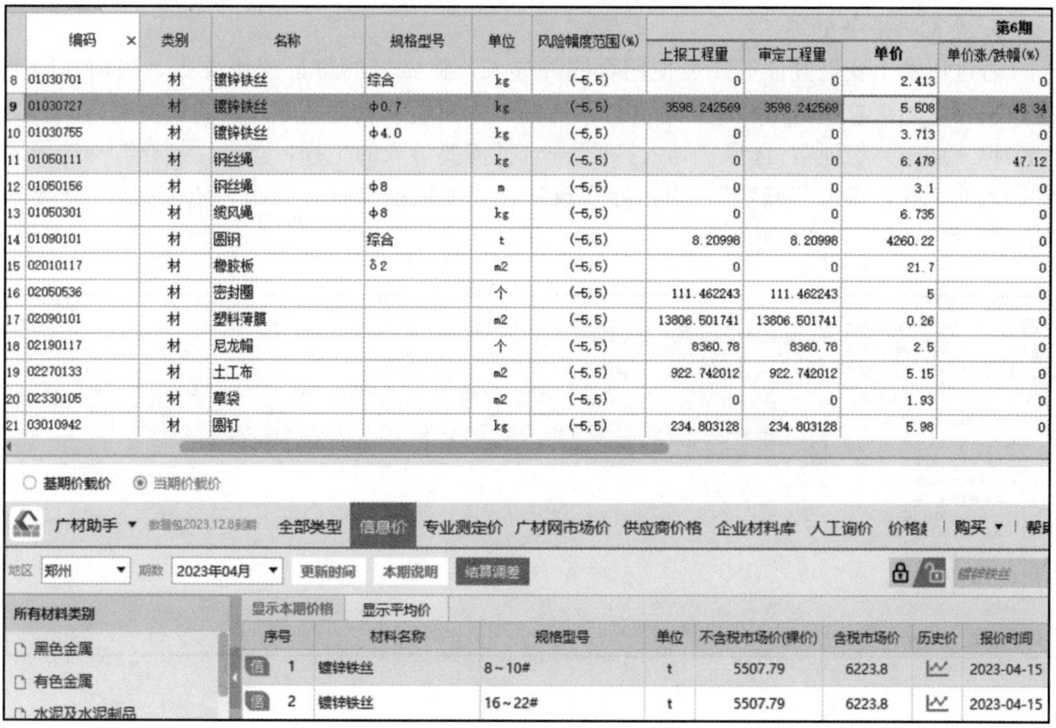

	编码	类别	名称	规格型号	单位	风险幅度范围(%)	第6期 上报工程量	审定工程量	单价	单价涨/跌幅(%)
8	01030701	材	镀锌铁丝	综合	kg	(-5, 5)	0	0	2.413	0
9	01030727	材	镀锌铁丝	Φ0.7	kg	(-5, 5)	3598.242569	3598.242569	5.508	48.34
10	01030755	材	镀锌铁丝	Φ4.0	kg	(-5, 5)	0	0	3.713	0
11	01050111	材	钢丝绳		kg	(-5, 5)	0	0	6.479	47.12
12	01050156	材	钢丝绳	Φ8	m	(-5, 5)	0	0	3.1	0
13	01050301	材	缆风绳	Φ8	kg	(-5, 5)	0	0	6.735	0
14	01090101	材	圆钢	综合	t	(-5, 5)	8.20998	8.20998	4260.22	0
15	02010117	材	橡胶板	δ2	m2	(-5, 5)	0	0	21.7	0
16	02050536	材	密封圈		个	(-5, 5)	111.462243	111.462243	5	0
17	02090101	材	塑料薄膜		m2	(-5, 5)	13806.501741	13806.501741	0.26	0
18	02190117	材	尼龙帽		个	(-5, 5)	8360.78	8360.78	2.5	0
19	02270133	材	土工布		m2	(-5, 5)	922.742012	922.742012	5.15	0
20	02330105	材	草袋		m2	(-5, 5)	0	0	1.93	0
21	03010942	材	圆钉		kg	(-5, 5)	234.803128	234.803128	5.98	0

序号	材料名称	规格型号	单位	不含税市场价(裸价)	含税市场价	历史价	报价时间
1	镀锌铁丝	8～10#	t	5507.79	6223.8		2023-04-15
2	镀锌铁丝	16～22#	t	5507.79	6223.8		2023-04-15

图 5-18　手动调价

4. 分期单位工程费用汇总

分期单位工程费用汇总如图 5-19 所示。

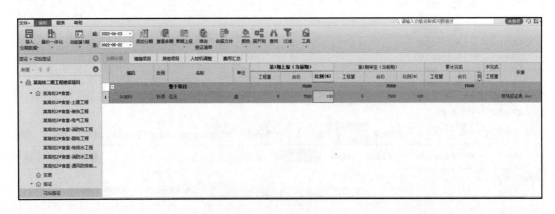

序号		费用代码	名称	计算基数	基数说明	费率(%)	合同金额	第1期上报合价	第1期审定合价	累计完成	
										合价	比例(%)
2	2	B	措施项目	CSXMGJ	措施项目合计		1,717,367.89	206,056.29	206,056.29	532,518.93	31.01
3	2.1	B1	其中：安全文明施工费	AQWMSGF	安全文明施工费		333,775.27	200,265.16	200,265.16	423,658.28	126.99
4	2.2	B2	其他措施费（费率类）	QTCSF + QTF	其他措施费+其他（费率类）		163,611.00	5,791.13	5,791.13	108,660.65	70.74
5	2.3	B3	单价措施费	DJCSHJ	单价措施合计		1,229,981.62	0.00	0.00	0.00	
6	3	C	其他项目	C1 + C2 + C3 + C4 + C5	其中：1）暂列金额+2）专业工程暂估价+3）计日工+4）总承包服务费+5）其他		0.00	0.00	0.00	0.00	
7	3.1	C1	其中：1）暂列金额	ZLJE	暂列金额		0.00	0.00	0.00	0.00	
8	3.2	C2	2）专业工程暂估价	ZYGCZGJ	专业工程暂估价		0.00	0.00	0.00	0.00	
9	3.3	C3	3）计日工	JRG	计日工		0.00	0.00	0.00	0.00	
10	3.4	C4	4）总承包服务费	ZCBFWF	总承包服务费		0.00	0.00	0.00	0.00	
11	3.5	C5	5）其他				0.00	0.00	0.00	0.00	
12	4	D	规费	D1 + D2 + B3	定额规费+工程排污费+其他		413,809.60	16,957.21	16,957.21	294,183.37	71.09
13	4.1	D1	定额规费	FBFX_GF + DJCS_GF	分部分项规费+单价措施规费		413,809.60	16,957.21	16,957.21	294,183.37	71.09
14	4.2	D2	工程排污费				0.00	0.00	0.00	0.00	
15	4.3	D3	其他				0.00	0.00	0.00	0.00	
16	5	E	不含税工程造价合计	A + B + C + D	分部分项+措施项目+其他项目+规费		16,042,076.26	746,895.84	746,895.84	12,787,073.04	79.71
17	6	F	增值税	E	不含税工程造价合计	9	1,443,840.86	67,220.63	67,220.63	1,150,636.58	79.71
18	7	G	含税工程造价合计	E + F	不含税工程造价+增值税		17,486,517.12	814,116.47	814,116.47	13,937,909.62	79.71
19	8	JCKJ	价差取费合计	JDJC+JCZZS	进度价差+价差增值税		0.00	0.00	0.00	6,312.00	
20	8.1	JDJC	进度价差	JL_JDJCHJ	验工计价价差合计		0.00	0.00	0.00	5,790.83	
21	8.2	JCZZS	价差增值税	JDJC	进度价差		0.00	0.00	0.00	521.17	
22	9	TCGCZJ	含税工程造价(调差后)	G + JCKJ	含税工程造价合计 + 价差取费合计		0.00	814,116.47	814,116.47	13,944,221.62	

图5-19　分期单位工程费用汇总

5. 合同外业务处理

若过程发生变更签证等，可使用合同外导入，将做好的签证变更导入，当期一同上报；项目自动汇总项目内和项目外部分。选择工程项目节点，新建导入的类型或重命名类型名称→点击"签证"，选择"导入签证"→选择需要导入的工程，点击"打开"→选择需要导入的工程，点击"确定"，提示导入成功，如加依据文件，点击"依据文件"→导入"依据文件"，如图5-20所示。

图5-20　合同外变更

6. 浏览和输出报表

报表分别统计合同金额、至上期累计金额、当期金额、总累计金额。点击"报表"，可以浏览和输出报表，如图5-21所示。

图 5-21　浏览和输出报表

5.2.3　进度款的支付程序

1. 20××年 5 月 22 日，已完成本工程地下室筏板施工内容，并验收合格。

2. 5 月 24 日，承包人造价员×××按合同约定时间向发包人发出"工程量计量申请（核准）表"，对本阶段完成的工程量提出确认申请。

3. 5 月 27 日，发包人收到后复核，经双方沟通后，达成一致意见。记录以上内容的"工程量计量申请（核准）表"见表 5-2。

工程量计量申请（核准）表　　　　　　　　　　　　　　表 5-2

工程名称：　　　　　　标段：　　　　　　　　　　　　　　第 1 页　共 1 页

序号	项目编码	项目名称	计量单位	承包人申报数量	发包人核实数量	发包人确认数量	备注
1	010101001001	平整场地	m²	3479.53	3479.53	3479.53	
2	010101002001	挖一般土方	m³	19962.47	19900.00	19900.00	
3	10101004001	挖基坑土方	m³	388.24	380.00	380.00	
4	011101003001	细石混凝土楼地面（地下室底板）	m²	4217.79	4217.00	4217.00	
5	010904001001	楼（地）面卷材防水层（地下室底板）	m²	4435.70	4435.70	4435.70	
6	010501001001	垫层	m³	380.40	370.00	378.00	
7	010501004001	满堂基础	m³	1854.36	1854.00	1854.00	
8	10515001010	现浇构件钢筋	t	8.428	8.200	8.200	
	⋯	⋯	⋯	⋯	⋯	⋯	

续表

序号	项目编码	项目名称	计量单位	承包人申报数量	发包人核实数量	发包人确认数量	备注
承包人代表：×××　日期：20××年5月21日		监理工程师：×××　日期：20××年5月27日		一级注册造价师：×××　日期：20××年5月27日		发包人代表：×××　日期：20××年5月27日	

　　4. 承包人造价员×××根据确认的工程量，按照已标价清单的综合单价计算，本周期已完成单价项目金额为 4926140.04 元。

　　5. 为了改善食堂周围的环境，本期间指令承包人新增 5 座花池，施工方对此进行的现场签证见表 5-3。

现场签证表　　　　　　　　　　　　表 5-3

工程名称：×××××学院二期工程 2 号食堂　　　　标段：　　　　　　第 1 页　共 1 页

施工部位	学院指定位置	日期	20××年5月12日

致：×××××学院

　　根据甲方代表×××20××年5月10日书面通知，完成 5 座花池修建工作。我方要求完成此项工作应支付价款金额为（大写）柒仟伍佰元（小写7500 元），请予批准。

附：1. 签证事由及原因：为了改善学院环境，学院新增 5 座花池。

　　2. 附图及计算式（略）。

承包人：（章）（略）
承包人代表：×××
日期：20××年5月12日

复核意见：

你方提出的此项签证申请经复核：

☐不同意此项签证，具体意见见附件。

☑同意此项签证，签证金额的计算由造价工程师复核。

复核意见：

☑此项签证按承包人中标的计日工单价计算，金额为（大写）柒仟伍佰元（小写7500 元）。

☐此项签证无计日工单价，金额为（大写）_____（小写_____）。

监理工程师：×××
日期：20××年5月12日

造价工程师：×××
日期：20××年5月12日

审核意见：

☐不同意此项签证。

☑同意此项签证，价款与本期进度款同期支付。

发包人：（章）略
发包人代表：×××
日期：20××年5月12日

6. 5月27日，承包人现场造价员×××经项目经理×××签字同意向监理提出"进度款支付申请（核准）表"。

7. 5月27日，监理按照合同约定审核进度款事项，符合合同约定支付进度款事项，监理工程师×××在申请上签字并转交发包人授权的造价工程师×××审核金额。

8. 5月28日×××在审核过程中发现发包人计算的单价项目的金额有误，原因是项目工程量超过已标价工程量清单的15%，按照合同约定应调减综合单价，申请表未予调整，经双方沟通，按照合同约定调整了该项综合单价，复核后金额为4924000元。交发包人授权的发包人代表×××审核。

9. 5月29日，×××审核申请表，确认无误后，签署同意支付的意见。

10. 5月30日，发包人财务人员按照审核确认的金额将进度款划拨到承包人指定账户。记录以上内容的"进度款支付申请（核准）表"见表5-4。

进度款支付申请（核准）表

表5-4

工程名称：××××学院二期工程2号食堂　　　　标段：　　　　　　编号

致××××学院

我于2022年4月23日至20××年5月20日期间已完成了本工程地下室筏板施工工作，根据施工合同的约定，现申请支付本周期的合同价款为（大写）　叁佰陆拾伍万捌仟壹佰肆拾肆元捌角肆分　（小写3658144.84元），请予核准。

序号	名称	申请金额（元）	校核金额（元）	备注
1	已完成的工程价款	4933640.04	4931500	
1.1	已完成的合同内金额	4926140.04	4924000	
1.2	应增加和扣减的变更金额	7500	7500	
1.3	应增加和扣减的索赔金额			
1.4	应增加和扣减的其他合同价格调整金额			
2	应扣减的返还预付款	659867.11	659867.11	
3	应扣减的质量保证金			
4	应增加和扣减的其他金额			
5	应支付的金额	3287044.92	3285332.89	

承包人：（章）（略）

造价人员：　×××　　承包人代表：　×××　　日期：20××年5月21日

续表

复核意见： □与实际施工情况不相符，修改意见见附件。 ☑与实际施工情况相符，具体金额由造价工程师复核。 监理工程师：××× 日期：20××年 5 月 27 日	复核意见： 　你方提出的支付申请经复核，本期间已完成合同款额为（大写）<u>肆佰玖拾叁万壹仟壹佰伍佰元</u>（小写<u>4931500 元</u>）。 一级注册造价工程师：××× 日期：20××年 5 月 27 日
审核意见： □不同意 ☑同意，支付时间为本表签发后的 15 日内。 　发包人：（章）略 　发包人代表：××× 　日期：20××年 5 月 27 日	

注：1. 在选择栏中的"□"内做标识"√"。
　　2. 本表一式四份，由承包人填报，发包人、监理人、造价咨询人、承包人各存一份。

5.3　竣工结算的申请与支付

5.3.1　合同中有关的相关规定

1. 专用合同条款中有关竣工结算的约定

10.4.1　变更估价原则

竣工结算的申请
与支付

关于变更估价的约定：（1）已标价工程量清单中有适用于变更工程项目的，应采用该项目的单价；但当工程变更导致该清单项目的工程数量发生变化，分部分项工程清单工程量增加或减少幅度在 15%（含 15%）以内，单价不予调整；减少幅度超出 15% 的，按投标人清单报价中的综合单价的 103% 计算调整；增加幅度超出 15%，结算时，超出 15% 的部分单价，按投标人清单报价中的综合单价的 97% 计算。

（2）已标价工程量清单中没有适用但有类似于变更项目的，按照承包人报价浮动率提出变更工程项目的单价；其中承包人报价浮动率＝（1－中标价/招标控制价）×100%（签订施工合同时明确）。

（3）已标价工程量清单中没有适用也没有类似于变更项目的，由承包人根据变更工程资料、计量规则和计价办法、施工当期郑州市工程造价管理机构发布的建设工程材料基准价格信息和承包人报价浮动率提出变更工程项目的单价，并报发包人和造价咨询人共同审核确认后进行调整；其中承包人报价浮动率＝（1－中标价/招标控制价）×100%。

10.7　暂估价材料设备、分项工程施工与计价

10.7.1　依法必须进行项目招标的暂估价项目

对于依法必须招标的暂估价项目，采取以下第 1 种方式确定。

第1种方式：对于依法必须招标的暂估价工程、服务、材料和设备，对该暂估价项目的厂家、品牌、价格、服务进行确认和批准的按照以流程下约定执行：

（1）承包人应当根据施工进度计划，提前28天上报需求计划，发包人应当在收到计划后14天内组织建设、监理及施工单位共同进行暂估价项目的项目考察、评比、确认工作。

（2）发包人有权确定暂估价项目的招标控制价并按照法律规定参加评标（评比）。暂估价项目的价格、品牌、服务等经项目招标均确认后，由监理人进行汇总并经建设单位、监理单位、承包人相关负责人确认后存档、备案；经确认的暂估价材料直接计入本工程结算造价。

（3）承包人与供应商、分包人在签订暂估价合同前，应当提前7天将确定的中标候选供应商或中标候选分包人的资料报送发包人，发包人应在收到资料后3天内与承包人共同确定中标人；未经承包人、建设单位书面认可的供应商，其服务将不被认可。承包人应当在签订合同后7天内，将暂估价合同副本报送发包人留存。

第2种方式：对于依法必须招标的暂估价项目，由发包人和承包人共同招标确定暂估价供应商或分包人的，承包人应按照施工进度计划，在招标工作启动前14天通知发包人，并提交暂估价招标方案和工作分工。发包人应在收到后7天内确认。确定中标人后，由承包人与中标人共同签订暂估价合同，发包人对暂估价项目的履行情况进行监督并随时抽查。

10.7.2　不属于依法必须招标的暂估价项目

对于不属于依法必须招标的暂估价项目，采取以下第2种方式确定：

第1种方式：对于不属于依法必须招标的暂估价项目，按本约约定确认和批准：（略）。

第2种方式：承包人按照第10.7.1项〔依法必须招标的暂估价项目〕约定的第1种方式确定暂估价项目。

第3种方式：对于承包人直接实施的暂估价项目，承包人具备实施暂估价项目的资格和条件的，经发包人和承包人协商一致后，可由承包人自行实施暂估价项目，合同当事人可以在专用合同条款约定具体事项。

10.8　暂列金额

合同当事人关于暂列金额使用的约定：执行通用条款，同时须取得发包人的书面同意，未经发包人书面同意承包人不得使用暂列金 。

11. 价格调整

11.1　市场价格波动引起的调整

市场价格波动是否调整合同价格的约定：＿＿是＿＿。

因市场价格波动调整合同价格，采用以下第2种方式对合同价格进行调整：

第1种方式：采用价格指数进行价格调整。

关于各可调因子、定值和变值权重，以及基本价格指数及其来源的约定：／；

第2种方式：采用造价信息进行价格调整。

关于基准价格的约定：投标当期政府部门公布的信息价（2019年第二季度）。

专用合同条款：

① 承包人在已标价工程量清单或预算书中载明的材料单价低于基准价格的：专用合同条款合同履行期间材料单价涨幅以基准价格为基础超过5%时，或材料单价跌幅以已标

价工程量清单或预算书中载明材料单价为基础超过5%时，其超过部分据实调整。

②承包人在已标价工程量清单或预算书中载明的材料单价高于基准价格的：专用合同条款合同履行期间材料单价跌幅以基准价格为基础超过5%时，材料单价涨幅以已标价工程量清单或预算书中载明材料单价为基础超过5%时，其超过部分据实调整。

③承包人在已标价工程量清单或预算书中载明的材料单价等于基准价格的：专用合同条款合同履行期间材料单价涨跌幅以基准单价为基础超过±5%时，其超过部分据实调整。

④当招标工程量清单中的主要材料价跌幅超过5%时，发包人即使未出具调价文件，仍不免除承包人关于材料单价调整的权利；当期材料涨幅超过5%时，承包人仍未提交相关调价文件，超过该分项工程施工14天外，视为放弃调价。

第3种方式：其他价格调整方式：＿＿＿＿／＿＿＿＿。

14．竣工结算

14.1　竣工结算申请

承包人提交竣工结算申请单的期限：＿＿执行通用条款＿＿。

竣工结算申请单应包括的内容：＿＿执行通用条款＿＿。

14.2　竣工结算审核

发包人审批竣工付款申请单的期限：＿＿执行通用条款＿＿。

发包人完成竣工付款的期限：＿＿执行通用条款＿＿。

关于竣工付款证书异议部分复核的方式和程序：＿＿执行通用条款＿＿。

14.4　最终结清

14.4.1　最终结清申请单

承包人提交最终结清申请单的份数：＿＿一式三份＿＿。

承包人提交最终结算申请单的期限：＿＿执行通用条款＿＿。

14.4.2　最终结清证书和支付

(1)发包人完成最终结清申请单的审批并颁发最终结清证书的期限：执行通用条款＿＿。

(2)发包人完成支付的期限：＿＿执行通用条款＿＿。

15．缺陷责任期与保修

15.2　缺陷责任期

缺陷责任期的具体期限：24个月，自竣工验收合格并交付使用之日起计算＿。

15.3　质量保证金

关于是否扣留质量保证金的约定：按照竣工结算价的3%比例预留＿。在工程项目竣工前，承包人按专用合同条款第3.7条提供履约担保的，发包人不得同时预留工程质量保证金。

15.3.1　承包人提供质量保证金的方式

质量保证金采用以下第(2)种方式：

(1)质量保证金保函，保证金额为：＿＿＿／＿＿＿；

(2)＿＿3％的工程款；

(3)其他方式：＿＿＿／＿＿＿。

15.3.2　质量保证金的扣留

质量保证金的扣留采取以下第(2)种方式：

(1) 在支付工程进度款时逐次扣留，在此情形下，质量保证金的计算基数不包括预付款的支付、扣回以及价格调整的金额；

(2) 工程竣工结算时一次性扣留质量保证金；

(3) 其他扣留方式：_____/_____。

关于质量保证金的补充约定：质量保修期满，且承包人履行保修义务后 14 日内无息退还。

2. 通用合同条款中有关竣工结算的约定

14. 竣工结算

14.1　竣工结算申请

除专用合同条款另有约定外，承包人应在工程竣工验收合格后 28 天内向发包人和监理人提交竣工结算申请单，并提交完整的结算资料，有关竣工结算申请单的资料清单和份数等要求由合同当事人在专用合同条款中约定。

除专用合同条款另有约定外，竣工结算申请单应包括以下内容：

(1) 竣工结算合同价格；

(2) 发包人已支付承包人的款项；

(3) 应扣留的质量保证金。已缴纳履约保证金的或提供其他工程质量担保方式的除外；

(4) 发包人应支付承包人的合同价款。

5.3.2　竣工结算的编制

建设工程竣工结算是指承包人按照合同规定内容全部完成，经验收质量合格，并符合合同要求后，承包单位向发包单位进行最终工程价款结算的过程。结算内容包括合同内结算和合同外结算。合同内结算包括分部分项工程、措施项目，其他项目，人、材、机价差，规费和税金；合同外结算包括变更签证，工程量偏差，索赔等。下面以某高校 2 号食堂为例，应用 GCCP6.0 软件进行竣工结算的编制。

1. 新建结算计价文件

新建结算计价文件可以通过以下四种方式：

(1) 打开 GCCP6.0 软件→选择"新建结算"→点击"浏览"，选择招投标文件→点击"立即新建"，如图 5-22 所示。

(2) 点击"最近文件"→找到招投标项目→右键点击"转为结算计价"，如图 5-23 所示。

(3) 打开投标项目文件→打开菜单栏"文件"并下拉→选择"转为结算计价"，如图 5-24所示。

(4) 打开"进度计量"文件→打开菜单栏"文件"并下拉→选择"转为结算计价"，如图 5-25 所示。

2. 调整合同内造价

(1) 分部分项工程费结算

某分部分项中工程项目中 C35 微膨胀混凝土后浇带梁，投标时工程量为 $3.35m^3$，结

图 5-22　新建结算计价文件的方式一

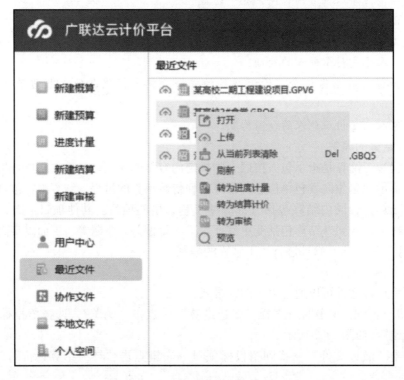

图 5-23　新建结算计价文件的方式二

算时工程量为 4.3m³，故按照施工合同要求，将工程量增加 15% 以外的综合单价下调；分部分项中工程项目中墙体厚度 100mm 的加气混凝土砌块投标时工程量为 4.88m³，结算时工程量为 4.2m³，故按照施工合同，将工程量减少 15% 以外的综合单价上浮。下面以这两项工程量偏差为例进行分部分项工程量的调整。

1）修改工程量的方式（两种）

① 按实际发生情况直接修改工程量。选择单位工程"某高校 2 号食堂"→"土建工程"

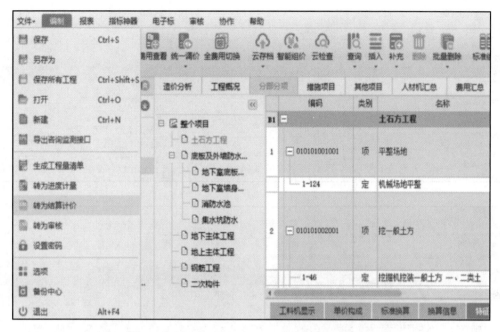

图 5-24　新建结算计价文件的方式三

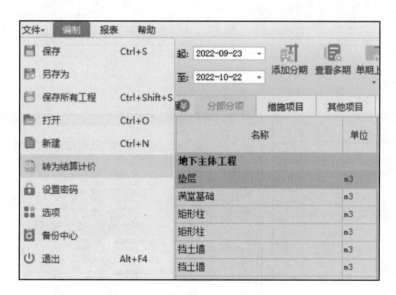

图 5-25　新建结算计价文件的方式四

→选择"分部分项"→在"结算工程量"中根据实际计算量进行修改,如图 5-26 所示。

② 结算的工程量根据竣工图纸及合同,重新提取工程量。建设项目在竣工结算时使用广联达图形算量软件针对竣工图纸重新计算工程量,在编辑结算时需要提取 GTJ 软件中的相应工程量。选择"提取结算工程量"→选择"从算量文件提取"→打开算量文件→选择"自动匹配设置"→设置匹配原则→匹配→提取结算工程量,如图 5-27 所示。

2)结算设置,工程量偏差

软件中量差超过范围时会给出提示,变量区间在软件中也可自行设置。超过范围以外

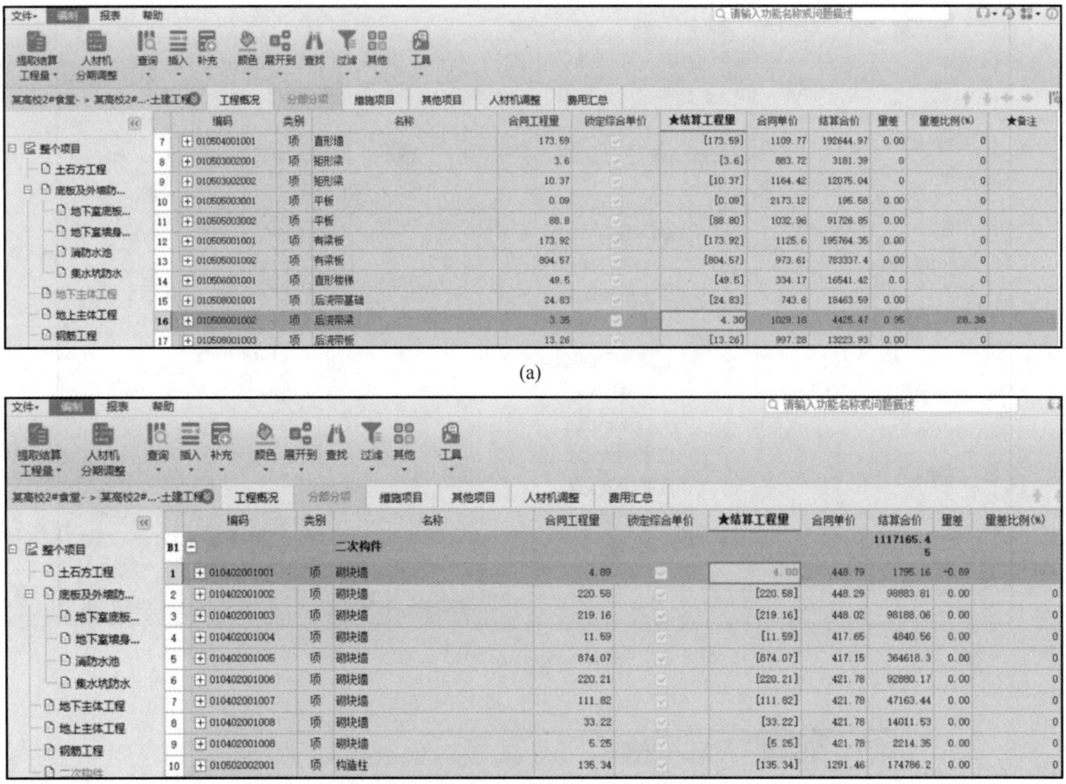

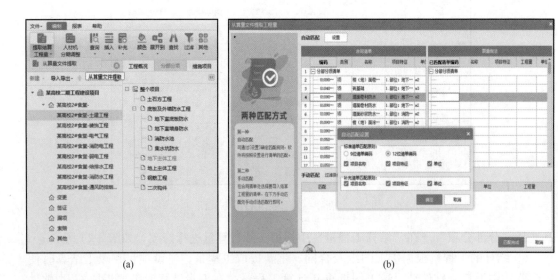

(a)

(b)

图 5-26　直接修改工程量

(a)

(b)

图 5-27　提取结算工程量并匹配设置

的显示红色，低于范围以外的显示绿色。单击“文件”，在下拉菜单中选择“选项”→在弹出的“选项”对话框中选择“结算设置”→修改工程量偏差的幅度与合同一致，如图 5-28所示。

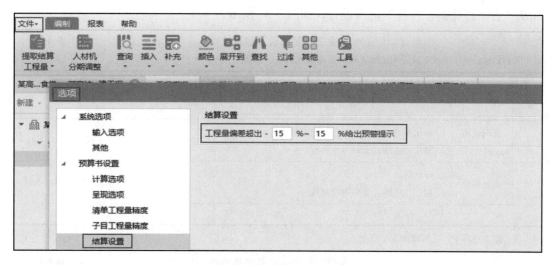

图 5-28 工程量偏差预警范围设置

（2）措施项目费结算

合同文件对措施费的规定一般分两种情况：①合同约定措施固定总价，工程结算时造价人员直接按合同签订时的价格进行结算；②合同约定按工程实际情况计算措施费。软件中结算方式分为总价包干、可调措施、按实际发生，软件可支持统一设置，也可支持单一设置（图 5-29）。

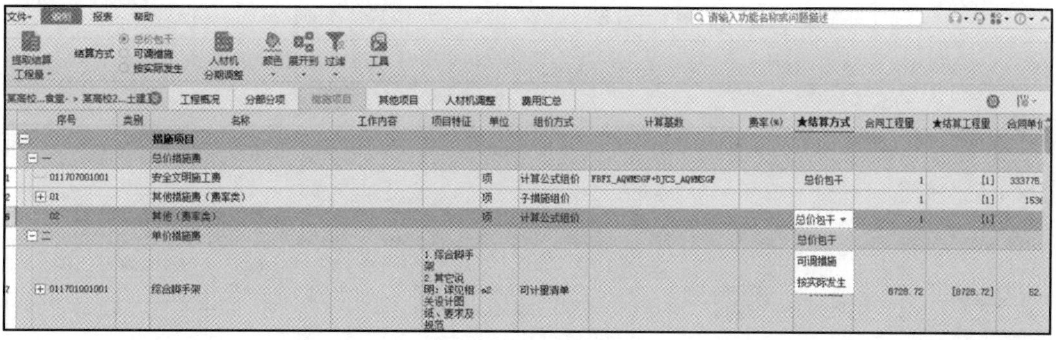

图 5-29 措施项目设置

（3）其他项目费结算

暂列金额、专业工程暂估价、总承包服务费跟着预算文件或进度文件的量和价走，计日工费用可根据实际情况进行输入。这里以下列专业暂估价为例进行调整，详见图 5-30、表 5-5。通过招标确定出的单价包括除规费、税金以外的所有价格，结算表格处理见表 5-6。

（4）人、材、机调差

根据合同规定，项目进行竣工结算时，应对某些材料（人工、机械）进行价格调整，根据合同文件选择需要调整的材料（人工、机械）。具体程序如下：设置调差范围→设置风险幅度范围→选择调差方法→设置调差周期→确定材料价格→价差取费。

1）设置调差范围。在功能区点击"从人材机汇总中选择"→可以勾选人工、材料、机械分类缩小选择范围，也可以按关键字查找，在所选人、材、机前打勾，也可以根据情况从"自动过滤调差材料"进行设置，如图 5-31 所示。

专业工程暂估价及结算价表　　　　　　　　　　　　　　　　表 5-5

工程名称：××××学院二期工程 2 号食堂-装饰工程　　　　标段：　　　　第 1 页 共 1 页

序号	工程名称	工程内容	暂估金额（元）	结算金额（元）	差额±（元）	备注
1	轻钢玻璃雨棚	1. 细化设计； 2. 制作、运输、安装等全过程	176168			工程量为 234.89m²
2	玻璃栏板	1. 细化设计； 2. 制作、运输、安装等全过程	20610			工程量为 45.8m²
合计			196778			

注：施工过程中，工程量未发生变化。

专业工程暂估价及结算价表　　　　　　　　　　　　　　　　表 5-6

工程名称：××××学院二期工程 2 号食堂-装饰工程　　　　标段：　　　　第 1 页 共 1 页

序号	工程名称	工程内容	暂估金额（元）	结算金额（元）	差额±（元）	备注
1	轻钢玻璃雨棚	1. 细化设计； 2. 制作、运输、安装等全过程	176168	164423	−11745	工程量为 234.89m²
2	玻璃栏板	1. 细化设计； 2. 制作、运输、安装等全过程	20610	18320	−2290	工程量为 45.80m²
合计			196778	182743		

图 5-30　专业暂估价的调整

　　2）设置风险幅度范围。建设项目的合同文件对需要调差的材料（人工、机械）的价格风险幅度范围进行规定，根据合同要求进行设置。在功能区选择"风险幅度范围"→输入风险幅度范围，点击"确定"，具体如图 5-32 所示。

　　3）选择调整方法。根据合同要求选择合理的差额调整法，软件中有三种情况进行选择，根据合同要求我们选择造价信息价格差额调整法。这里以钢筋为例针对结算价进行调整，如图 5-33 所示，超出范围部分自动计算价差。

　　4）载价。结算计价在进行价差调整时，需要载入某些材料的某期信息价（市场价），还可能需要将某些材料各期的信息价（市场价）加权平均后进行载价。在功能区选择"载

(a)

(b)

图 5-31 调差范围的设置

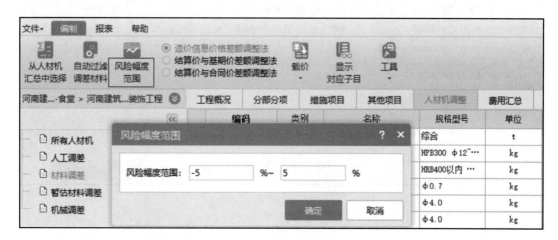

图 5-32 风险幅度范围设定

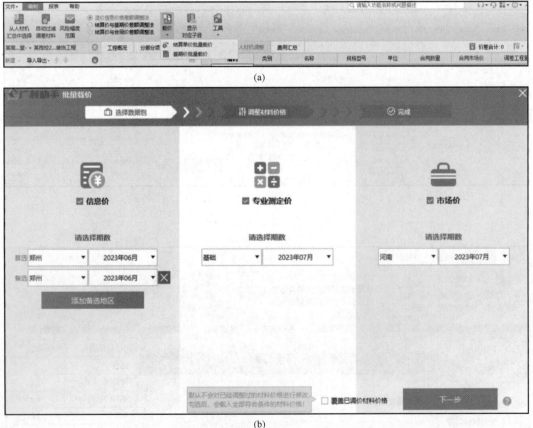

	编码	类别	名称	规格型号	单位	合同市场价	调差工程量	★基期价	★结算单价	★风险幅度范围(%)	单价涨/跌幅(%)	单位价差	价差合计
1	01010101	材	钢筋	XPB300 φ10以内	kg	3.569	8624.1	3.569	3.7	(-5,5)	3.67	0	0
2	01010165	材	综合		kg	3.569	314.181465	3.569	3.9	(-5,5)	9.27	0.15255	47.93
3	01010177	材	钢筋	φ10以内	kg	3.5	792	3.5	3.6	(-5,5)	2.86	0	0
4	01010210	材	钢筋	HRB400以内 φ1…	kg	3.751	205909.44	3.751	3.9	(-5,5)	3.97	0	0
5	01010211	材	钢筋	HRB400以内 φ1…	kg	3.677	394239.6	3.677	4.2	(-5,5)	14.22	0.33915	133706.36
6	01010212	材	钢筋	HRB400以内 φ2…	kg	3.677	311542.6	3.677	4.2	(-5,5)	14.22	0.33915	105659.67
7	01010213	材	钢筋	HRB400以内 φ2…	kg	3.636	8085.2	3.636	4	(-5,5)	10.01	0.1822	1473.12
8	01030701	材	镀锌铁丝	综合	kg	2.413	130	2.413	2.7	(-5,5)	11.89	0.16635	21.63

图 5-33　调差方法的选择

价"→选择"结算单价批量载价"或"基期价批量载价",选择"信息价""市场价"或
"专业测定价"的载价文件的地区或时间,选择载价文件的时间可以点某一期或点击"加
权平均"后选择多期进行加权平均计算载价价格,载价信息选择完成后点击"下一步"完
成载价,如图 5-34 所示。可通过上面载价批量调整,也可以通过结算单价载价手动调整,
如图 5-35 所示。

(a)

(b)

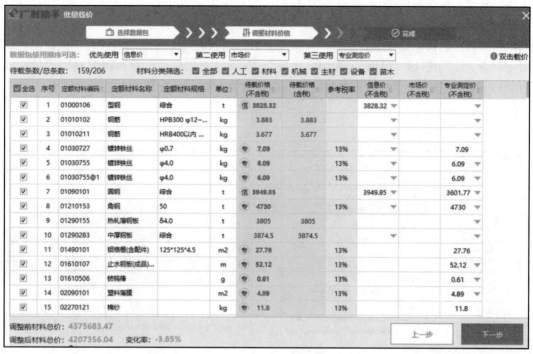

(c)

图 5-34　批量载价

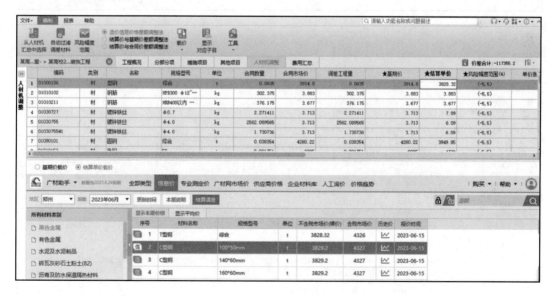

图 5-35　手动调整

5）材料分期调差。根据合同约定某种材料不同时期进行价差调整的按发生数量分期进行载价并调整价差。采用竣工结算分期调整的一般是甲乙双方在施工过程中约定不进行价差调整，在竣工结算时统一调整。步骤如下：①在"分部分项"工程界面选择"人材机分期调整"→选择"分期"→输入"总期数"→选择"分期输入方式"（根据实际情况可选择按分期工程量或比例），如图 5-36 所示。②在下方属性窗口"分期工程量明细"中，选择按分期工程量或按比例输入，进行分期输入，如图 5-37 所示。③分期工程量输入完成，在人、材、机汇总界面，选择"分期量查看"可查看每个分期的人、材、机数量，如图 5-38 所示。④选择"单期/多期调差设置"，在调差工作界面汇总每期调差工程量，如图 5-39 所示。⑤选择"材料调差"的任一期，对人、材、机分期调整并计算差价，如图 5-40 所示。

图 5-36 设置分期

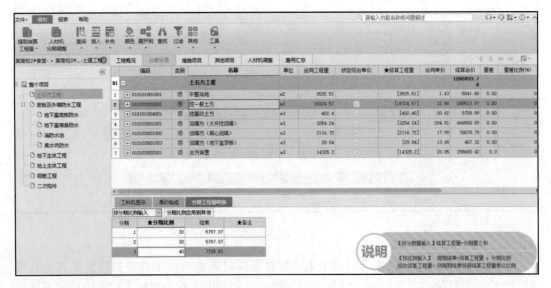

图 5-37 分期工程量设置

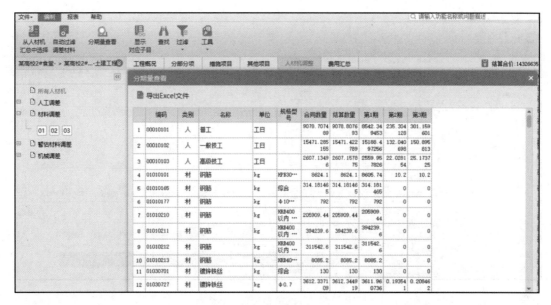

图 5-38　分期量查看

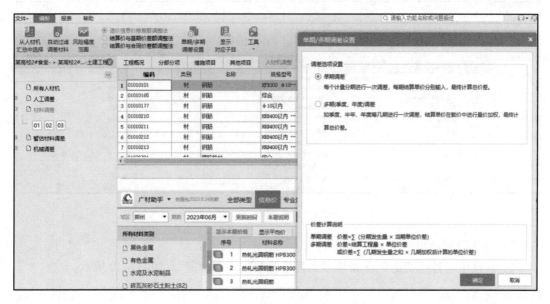

图 5-39　单期、多期调差设置

（5）费用汇总

在"费用汇总"页面中可查看结算金额，如图 5-41 所示。

3. 调整合同外造价

建设项目在施工过程中发生的签证、变更、索赔等合同外部分的结算资料可以在结算时统一上报。

（1）工程量偏差的调整

超过合同约定的范围、需要调整的工程量，可以通过快速过滤的方式调整价格。

图 5-40 分期调整并计算价差

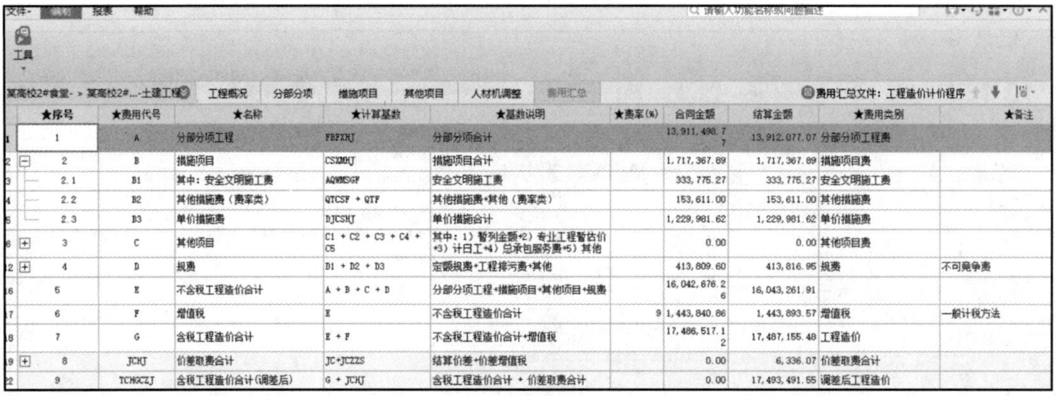

图 5-41 费用汇总

1）复用合同清单

① 软件中通过"变更"→新建"工程量偏差"→"确定"，如图 5-42 所示。

图 5-42 新建工程量偏差

② 造价人员利用"复用合同清单"功能，找出量差比超过15％的项目，单击"复用

合同清单",选择"全选"就可以选中所有项目,选择复用清单规则,单击"确定",如图
5-43 所示,会弹出"合同内采用的是分期调差,合同外复用部分工程量如需在原清单中
扣减,请手动操作"的提示,此时,需要在原清单中手动扣除工程量。不采用分期的话,
软件会自动扣除。

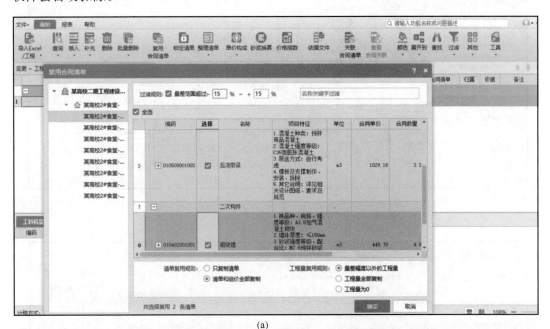

(a)

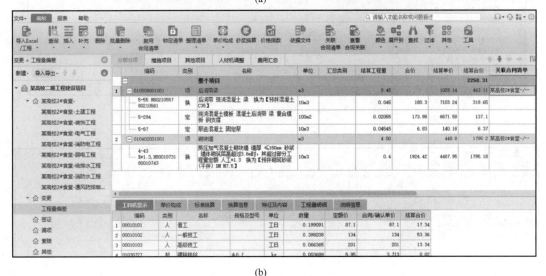

(b)

图 5-43　复用合同清单

2)关联合同清单和查看关联合同清单,如图 5-44、图 5-45 所示。

3)添加依据文件,(如果有对应的依据文件,可在依据中添加,便于审核),依据文件可以通过图片、Excel 文件及附件资源包上传。点击工具栏中的"依据文件",如图 5-46 所示。

图 5-44 关联合同清单

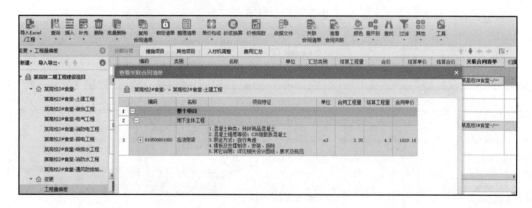

图 5-45 查看合同关联

图 5-46 添加依据文件

4）综合单价调整。根据合同要求工程量超过15％的部分，综合单价调整为原来的97％，减少超过15％的部分综合单价调整为103％，如图5-47所示。

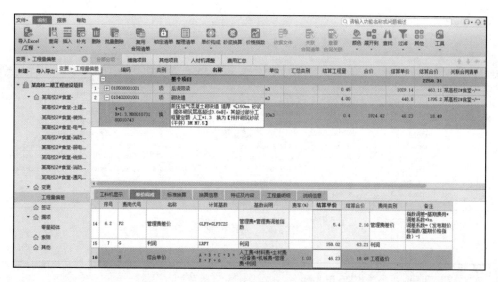

图 5-47　综合单价调整

5）工程归属，"工程量偏差下点击右键→"工程归属"→选择归属的单位工程，如图 5-48 所示。

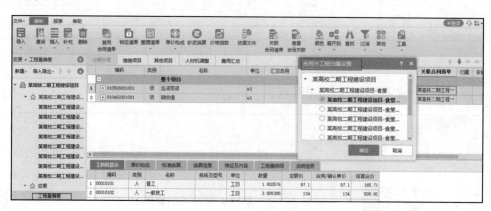

图 5-48　工程归属

（2）软件支持新建及导入变更、签证、索赔来处理合同外的内容，具体情况同上。

4. 费用汇总

在"费用汇总"页面查看结算金额，如图 5-49 所示。

5. 结算文件的导入导出

一些大型项目竣工结算造价编制一般是由不同专业多人分工编制完成的，可将原合同文件根据不同人员的分工拆分多份，进行分发，每个人根据自己负责的专业领域（如土建、安装）进行结算文件编制，编制完成后，通过导入导出结算文件统一提交项目负责人进行合并，汇总成一份完整的结算文件，统调、审查后形成整体上报甲方，如图 5-50 所示。

6. 报表的浏览和输出

点击"报表"，可以浏览和输出报表，如图 5-51 所示。软件中除了常用报表之外，还

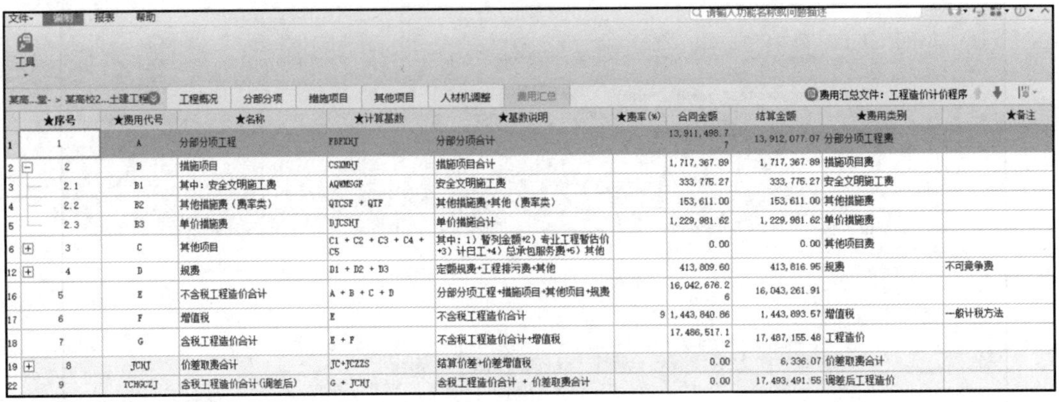

图 5-49　费用汇总

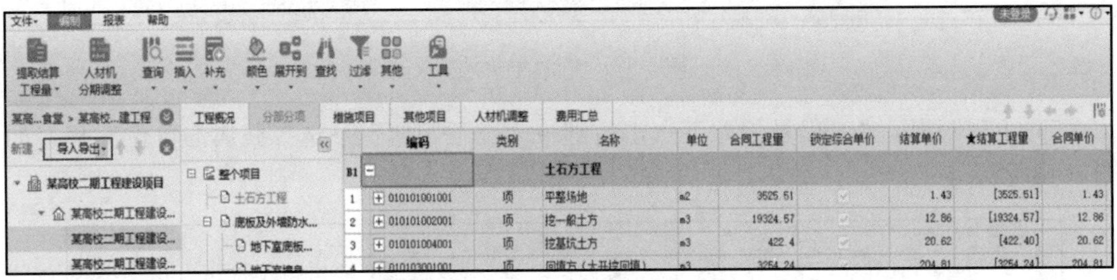

图 5-50　文件的导入导出

提供了清单报表（依据 2013 版清单规范）。

图 5-51　计算计价浏览和输出报表

5.3.3　竣工结算的支付

1.20××年 5 月 30 日，2 号食堂如期竣工，验收合格。承包方按合同约定编制工程竣工结算。发包人确认的工程结算款为 35000000 元，累计已实际支付的合同价款为 29750000 元。

累计已实际支付合同价款＝35000000×85％＝29750000 元

2.20××年 6 月 8 日，承包人现场造价员×××经项目经理×××签字同意向监理提出"竣工结算款支付申请(核准)表"。

竣工结算款＝35000000×(1－85％－3％)＝4200000 元

3. 12 日，监理人按照合同约定审核结算事项，符合合同约定竣工结算事项，监理工程师×××在申请上签字并转交发包人授权的造价工程师×××审核金额。

4. 16 日，×××审核后，按规定交审计部门审核，最后核定的结算价款总额为 34850000 元，20 日，发包人将审计后的结算价款经学校主管领导同意后由发包人代表签字同意支付。

5. 25 日，发包人财务人员按照审核确认的金额将工程结算款划拨到承包人指定账户。

记录以上内容的"竣工结算款支付申请（核准）表"见表 5-7。

竣工结算款支付申请（核准）表

表 5-7

工程名称：××××学院二期工程 2 号食堂　　　　标段：　　　　　　编号

致××××学院

　　我方于20××年 4 月 21 日至 20××年 5 月 30 日期间已完成了合同约定的工作，根据施工合同的约定，现申请支付竣工结算合同款额为（大写）肆佰贰拾万元整（小写4200000 元），请予核准。

序号	名称	申请金额（元）	复核金额（元）	备注
1	竣工结算合同价款总额	35000000	34850000	
2	累计已实际支付的合同价款	29750000	29750000	
3	应预留的质量保证金	1050000	1050000	
4	应支付的竣工结算金额	4200000	4050000	

造价人员：×××　　承包人代表：×××　　日期：20××年 6 月 8 日　承包人：(章)(略)

复核意见：
　□与实际施工情况不相符，修改意见见附件。
　☑与实际施工情况相符，具体金额由造价工程师复核。

　　　　　　　监理工程师：×××
　　　　　　　日期：20××年 6 月 11 日

复核意见：
　　你方提出的竣工结算款支付申请经复核，扣除前期以及质量保证金后应支付金额为（大写）肆佰零伍万元整（小写4050000 元；竣工结算款总额为（大写）叁仟肆佰捌拾伍万元整（小写34850000 元）。

　　　　　　　一级注册造价工程师：×××
　　　　　　　日期：20××年 6 月 11 日

审核意见：
　□不同意
　☑同意，支付时间为本表签发后的 15 日内。

　　　　　　　　　　发包人：(章)略
　　　　　　　　　　发包人代表：×××
　　　　　　　　　　日期：20××年 6 月 11 日

5.4　最终结清的申请与支付

5.4.1　2号食堂有关最终清算的合同约定（节选）

1. 专用合同条款中有关最终结清的约定

14.4　最终结清

14.4.1　最终结清申请单

承包人提交最终结清申请单的份数：__一式三份__。

承包人提交最终结算申请单的期限：__执行通用条款__。

14.4.2　最终结清证书和支付

(1) 发包人完成最终结清申请单的审批并颁发最终结清证书的期限：__执行通用条款__。

(2) 发包人完成支付的期限：__执行通用条款__。

15. 缺陷责任期与保修

15.2　缺陷责任期

缺陷责任期的具体期限：__24个月，自竣工验收合格并交付使用之日起计算__。

15.3　质量保证金

关于是否扣留质量保证金的约定：__按照竣工结算价的3%比例预留__。在工程项目竣工前，承包人按专用合同条款第3.7条提供履约担保的，发包人不得同时预留工程质量保证金。

15.3.1　承包人提供质量保证金的方式

质量保证金采用以下第(2)种方式：

(1) 质量保证金保函，保证金额为：__／__；

(2) __3__%的工程款；

(3) 其他方式：__／__。

15.3.2　质量保证金的扣留

质量保证金的扣留采取以下第(2)种方式：

(1) 在支付工程进度款时逐次扣留，在此情形下，质量保证金的计算基数不包括预付款的支付、扣回以及价格调整的金额；

(2) 工程竣工结算时一次性扣留质量保证金；

(3) 其他扣留方式：__／__。

关于质量保证金的补充约定：__质量保修期满，且承包人履行保修义务后14日内无息退还__。

5.4.2　最终结清支付

在缺陷责任期内，发包人原因造成缺陷的修复金额为10000元，承包人进行的质量缺陷修复费用为24000元，因承包人时间关系不能及时修复，发包人另行组织修复的费用为30000元。缺陷期满，承包方造价员×××按照合同约定，经项目经理×××签字同意向监理提出"最终结算款支付申请（核准）表"，经发包人审核无误后签字同意支付最终结算款。

最终应支付的合同价款＝预留的质量保证金＋因发包人原因造成缺陷的修复金额－承包人不修复缺陷、发包人组织的金额

最终应支付的合同价款＝1050000＋10000－30000＝1030000 元

记录以上内容的"最终结清款支付申请（核准）表"见表 5-8。

最终结清款支付申请（核准）表　　　　　　　　　　表 5-8

工程名称：××××学院二期工程 2 号食堂　　　　标段：　　　　　　　编号：

致××××学院

我方于 20××年 5 月 30 日至 20××年 5 月 29 日　　期间已完成了缺陷修复工作，根据施工合同的约定，现申请支付最终结清合同款额为（大写）　壹佰零叁万元整（小写1030000 元），请予核准。

序号	名称	申请金额（元）	复核金额（元）	备注
1	已预留的质量保证金	1050000	1050000	
2	应增加因发包人原因造成缺陷的修复金额	10000	10000	
3	应扣减承包人不修复缺陷、发包人组织的金额	30000	30000	
4	最终应支付的合同价款	1030000	1030000	

附：上述 2、3、4 详见附录名单（略）

承包人：（章）（略）

造价人员：×××　　　　承包人代表：×××　　　　日期：20××年 6 月 9 日

复核意见：
□与实际施工情况不相符，修改意见见附件。
☑与实际施工情况相符，具体金额由造价工程师复核。

监理工程师：×××
日期：20××年 6 月 11 日

复核意见：
你方提出的支付申请经复核，最终应支付金额为（大写）壹佰零叁万元整（小写1030000 元）。

一级注册造价工程师：×××
日期：20××年 6 月 12 日

审核意见：
□不同意
☑同意，支付时间为本表签发后的 15 日内。

发包人：（章）略
发包人代表：×××
日期：20××年 6 月 12 日

项目 2　某高校 8 号宿舍楼工程造价实训

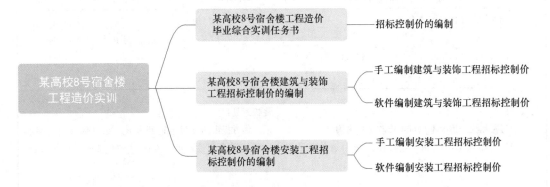

任务6　某高校8号宿舍楼工程造价
毕业综合实训任务书

在完成建筑工程预算、安装工程预算、工程量清单计价、工程结算等课程理论教学任务，以及各课程实训教学任务的基础上，工程造价专业学生已基本掌握招标控制价编制思路与方法，为巩固和深化学生所学知识，现需学生独立完成某高校8号宿舍楼招标控制价的编制，旨在提高其实际动手能力和职业素养，为毕业后尽快适应实际工作奠定扎实基础。

招标控制价是招标人根据国家或省级、行业建设主管部门颁发的有关计价依据和办法，以及拟定的招标文件和招标工程量清单，结合工程具体情况编制的招标工程的最高投标限价。国有资金投资的工程建设项目应实行工程量清单招标，并应编制招标控制价。

1. 招标控制价的编制内容

　　（1）分部分项工程费的编制；

　　（2）措施项目费的编制；

　　（3）其他项目费的编制；

　　（4）规费、税金的编制。

2. 招标控制价的编制依据

　　（1）《建设工程工程量清单计价规范》GB 50500—2013、《房屋建筑与装饰工程工程量计算规范》GB 50854—2013、《通用安装工程工程量计算规范》GB 50856—2013；

　　（2）国家或省级、行业建设主管部门颁发的计价定额和计价办法；

　　（3）建设工程设计文件及相关资料；

　　（4）拟定的招标文件及招标工程量清单；

　　（5）与建设项目相关的标准、规范、技术资料；

　　（6）施工现场情况、工程特点及常规施工方案；

　　（7）工程造价管理机构发布的工程造价信息，当工程造价信息没有发布时，参照市场价；

　　（8）其他的相关资料。

3. 招标控制价编制的方法与步骤

　　编制招标控制价应遵循下列程序：

　　（1）熟悉设计文件

　　1）了解编制要求与范围；

　　2）熟悉工程图纸及有关设计文件；

　　3）熟悉与建设工程项目有关的标准、规范、技术资料。

　　（2）熟悉招标文件

　　熟悉拟定的招标文件及其补充通知、答疑纪要等，了解施工现场情况、工程特点。

　　（3）熟悉工程量清单

（4）确定计价要素价格

掌握工程量清单涉及计价要素的信息价格和市场价格，依据招标文件确定其价格。

（5）分部分项工程量清单计价

根据拟定的招标文件中的分部分项工程量清单项目的特征描述及有关要求进行分部分项工程量清单计价，按要求编制综合单价分析表。

（6）进行措施项目工程量清单计价

1）措施项目中的单价项目，应根据拟定的招标文件和招标工程量清单项目中的特征描述及有关要求确定综合单价计算。

2）措施项目中的总价项目应根据拟定的招标文件和常规施工方案按照国家或省级、行业建设主管部门的规定计算。

（7）进行其他项目计价

1）暂列金额可根据工程的复杂程度、设计深度、工程环境条件（包括地质、水文、气候等）进行估算。一般可按分部分项工程费的10%～15%为参考。

2）暂估价中的材料、工程设备单价应按招标工程量清单中列出的单价计入综合单价；

3）暂估价中的专业工程金额应按招标工程量清单中列出的金额填写；

4）计日工应按招标工程量清单中列出的项目根据工程特点和有关计价依据确定综合单价计算；

5）总承包服务费应根据招标工程量清单列出的内容和要求估算。

（8）规费项目、税金项目清单计价

规费和税金应按国家或省级、行业建设主管部门的规定计算。

（9）工程造价汇总、分析、审核，成果文件签认、盖章

（10）整理装订成册

招标控制价文件包含以下内容，并应按照如下顺序进行装订：

1）封面；

2）招标控制价编制说明；

3）单位工程招标控制价汇总表；

4）分部分项工程与技术措施项目工程量清单与计价表；

5）工程量清单综合单价分析表；

6）组织措施项目清单与计价表；

7）其他项目清单与计价表；

8）暂列金额明细表；

9）材料及设备暂估单价表；

10）专业工程暂估价表；

11）计日工表；

12）总承包服务费计价表；

13）规费及税金项目计价表；

14）人工、材料、机械汇总表。

某高校8号宿舍
楼工程图纸

任务7 某高校8号宿舍楼建筑与装饰工程招标控制价的编制

7.1 手工编制建筑与装饰工程招标控制价

7.1.1 分部分项工程费的编制

请根据《建设工程工程量清单计价规范》GB 50500—2013，《房屋建筑与装饰工程工程量计算规范》GB 50854—2013，国家或省级、行业建设主管部门颁发的计价定额和计价办法等，结合某高校8号宿舍楼图纸，按规定定格式（示例见表7-1）进行分部分项工程的定额选用、工程量计算，综合单价确定，完成分部分项工程费的编制（综合单价及合价的计算在计价软件中完成）。

分部分项工程量清单与计价表填写示例

表 7-1

编码	类别	名称	项目特征	单位	工程量	工程量计算过程	综合单价（元）	合价（元）
010402001	项	砌块墙						
010402001001	项	砌块墙	1. 砌块品种、规格、强度等级：A3.5 蒸压加气混凝土砌块； 2. 墙体类型及部位：±0.00 以下砌体墙； 3. 墙体厚度：200mm； 4. 砂浆强度等级：DM M7.5 预拌砌筑砂浆； 5. 砌筑高度：3.6m 以下； 6. 其他说明：其他详见相关设计图纸、要求及规范	m³	3.68	3.78—（0.9×0.2×0.6＋0.9×0.2×0.9＋0.9×0.2×0.73）—0.0828—（1.199×0.2×0.25＋1.4×0.2×0.25＋0.949×0.2×0.25）—0.0209＋1.332—0.8×0.2×0.73—0.8×0.2×2.1—(0.2×0.1×3.6＋0.2×0.1×2.1＋0.2×0.1×2.1)—0.0228—(0.0575＋1.05×0.2×0.25)—0.0068＝3.68m³		
1-46	定	蒸压加气混凝土砌块墙 墙厚≤200mm 砂浆		10m³	0.368	定额工程量计算方法同清单		

注：以上为分部分项工程量清单与计价表填写示例，具体砌块墙工程量请结合工程图纸进行计算。

267

1. 土石方工程（0101）

（1）土方工程（010101）（表 7-2）

土方工程量清单与计价表

表 7-2

编码	类别	名称	项目特征	单位	工程量	工程量计算过程	综合单价（元）	合价（元）
010101001	项	平整场地						
010101002	项	挖一般土方						
010101003	项	挖槽坑土方						

（2）回填（010103）（表 7-3）

表 7-3

回填工程量清单与计价表

编码	类别	名称	项目特征	单位	工程量	工程量计算过程	综合单价（元）	合价（元）
010103001	项	回填方						
010103002	项	余方弃置						

2. 砌筑工程 （0104）

（1）砖砌体 （010401） （表 7-4）

砖砌体工程量清单与计价表

表 7-4

编码	类别	名称	项目特征	单位	工程量	工程量计算过程	综合单价（元）	合价（元）
010401012	项	零星砌砖						

（2）砌块砌体 （010402） （表 7-5）

砌块砌体工程量清单与计价表

表 7-5

编码	类别	名称	项目特征	单位	工程量	工程量计算过程	综合单价（元）	合价（元）
010402001	项	砌块墙						

3. 混凝土及钢筋混凝土工程 (0105)

(1) 现浇混凝土基础 (010501) (表 7-6)

现浇混凝土基础工程量清单与计价表

表 7-6

编码	类别	名称	项目特征	单位	工程量	工程量计算过程	综合单价 (元)	合价 (元)
010501001	项	垫层						
010501004	项	满堂基础						
010501006	项	设备基础						

(2) 现浇混凝土柱 (010502) (表7-7)

现浇混凝土柱工程量清单与计价表

表7-7

编码	类别	名称	项目特征	单位	工程量	工程量计算过程	综合单价（元）	合价（元）
010502001	项	矩形柱						
010502002	项	构造柱						

（3）现浇混凝土梁（010503）（表 7-8）

现浇混凝土梁工程量清单与计价表

表 7-8

编码	类别	名称	项目特征	单位	工程量	工程量计算过程	综合单价（元）	合价（元）
010503002	项	矩形梁						
010503004	项	圈梁						
010503005	项	过梁						

（4）现浇混凝土墙（010504）（表 7-9）

现浇混凝土墙工程量清单与计价表

表 7-9

编码	类别	名称	项目特征	单位	工程量	工程量计算过程	综合单价（元）	合价（元）
010504001	项	直形墙						
010504002	项	弧形墙						

（5）现浇混凝土板（010505）（表7-10）

表7-10

现浇混凝土板工程量清单与计价表

编码	类别	名称	项目特征	单位	工程量	工程量计算过程	综合单价（元）	合价（元）
010505001	项	有梁板						
010505003	项	平板						

续表

编码	类别	名称	项目特征	单位	工程量	工程量计算过程	综合单价（元）	合价（元）
010505006	项	栏板						
010505008	项	雨篷、悬挑板、阳台板						

（6）现浇混凝土楼梯（010506）（表 7-11）

现浇混凝土楼梯工程量清单与计价表

表 7-11

编码	类别	名称	项目特征	单位	工程量	工程量计算过程	综合单价（元）	合价（元）
010506001	项	直形楼梯						

（7）现浇混凝土其他构件（010507）（表 7-12）

现浇混凝土其他构件工程量清单与计价表

表 7-12

编码	类别	名称	项目特征	单位	工程量	工程量计算过程	综合单价（元）	合价（元）
010507001	项	散水、坡道						
010507004	项	台阶						
010507007	项	其他构件						

（8）后浇带（010508）（表 7-13）

后浇带工程量清单与计价表

表 7-13

编码	类别	名称	项目特征	单位	工程量	工程量计算过程	综合单价（元）	合价（元）
010508001	项	后浇带						

（9）钢筋工程（010515）

请根据某高校8号宿舍楼图纸，计算首层③轴线与⑥轴线交汇处现浇混凝土框架柱KZ3的钢筋工程量，并按照表7-14的示例格式填写柱钢筋工程量清单与计价表。

柱钢筋工程量清单与计价表

表 7-14

钢筋编号	单根长度计算式（mm）	根数计算式	级别/直径/间距	合计长度（m）	单位重量（kg/m）	清单工程量（kg）
示例						
角筋 1	$4800-675+\max(4050/6，600，500)=4800$	2	Φ 22	9.6	2.98	28.61

注：以上为柱钢筋工程量清单与计价表填写示例，具体KZ3钢筋工程量请结合工程图纸进行计算。

请根据某高校 8 号宿舍楼二层梁配筋图纸，计算Ⓒ轴线处现浇混凝土框架梁 KL17 的钢筋工程量，并按照表 7-15 示例格式填写梁钢筋工程量清单与计价表。

表 7-15

梁钢筋工程量清单与计价表

钢筋编号	单根长度计算式(mm)	根数计算式	级别/直径/间距	合计长度(m)	单位重量(kg/m)	清单工程量(kg)
示例						
上部通长筋	$600-20+15\times d+45200+700-20+15\times d=47060$	2	Φ 20	94.12	2.47	232.48

注：以上为梁钢筋工程量清单与计价表填写示例，具体 KL17 钢筋工程量请结合工程图纸进行计算。

续表

钢筋编号	单根长度计算式 (mm)	根数计算式	级别/直径/间距	合计长度(m)	单位重量(kg/m)	清单工程量(kg)
示例						

请根据某高校 8 号宿舍楼二层结构布置及板配筋图纸，计算二层©与©轴线及③与⑤轴线围合范围内现浇混凝土板的钢筋工程量，并按照表 7-16 示例格式填写板钢筋工程量清单与计价表：

板钢筋工程量清单与计价表

表 7-16

钢筋编号	单根长度计算式（mm）	根数计算式	级别/直径/间距	合计长度（m）	单位重量（kg/m）	清单工程量（kg）
示例						
水平向受力底筋	$3600 + \max(250/2, 5 \times d) + \max(300/2, 5 \times d) = 3875$	$(3925-125 -150-200)/ 200+1=19$	$\phi\, 8@200$	73.625	0.395	29.08

注：以上为板钢筋工程量清单与计价表填写示例，具体板钢筋工程量清单请结合工程图纸进行计算。

4. 门窗工程（0108）

（1）金属门（010802）（表 7-17）

金属门工程量清单与计价表

表 7-17

编码	类别	名称	项目特征	单位	工程量	工程量计算过程	综合单价（元）	合价（元）
010802001	项	金属（塑钢）门						

（2）金属卷帘（闸）门（010803）（表 7-18）

金属门工程量清单与计价表

表 7-18

编码	类别	名称	项目特征	单位	工程量	工程量计算过程	综合单价（元）	合价（元）
010803002	项	防火卷帘（闸）门						

5. 屋面及防水工程（0109）

（1）瓦、型材及其他屋面（010901）（表 7-19）

瓦、型材及其他屋面工程量清单与计价表

表 7-19

编码	类别	名称	项目特征	单位	工程量	工程量计算过程	综合单价（元）	合价（元）
010901002	项	型材屋面						

（2）屋面防水及其他（010902）（表 7-20）

屋面防水及其他工程量清单与计价表

表 7-20

编码	类别	名称	项目特征	单位	工程量	工程量计算过程	综合单价（元）	合价（元）
010902001	项	屋面卷材防水						

续表

编码	类别	名称	项目特征	单位	工程量	工程量计算过程	综合单价（元）	合价（元）
010902003	项	屋面刚性层						
010902004	项	屋面排水管						

（3）墙面防水、防潮（010903）（表 7-21）

墙面防水、防潮工程量清单与计价表

表 7-21

编码	类别	名称	项目特征	单位	工程量	工程量计算过程	综合单价（元）	合价（元）
010903001	项	墙面卷材防水						
010903002	项	墙面涂膜防水						
010903004	项	墙面变形缝						

（4）楼（地）面防水、防潮（010904）（表 7-22）

楼（地）面防水、防潮工程量清单与计价表

表 7-22

编码	类别	名称	项目特征	单位	工程量	工程量计算过程	综合单价（元）	合价（元）
010904002	项	楼（地）面涂膜防水						
010904003	项	楼（地）面砂浆防水（防潮）						

6. 保温、隔热、防腐工程（0110）

保温、隔热（011001）（表 7-23）

保温、隔热工程量清单与计价表

表 7-23

编码	类别	名称	项目特征	单位	工程量	工程量计算过程	综合单价（元）	合价（元）
011001001	项	保温隔热屋面						

7. 楼地面装饰工程（0111）

（1）整体面层及找平层（011101）（表7-24）

整体面层及找平层工程量清单与计价表

表 7-24

编码	类别	名称	项目特征	单位	工程量	工程量计算过程	综合单价（元）	合价（元）
011101001	项	水泥砂浆楼地面						
011101003	项	细石混凝土楼地面						
011101005	项	自流坪楼地面						
011101006	项	平面砂浆找平层						

（2）块料面层（011102）（表 7-25）

块料面层工程量清单与计价表

表 7-25

编码	类别	名称	项目特征	单位	工程量	工程量计算过程	综合单价（元）	合价（元）
011102001	项	石材楼地面						

（3）踢脚线（011105）（表 7-26）

踢脚线工程量清单与计价表

表 7-26

编码	类别	名称	项目特征	单位	工程量	工程量计算过程	综合单价（元）	合价（元）
011105001	项	水泥砂浆踢脚线						

（4）楼梯面层（011106）（表 7-27）

楼梯面层工程量清单与计价表

表 7-27

编码	类别	名称	项目特征	单位	工程量	工程量计算过程	综合单价（元）	合价（元）
011106004	项	水泥砂浆楼梯面层						

（5）台阶装饰（011107）（表 7-28）

台阶装饰工程量清单与计价表

表 7-28

编码	类别	名称	项目特征	单位	工程量	工程量计算过程	综合单价（元）	合价（元）
011107004	项	水泥砂浆台阶面						

8. 墙、柱面装饰与隔断、幕墙工程（0112）

（1）墙面抹灰（011201）（表7-29）

墙面抹灰工程量清单与计价表

表 7-29

编码	类别	名称	项目特征	单位	工程量	工程量计算过程	综合单价（元）	合价（元）
011201001001	项	墙面一般抹灰						
011201004001	项	立面砂浆找平层						

（2）零星抹灰（011203）（表7-30）

零星抹灰工程量清单与计价表

表 7-30

编码	类别	名称	项目特征	单位	工程量	工程量计算过程	综合单价（元）	合价（元）
011203001001	项	零星项目一般抹灰						

（3）柱（梁）装饰（011208）（表7-31）

柱（梁）装饰工程量清单与计价表

表7-31

编码	类别	名称	项目特征	单位	工程量	工程量计算过程	综合单价（元）	合价（元）
011208001	项	柱（梁）面装饰						

9. 天棚工程（0113）

（1）天棚抹灰（011301）（表7-32）

天棚抹灰工程量清单与计价表

表7-32

编码	类别	名称	项目特征	单位	工程量	工程量计算过程	综合单价（元）	合价（元）
011301001	项	天棚抹灰						

（2）天棚吊顶（011302）（表7-33）

天棚吊顶工程量清单与计价表

表7-33

编码	类别	名称	项目特征	单位	工程量	工程量计算过程	综合单价（元）	合价（元）
011302001	项	天棚吊顶						

10. 油漆、涂料、裱糊工程 (0114)

抹灰面油漆 (011406) (表 7-34)

抹灰面油漆工程量清单与计价表

表 7-34

编码	类别	名称	项目特征	单位	工程量	工程量计算过程	综合单价（元）	合价（元）
011406001	项	抹灰面油漆						

11. 其他装饰工程 (0115)

(1) 扶手、栏杆、栏板装饰 (011503) (表 7-35)

扶手、栏杆、栏板装饰工程量清单与计价表

表 7-35

编码	类别	名称	项目特征	单位	工程量	工程量计算过程	综合单价（元）	合价（元）
011503001	项	金属扶手、栏杆、栏板						
011503002	项	硬木扶手、栏杆、栏板						

7.1.2 措施项目费的编制

请根据《建设工程工程量清单计价规范》GB 50500—2013、《房屋建筑与装饰工程工程量计算规范》GB 50854—2013、国家或省级、行业建设主管部门颁发的计价定额和计价办法等，结合某高校 8 号宿舍楼图纸，完成单价措施项目费（表 7-36）及总价措施项目费的编制（综合单价及合价的计算在计价软件中完成）。

单价措施项目清单与计价表填写示例

表 7-36

编码	类别	名称	项目特征	单位	工程量	工程量计算过程	综合单价（元）	合价（元）
0117001001	项	综合脚手架						
0117001001001	项	综合脚手架	地上综合脚手架 1. 建筑结构形式：框剪结构； 2. 檐高：40m 以内； 3. 其他：详见相关设计图纸、要求及规范	m²	10000	地上建筑面积＝10000m²		
17-11	定	多层建筑综合脚手架框架结构脚手架（檐高 50m 以内）	—	100m²	100	定额工程量计算方法同清单		

注：以上为单价措施项目清单与计价表填写示例，具体综合脚手架工程量请结合工程实际进行计算。

292

1. 单价措施项目费的编制

（1）脚手架工程（011701）（表 7-37）

脚手架工程量清单与计价表

表 7-37

编码	类别	名称	项目特征	单位	工程量	工程量计算过程	综合单价（元）	合价（元）
011701001	—	综合脚手架						
011701002	—	外脚手架						

续表

编码	类别	名称	项目特征	单位	工程量	工程量计算过程	综合单价（元）	合价（元）
011701003	—	里脚手架						
011701006	—	满堂脚手架						

（2）混凝土模板及支架（撑）（011702）（表7-38）

混凝土模板及支架（撑）工程量清单与计价表

表 7-38

编码	类别	名称	项目特征	单位	工程量	工程量计算过程	综合单价（元）	合价（元）
011702001	—	基础						
011702002	—	矩形柱						
011702003	—	构造柱						

续表

编码	类别	名称	项目特征	单位	工程量	工程量计算过程	综合单价（元）	合价（元）
011702006	—	矩形梁						
011702008	—	圈梁						
011702009	—	过梁						

续表

编码	类别	名称	项目特征	单位	工程量	工程量计算过程	综合单价（元）	合价（元）
011702011	—	直形墙						
011702012	—	弧形墙						

续表

编码	类别	名称	项目特征	单位	工程量	工程量计算过程	综合单价（元）	合价（元）
011702014	一	有梁板						
011702016	一	平板						

续表

编码	类别	名称	项目特征	单位	工程量	工程量计算过程	综合单价（元）	合价（元）
011702021	一	栏板						
011702023	一	雨篷、悬挑板、阳台板						

续表

编码	类别	名称	项目特征	单位	工程量	工程量计算过程	综合单价（元）	合价（元）
011702024	一	楼梯						
011702025	一	其他现浇构件						
011702030	一	后浇带						

（3）垂直运输（011703）（表 7-39）

表 7-39　垂直运输工程量清单与计价表

编码	类别	名称	项目特征	单位	工程量	工程量计算过程	综合单价（元）	合价（元）
011703001	一	垂直运输						

（4）超高施工增加（011704）（表 7-40）

超高施工增加工程量清单与计价表

表 7-40

编码	类别	名称	项目特征	单位	工程量	工程量计算过程	综合单价（元）	合价（元）
011704001	—	超高施工增加						

（5）大型机械设备进出场及安拆（011705）（表 7-41）

大型机械设备进出场及安拆工程量清单与计价表

表 7-41

编码	类别	名称	项目特征	单位	工程量	工程量计算过程	综合单价（元）	合价（元）
011705001	—	大型机械设备进出场及安拆						

2. 总价措施项目费的编制

在计价软件中完成总价措施项目费的编制。

7.1.3　其他项目费的编制

请根据《建设工程工程量清单计价规范》GB 50500—2013、《房屋建筑与装饰工程工程量计算规范》GB 50854—2013、国家或省级、行业建设主管部门颁发的计价定额和计价办法等，结合某高校 8 号宿舍楼图纸及工程招标实际情况，在计价软件中完成其他项目费的编制。

7.1.4　规费、税金的编制

请根据《建设工程工程量清单计价规范》GB 50500—2013、《房屋建筑与装饰工程工程量计算规范》GB 50854—2013、国家或省级、行业建设主管部门颁发的计价定额和计价办法等，结合某高校 8 号宿舍楼招标实际情况，在计价软件中完成规费、税金的编制。

7.1.5　招标控制价的编制

在软件中汇总分部分项工程费、措施项目费、其他项目费以及规费、税金，完成建筑与装饰工程招标控制价。

7.2　软件编制建筑与装饰工程招标控制价

请根据《建设工程工程量清单计价规范》GB 50500—2013、《房屋建筑与装饰工程工程量计算规范》GB 50854—2013、国家或省级、行业建设主管部门颁发的计价定额和计价办法等，结合某高校 8 号宿舍楼图纸，利用算量及计价软件编制某高校 8 号宿舍楼建筑与装饰工程招标控制价，其中人工、材料、机械及管理费用根据工程造价管理机构发布的最新工程造价信息进行调整，当工程造价信息未发布时，参照市场价。

7.2.1　分部分项工程费的编制

在软件中完成分部分项工程费的编制。

7.2.2　措施项目费的编制

在软件中完成措施项目费的编制。

7.2.3　其他项目费的编制

在软件中完成其他项目费的编制。

7.2.4　规费、税金的编制

在软件中完成规费、税金的编制。

7.2.5　招标控制价的编制

在软件中汇总分部分项工程费、措施项目费、其他项目费以及规费、税金完成建筑与装饰工程招标控制价。

为更好地完成实训任务，学员可扫码浏览知识点，熟悉和巩固相关操作：

新建工程、楼层识别、轴网识别	首层柱绘制	首层剪力墙绘制	首层梁绘制
首层板绘制	首层砌体墙绘制	首层构造柱、抱框柱绘制	筏板基础的绘制
筏板基础钢筋的绘制	集水井柱墩的绘制	基础层后浇带、垫层、土方开挖等构件绘制	屋面工程绘制
室内、外装修工程绘制	工程量提取(上)	工程量提取(中)	工程量提取(下)

任务8 某高校8号宿舍楼安装工程招标控制价的编制

8.1 手工编制安装工程招标控制价

8.1.1 给水排水工程

8号宿舍楼与2号食堂工程所涉及的给水排水分部分项工程大致相同，8号宿舍楼给水排水工程较2号食堂楼多减压阀组等工程，减压阀组以组为计量单位计算。

请根据《建设工程工程量清单计价规范》GB 50500—2013、《通用安装工程工程量计算规范》GB 50856—2013、国家或省级、行业建设主管部门颁发的计价定额和计价办法等，结合某高校8号宿舍楼图纸，按规定格式（示例见表8-1）进行电气设备安装工程的定额选用、工程量计算、综合单价确定等，完成电气设备安装工程招标控制价的编制（综合单价及合价的计算在计价软件中完成）。

分部分项工程量清单与计价表填写示例

表 8-1

编码	类别	名称	项目特征	单位	工程量	工程量计算过程	综合单价（元）	合价（元）
031003006	项	减压器						
0310030006001	项	减压阀组	1. 名称：减压阀组 2. 规格、压力等级：DN50 3. 连接形式：螺纹连接 4. 安装部位：室内 5. 阀组包括：压力表1个、软接头1个、Y型过滤器1个、闸阀2个、弹簧膜片式减压阀1个 6. 其他：未尽事宜参见施工图说明、图纸答疑、招标文件及相关规范图集	组	8	工程量＝GJL－2立管4组＋GJL－3立管4组＝8组		
10-5-250	定	减压器组成安装（螺纹连接）公称直径50mm以内		组	8	定额工程量计算方法同清单		

注：以上为分部分项工程量清单与计价表填写示例，具体减压阀组工程量请结合工程图纸进行计算。

1. 分部分项工程费的编制

（1）给水排水管道（表 8-2）

给水排水管道工程量清单与计价表

表 8-2

编码	类别	名称	项目特征	单位	工程量	工程量计算过程	综合单价（元）	合价（元）
031001005	项	铸铁管						
031001006	项	塑料管						
031001007	项	复合管						

（2）管道支架及套管（表 8-3）

管道支架及套管工程量清单与计价表　　表 8-3

编码	类别	名称	项目特征	单位	工程量	工程量计算过程	综合单价（元）	合价（元）
031002001	项	管道支架						
031002003	项	套管						

（3）管道附件（表8-4）

管道附件工程量清单与计价表

表 8-4

编码	类别	名称	项目特征	单位	工程量	工程量计算过程	综合单价（元）	合价（元）
031003001	项	螺纹阀门						
031003002	项	焊接法兰阀门						
031003006	项	减压器						

（4）卫生器具（表 8-5）

表 8-5

卫生器具工程量清单与计价表

编码	类别	名称	项目特征	单位	工程量	工程量计算过程	综合单价（元）	合价（元）
031004003	项	洗脸盆						
031004006	项	大便器						
031004008	项	其他成品卫生器具						
031004014	项	给水排水附（配）件						

(5) 刷油工程（表 8-6）

刷油工程量清单与计价表

表 8-6

编码	类别	名称	项目特征	单位	工程量	工程量计算过程	综合单价（元）	合价（元）
031201003	项	金属结构刷油						

2. 措施项目费的编制

请根据《建设工程工程量清单计价规范》GB 50500—2013、《通用安装工程工程量计算规范》GB 50854—2013，国家或省级、行业建设主管部门颁发的计价定额和计价办法等，结合某高校 8 号宿舍楼图纸，完成单价措施项目费（格式示例见表 8-7）及总价措施项目费的编制（综合单价及合价的计算在计价软件中完成）。

单价措施项目清单与计价表填写示例

表 8-7

编码	类别	名称	项目特征	单位	工程量	工程量计算过程	综合单价（元）	合价（元）
031301017	一	脚手架搭拆						
031301017001		脚手架搭拆		项	1			
10-13-HA1	定	脚手架搭拆费		工日	55.551			

注：以上为单价措施项目清单与计价表填写示例，具体脚手架搭拆工程量请结合工程实际进行计算。

（1）单价措施项目费的编制（表 8-8）

脚手架工程量清单与计价表

表 8-8

编码	类别	名称	项目特征	单位	工程量	工程量计算过程	综合单价（元）	合价（元）
031301017		脚手架搭拆						
031302007		高层施工增加						

（2）总价措施项目费的编制

在计价软件中完成总价措施项目费的编制。

3. 其他项目费的编制

请根据《建设工程工程量清单计价规范》GB 50500—2013、《通用安装工程工程量计算规范》GB 50854—2013、国家或省级、行业建设主管部门颁发的计价定额和计价办法等，结合某高校 8 号宿舍楼图纸及工程招标实际情况，在计价软件中完成其他项目费的编制。

4. 规费、税金的编制

请根据《建设工程工程量清单计价规范》GB 50500—2013、《通用安装工程工程量计算规范》GB 50854—2013、国家或省级、行业建设主管部门颁发的计价定额和计价办法等，结合某高校 8 号宿舍楼招标实际情况，在计价软件中完成规费、税金的编制。

5. 招标控制价的编制

在软件中汇总分部分项工程费、措施项目费、其他项目费以及规费、税金，完成通用安装工程招标控制价。

8.1.2　电气设备安装工程

请根据《建设工程工程量清单计价规范》GB 50500—2013、《通用安装工程工程量计算规范》GB 50856—2013、国家或省级、行业建设主管部门颁发的计价定额和计价办法等，结合某高校 8 号宿舍楼图纸，按规定格式（示例见表 8-9）进行电气设备安装工程的定额选用、工程量计算、综合单价确定等，完成电气设备安装工程招标控制价的编制（综合单价及合价的计算在计价软件中完成）。

除始端箱、插接箱及母线槽等工程量计算之外，8 号宿舍楼与 2 号食堂工程所涉及的电气分部分项工程大致相同。其中，始端箱、插接箱以"台"为计量单位计算，母线槽以延长"米"计算。

表 8-9

分部分项工程量清单与计价表填写示例

编码	类别	名称	项目特征	单位	工程量	工程量计算过程	综合单价（元）	合价（元）
030403006	项	低压封闭式插接母线槽						
030403006001	项	低压封闭式插接母线槽	1. 名称：CCX168SJ 密集型母线槽 3L＋N＋PE（含终端箱/末端封堵） 2. 其他：含支撑架及其刷油、调试 3. 含留洞 4. 其他：未尽事宜参见施工图说明、图纸答疑、招标文件及相关规范图集	m	67.7	工程量＝(14.2－2－0.3)＋(28.8－14.2－2－0.3)＋(39.6－28.8－2－0.3)＋(25.2－2－0.3)＋(39.6－25.2－2－0.3)＝67.7m（按照始端箱安装高度距地 1m，始端箱含箱高 1m，母线槽终端高出最末端插接箱 0.3m 考虑）		
4-3-109	定	低压封闭式插接母线槽安装 每相电流≤800A		m	67.7	定额工程量计算方法同清单		
4-3-118	定	封闭母线槽线箱安装 始端箱电流≤400A		台	5	根据电气施工图，共 5 台		

注：以上为分部分项工程量清单与计价表填写示例，具体低压封闭式插接母线槽工程量请结合工程图纸进行计算。

1. 分部分项工程费的编制

（1）配电箱（表 8-10）

配电箱工程量清单与计价表

表 8-10

编码	类别	名称	项目特征	单位	工程量	工程量计算过程	综合单价（元）	合价（元）
030404017	项	配电箱						
030403006	项	低压封闭式插接母线槽						
030403007	项	始端箱、分线箱						

（2）电缆、桥架（表 8-11）

电缆、桥架工程量清单与计价表

表 8-11

编码	类别	名称	项目特征	单位	工程量	工程量计算过程	综合单价（元）	合价（元）
030411003	项	桥架						
030413001	项	铁构件						
030408008	项	防火堵洞						
030408001	项	电力电缆						

续表

编码	类别	名称	项目特征	单位	工程量	工程量计算过程	综合单价（元）	合价（元）
030408006	项	电力电缆头						

（3）配管、配线（表 8-12）

配管、配线工程量清单与计价表

表 8-12

编码	类别	名称	项目特征	单位	工程量	工程量计算过程	综合单价（元）	合价（元）
030411001	项	配管						
030411004	项	配线						

（4）照明器具、开关插座（表8-13）

照明器具、开关插座工程量清单与计价表

表8-13

编码	类别	名称	项目特征	单位	工程量	工程量计算过程	综合单价（元）	合价（元）
030412001	项	普通灯具						
030412005	项	荧光灯						
030412004	项	装饰灯						
030404034	项	照明开关						

续表

编码	类别	名称	项目特征	单位	工程量	工程量计算过程	综合单价（元）	合价（元）
030404035	项	插座						
030904003	项	按钮						
030411006	项	接线盒						
030404031	项	小电器						

（5）电气调整试验（表8-14）

电气调整试验工程量清单与计价表

表8-14

编码	类别	名称	项目特征	单位	工程量	工程量计算过程	综合单价（元）	合价（元）
030414002	项	送配电装置系统						
030414008	项	母线						

（6）防雷接地（表8-15）

防雷接地工程量清单与计价表

表8-15

编码	类别	名称	项目特征	单位	工程量	工程量计算过程	综合单价（元）	合价（元）
030409005	项	避雷网						

续表

编码	类别	名称	项目特征	单位	工程量	工程量计算过程	综合单价（元）	合价（元）
030409003	项	避雷引下线						
030409004	项	均压环						
030409002	项	接地母线						
030409008	项	等电位端子箱、测试板						

续表

编码	类别	名称	项目特征	单位	工程量	工程量计算过程	综合单价（元）	合价（元）
030411001	项	配管						
030411004	项	配线						
030414011	项	接地装置						

2. 措施项目费的编制

请根据《建设工程工程量清单计价规范》GB 50500—2013、《通用安装工程工程量计算规范》GB 50854—2013、国家或省级、行业建设主管部门颁发的计价定额和计价办法等，结合某高校 8 号宿舍楼图纸，完成单价措施项目费（格式示例见表 8-16）及总价措施项目费的编制（综合单价及合价的计算在计价软件中完成）。

单价措施项目清单与计价表填写示例

表 8-16

编码	类别	名称	项目特征	单位	工程量	工程量计算过程	综合单价（元）	合价（元）
031301017	项	脚手架搭拆						
031301017001	项	脚手架搭拆	脚手架搭拆费	项	1	工程量为 1		
4-20-HA1	定	脚手架搭拆费		100 工日	47.0572	脚手架搭拆费按本册基数（不包括本项目的综合工日为计算基数（不包括第十七章"电气设备调试工程"中综合工日，不包括装饰灯具安装工程中综合工日），以"100 工日"为计量单位。电压等级≤10kV 架空输电线路工程、直埋敷设电缆工程、路灯工程不单独计算脚手架费用		

注：以上为单价措施项目清单与计价表填写示例，具体脚手架搭拆工程量请结合工程实际进行计算。

（1）单价措施项目费的编制（表 8-17）

脚手架工程量清单与计价表

表 8-17

编码	类别	名称	项目特征	单位	工程量	工程量计算过程	综合单价（元）	合价（元）
031301017	—	脚手架搭拆						
031302007	—	高层施工增加						

（2）总价措施项目费的编制

在计价软件中完成总价措施项目费的编制。

3．其他项目费的编制

请根据《建设工程工程量清单计价规范》GB 50500—2013、《通用安装工程工程量计算规范》GB 50854—2013、国家或省级、行业建设主管部门颁发的计价定额和计价办法等，结合某高校 8 号宿舍楼图纸及工程招标实际情况，在计价软件中完成其他项目费的编制。

4．规费、税金的编制

请根据《建设工程工程量清单计价规范》GB 50500—2013、《通用安装工程工程量计算规范》GB 50854—2013、国家或省级、行业建设主管部门颁发的计价定额和计价办法等，结合某高校 8 号宿舍楼招标实际情况，在计价软件中完成规费、税金的编制。

5．招标控制价的编制

在软件中汇总分部分项工程费、措施项目费、其他项目费以及规费、税金，完成通用安装工程招标控制价。

8.2　软件编制安装工程招标控制价

请根据《建设工程工程量清单计价规范》GB 50500—2013、《通用安装工程工程量计算规范》GB 50854—2013、国家或省级、行业建设主管部门颁发的计价定额和计价办法等，结合某高校 8 号宿舍楼图纸，利用算量及计价软件编制某高校 8 号宿舍楼安装工程招标控制价，其中人工、材料、机械及管理费用根据工程造价管理机构发布的最新工程造价信息进行调整，当工程造价信息未发布时，参照市场价。

8.2.1　分部分项工程费的编制

在软件中完成分部分项工程费的编制。

8.2.2　措施项目费的编制

在软件中完成措施项目费的编制。

8.2.3　其他项目费的编制

在软件中完成其他项目费的编制。

8.2.4　规费、税金的编制

在软件中完成规费、税金的编制。

8.2.5　招标控制价的编制

在软件中汇总分部分项工程费、措施项目费、其他项目费以及规费、税金，完成安装工程招标控制价。

为更好地完成实训任务，学员可扫码浏览知识点，熟悉和巩固相关操作：

给排水工程—图纸分析	给排水工程—新建工程、工程设置、楼层设置、计算设置	给排水工程—图纸管理	给排水工程—卫生器具建模
给排水工程—管道建模	给排水工程—其他附件建模	给排水工程—提取工程量	电气工程—图纸分析（一）
电气工程—图纸分析（二）	电气工程—照明灯具建模	电气工程—开关插座建模	电气工程—配电箱建模
电气工程—桥架建模	电气工程—电缆建模	电气工程—电线建模和零星构件建模	电气工程—漏量漏项检查及提取工程量
电气工程—套做法	对夹式蝶阀的安装		

参 考 文 献

［1］ 中华人民共和国住房与城乡建设部．建设工程工程量清单计价规范 GB 50500—2013［S］．北京：中国计划出版社，2013.

［2］ 中华人民共和国住房和城乡建设部．房屋建筑与装饰工程工程量计算规范：GB 50854—2013［S］．北京：中国计划出版社，2013.

［3］ 中华人民共和国住房和城乡建设部．通用安装工程工程量计算规范：GB 50856—2013［S］．北京：中国计划出版社，2013.

［4］ 中华人民共和国住房和城乡建设部．建筑工程建筑面积计算规范：GB/T 50353—2013［S］．北京：中国计划出版社，2013.

［5］ 中国建筑标准设计研究院．混凝土结构施工图平面整体表示方法制图规则和构造详图：22G101［S］．北京：中国标准出版社，2022.

［6］ 河南省建筑工程标准定额站．河南省房屋建筑与装饰工程预算定额：HA 01-31-2016［S］．北京：中国建材工业出版社，2016.

［7］ 河南省建筑工程标准定额站．河南省通用安装工程预算定额：HA 02-31-2016［S］．北京：中国建材工业出版社，2016.

［8］ 浙江省住房和城乡建设厅．建筑电气工程施工质量验收规范：GB 50303—2015［S］．北京：中国计划出版社，2016.

［9］ 中华人民共和国住房与城乡建设部．建设工程施工合同：GF-2017-0201［S］北京：中国建筑工业出版社，2017.

［10］ 全国造价工程师执业资格考试培训教材编委会．建设工程计价［M］．北京：中国计划出版社，2019.

［11］ 胡晓娟．工程结算［M］.3 版．重庆：重庆大学出版社，2021.

［12］ 韩雪．工程结算［M］．北京：中国建筑工业出版社，2020.

［13］ 朱溢镕．建筑工程计量与计价［M］．北京：化学工业出版社，2019.

［14］ 宋显锐，王莹．建筑与装饰工程计量与计价［M］．武汉：武汉理工大学出版社，2021.